科学版数学研究生教学丛书

非线性常微分方程基础

李继彬　周　艳　庄锦森　邓圣福　编著

本书为 2001 年国家教学成果奖获奖成果的再版修订

科学出版社

北京

内 容 简 介

本书是为理工科学生编写的常微分方程定性理论的入门教材,以简短篇幅介绍非线性常微分方程的近代方法,并兼顾某些应用. 全书共七章,内容包括:预备知识、线性系统、非线性微分方程解的存在定理与解的性质、定性理论初步、稳定性理论的概念与方法、解析方法和应用:椭圆函数与非线性波方程的精确行波解. 作为研究生入门的基础课,本书为读者提供了一些数学工具,希望通过学习本书,使读者早日进入本专业的研究工作.

本书可作为高等师范院校和综合性大学数学类专业高年级本科生和一年级研究生常微分方程定性理论专业课程的教材,也可作为微分方程理论爱好者的科研和教学参考书.

图书在版编目(CIP)数据

非线性常微分方程基础/李继彬等编著. —北京:科学出版社,2022.2
(科学版数学研究生教学丛书)
ISBN 978-7-03-071488-6

Ⅰ. ①非… Ⅱ. ①李… Ⅲ.①非线性方程-常微分方程-高等学校-教材
Ⅳ. ①O175.14

中国版本图书馆 CIP 数据核字 (2022) 第 026363 号

责任编辑:张中兴 梁 清 孙翠勤/责任校对:樊雅琼
责任印制:张 伟/封面设计:蓝正设计

科学出版社 出版
北京东黄城根北街 16 号
邮政编码:100717
http://www.sciencep.com
北京虎彩文化传播有限公司 印刷
科学出版社发行 各地新华书店经销
*
2022 年 2 月第 一 版 开本:720×1000 1/16
2023 年 11 月第三次印刷 印张:14 1/2
字数:292 000
定价:59.00 元
(如有印装质量问题,我社负责调换)

前　言

20 世纪 70 年代末和 80 年代初, 随着我国改革开放, 恢复高考后的高等学校开始招研究生. 本书第一编著者曾为昆明工学院 (现在的昆明理工大学) 的研究生们讲授过几遍非线性常微分方程的基础课, 并编写了名为 "非线性微分方程" 的油印讲义, 在国内学术界交流. 1987 年, 该讲义在成都科技大学出版社 (现在的四川大学出版社) 用铅字印刷出版. 作为理工科研究生的基础课教材, 该书及其复印版多年一直在历届昆明理工大学研究生教学中使用. 2000 年, 该书和李继彬作为主编的《高等数学教程》(科学出版社出版) 等系列教材以项目 "面对跨世纪人才培养, 致力多层次数学教材的改革和建设" 在昆明理工大学申报, 获 2001 年度国家教学成果奖二等奖. 2004 年后, 该书复印版也先后在浙江师范大学与华侨大学研究生教学与青年教师讨论班上使用过.

21 世纪初至今, 我国高等院校本科和研究生扩招, 教学质量亟待提高, 理工科的硕士研究生既要在短期内补上本科阶段的基础短板, 又要尽快学会一门专业知识, 开始作研究工作. 为适应教学需要, 我们在上述教材的基础上改编, 定名 "非线性常微分方程基础", 交科学出版社出版发行. 本书可供从事常微分方程、动力系统和非线性科学与数学物理、力学、非线性振动及复杂系统理论等交叉学科研究方向的理工科研究生学习参考.

本书第 1 章是预备知识, 作为第 2 章线性微分系统理论的基础, 介绍有限维线性算子的谱理论与矩阵函数. 第 2 章主要介绍线性系统解的结构、常系数线性微分方程组的求解方法与周期线性系统理论. 第 3 章是常微分方程解的存在和唯一性理论以及解关于初值与参数的连续依赖性和可微性, 这是后面各章的理论基础. 第 4 章是微分方程定性理论初步, 涉及分枝理论在非线性振动系统中的应用. 第 5 章介绍稳定性理论, 主要是 Lyapunov 的第二方法. 第 6 章介绍解析方法, 即求渐近解的各种奇摄动技巧. 第 7 章介绍椭圆函数及平面动力系统的分枝理论在求解浅水波方程模型的精确行波解中的应用. 每章末都附有习题, 供课后学生选做.

本书得到了国家自然科学基金 (项目编号: 11571318) 与华侨大学动力系统与

非线性研究中心专项基金的资助. 编著者感谢华侨大学的支持及科学出版社张中兴女士对本书的出版给予的帮助和付出的辛勤劳动.

编著者

2021 年 3 月于华侨大学

目　录

第1章 预备知识

1.1 线 性 空 间

1.1.1 线性空间的概念

定义 1.1.1 设 $\mathbb{C}$ 为复数域, $\boldsymbol{X}$ 为一非空集合. 若 $\boldsymbol{X}$ 中的元素满足下列公理, 称 $\boldsymbol{X}$ 为数域 $\mathbb{C}$ 上的线性空间. $\boldsymbol{X}$ 中的元素称 "向量".

一、$\boldsymbol{X}$ 关于加法构成可交换群, 即若 $x, y, z \in \boldsymbol{X}$, 则有

1. 加法封闭性: $\forall x, y \in \boldsymbol{X}, x + y \in \boldsymbol{X}, x + y$ 称 "和";
2. 加法结合律: $(x + y) + z = x + (y + z)$;
3. 存在零元素: $\theta \in \boldsymbol{X}$, 使得 $x + \theta = x$;
4. 存在负元素: $-x \in \boldsymbol{X}$, 使得 $-x + x = \theta$;
5. 加法交换律: $x + y = y + x$.

二、在 $\boldsymbol{X}$ 中定义一个与数量的乘法运算, 即设 $x, y \in \boldsymbol{X}, \alpha, \beta \in \mathbb{C}$, 则有

1. 乘法封闭性: $\forall x \in \boldsymbol{X}, \forall \alpha \in \mathbb{C}, \alpha x \in \boldsymbol{X}$;
2. 乘法结合律: $\alpha(\beta x) = (\alpha\beta)x$;
3. 乘法分配律: $(\alpha + \beta)x = \alpha x + \beta x, \alpha(x + y) = \alpha x + \alpha y$;
4. $1 \cdot x = x$.

例 1.1.1 全体实函数, 按函数加法与函数和实数的乘法, 构成实数域上的线性空间.

例 1.1.2 实数域 $\mathbb{R}$ 上的矩阵 A_{mn} 的全体, 按矩阵的加法与矩阵和数的乘法, 构成 $\mathbb{R}$ 上的线性空间.

1.1.2 线性空间的维数、基与坐标

设 $\boldsymbol{X}$ 为线性空间.

定义 1.1.2 设 $x_1, x_2, \cdots, x_n \in \boldsymbol{X}$, 若存在不全为零的数 $\alpha_1, \alpha_2, \cdots, \alpha_n \in \mathbb{C}$,

使得

$$\sum_{i=1}^{n} \alpha_i x_i = \theta \tag{1.1.1}$$

成立, 则称 $x_1, x_2, \cdots, x_n$ 线性相关. 反之, 若 (1.1.1) 式仅当 $\alpha_1 = \alpha_2 = \cdots = \alpha_n = 0$ 时才成立, 则称 $x_1, x_2, \cdots, x_n$ 线性无关.

定义 1.1.3   设 $e_1, e_2, \cdots, e_n \in \boldsymbol{X}$, 且它们线性无关, 若 $\forall x \in \boldsymbol{X}$ 可表示为

$$x = \sum_{i=1}^{n} \xi_i e_i, \quad \xi_1, \xi_2, \cdots, \xi_n \in \mathbb{C}, \tag{1.1.2}$$

则称 $e_1, e_2, \cdots, e_n$ 为 $\boldsymbol{X}$ 的一组基, 称 $\xi_1, \xi_2, \cdots, \xi_n$ 为 x 在基 $e_1, e_2, \cdots, e_n$ 下的坐标.

性质 1.1.1   设 $e_1, e_2, \cdots, e_n$ 为 $\boldsymbol{X}$ 的一组基, 则 $\boldsymbol{X}$ 中任意 n 个线性无关元素 $e_1', e_2', \cdots, e_n'$ 也组成 $\boldsymbol{X}$ 的基.

证   任取 $x \in \boldsymbol{X}, x = \sum\limits_{i=1}^{n} \xi_i e_i$, 因为 $e_1', e_2', \cdots, e_n' \in \boldsymbol{X}$, 故有

$$e_j' = \sum_{i=1}^{n} \gamma_{ij} e_i \quad (j = 1, 2, \cdots, n).$$

兹证 $\det\{\gamma_{ij}\} \neq 0$. 事实上, 假设不然, 则 $\eta_1, \eta_2, \cdots, \eta_n$ 的线性方程组

$$\sum_{j=1}^{n} \gamma_{ij} \eta_j = 0 \quad (i = 1, 2, \cdots, n)$$

必有非零解 $\alpha_1, \alpha_2, \cdots, \alpha_n$. 从而

$$\sum_{j=1}^{n} \alpha_j e_j' = \sum_{j=1}^{n} \alpha_j \left(\sum_{i=1}^{n} \gamma_{ij} e_i \right) = \sum_{i=1}^{n} \left(\sum_{j=1}^{n} \gamma_{ij} \alpha_i \right) e_i = \theta,$$

这与 $e_1', e_2', \cdots, e_n'$ 线性无关矛盾.

由于 $\det\{\gamma_{ij}\} \neq 0$, 则存在 $\eta_1, \eta_2, \cdots, \eta_n$ 使 $\sum\limits_{j=1}^{n} \gamma_{ij} \eta_j = \xi_i$, 于是

$$\sum_{j=1}^{n} \eta_j e_j' = \sum_{i,j=1}^{n} \gamma_{ij} \eta_j e_i = \sum_{i=1}^{n} \xi_i e_i = x,$$

从而 $e_1', e_2', \cdots, e_n'$ 为 $\boldsymbol{X}$ 的一组基. $\qquad\square$

注意 在性质 1.1.1 的证明中, 矩阵 $A = \mathrm{matr}\{r_{ij}\}$ 称为由基 $e_1, e_2, \cdots, e_n$ 到 $e_1', e_2', \cdots, e_n'$ 的过渡矩阵. 同一个向量 x 在基 $\{e_i\}$ 下有坐标 $\xi_1, \xi_2, \cdots, \xi_n$, 在新基 $\{e_i'\}$ 下有坐标 $\eta_1, \cdots, \eta_n$, 则两组坐标间有关系为

$$\begin{pmatrix} \xi_1 \\ \xi_2 \\ \vdots \\ \xi_n \end{pmatrix} = \begin{pmatrix} r_{11} & r_{12} & \cdots & r_{1n} \\ r_{21} & r_{22} & \cdots & r_{2n} \\ \vdots & \vdots & & \vdots \\ r_{n1} & r_{n2} & \cdots & r_{nn} \end{pmatrix} \begin{pmatrix} \eta_1 \\ \eta_2 \\ \vdots \\ \eta_n \end{pmatrix} \quad \text{或} \quad \vec{\xi} = A\vec{\eta}. \tag{1.1.3}$$

性质 1.1.2 设 $e_1, e_2, \cdots, e_n$ 及 $e_1', e_2', \cdots, e_m'$ 分别是 $\boldsymbol{X}$ 的基, 则 $m = n$.

证 不妨设 $m \geqslant n$. 兹证 $m = n$. 事实上, 如果 $m > n$, 则因 $e_1, e_2, \cdots, e_n$ 为 $\boldsymbol{X}$ 的基, 由性质 1.1.1, n 个线性无关的 $e_1', e_2', \cdots, e_n'$ 又组成 $\boldsymbol{X}$ 之基, 故有

$$e_m' = \sum_{i=1}^n \eta_i e_i',$$

这与 $e_1', e_2', \cdots, e_n'$ 线性无关相矛盾. $\square$

定义 1.1.4 若有 n 个元素组成 $\boldsymbol{X}$ 的一组基, 称 $\boldsymbol{X}$ 为 n 维线性空间; 若基由无限多个元素组成, 称 $\boldsymbol{X}$ 为无限维线性空间.

1.1.3 线性子空间

定义 1.1.5 设 $\boldsymbol{X}$ 为数域 $\mathbb{C}$ 上的线性空间, $\boldsymbol{M}$ 为 $\boldsymbol{X}$ 中元素组成的子集合. 若 $\boldsymbol{M}$ 对 $\boldsymbol{X}$ 的两种运算也构成线性空间, 称 $\boldsymbol{M}$ 为 $\boldsymbol{X}$ 的一个线性子空间.

由单个零向量组成的集合及 $\boldsymbol{X}$ 本身是两个特殊的子空间, 称为 $\boldsymbol{X}$ 的平凡子空间.

若 $\boldsymbol{M}$ 与 $\boldsymbol{N}$ 是 $\boldsymbol{X}$ 的两个子空间, 则它们的交 $\boldsymbol{M} \cap \boldsymbol{N}$ 也是 $\boldsymbol{X}$ 的子空间. 此外, $\boldsymbol{X}$ 中 m 个线性无关元素的线性组合的全体构成 $\boldsymbol{X}$ 的线性子空间, 称之为由线性无关元 $e_1, e_2, \cdots, e_m$ 所张成的线性子空间.

定义 1.1.6 设 $\boldsymbol{M}, \boldsymbol{N}$ 为 $\boldsymbol{X}$ 的线性子空间, $\boldsymbol{S} = \boldsymbol{M} + \boldsymbol{N}$ 表示由 $\boldsymbol{M}$ 中的每个元素 x 与 $\boldsymbol{N}$ 中的每个元素 y 按和 $x + y$ 组成的集合. 若 $\boldsymbol{S}$ 中的每个元素, 只能唯一地表成 $\boldsymbol{M}$ 中一元素与 $\boldsymbol{N}$ 中一元素之和, 称 $\boldsymbol{S}$ 为 $\boldsymbol{M}$ 与 $\boldsymbol{N}$ 的直和, 记为 $\boldsymbol{M} \dotplus \boldsymbol{N} = \boldsymbol{S}$.

定理 1.1.1 设 $\boldsymbol{S} = \boldsymbol{M} + \boldsymbol{N}$, 则 $\boldsymbol{S} = \boldsymbol{M} \dotplus \boldsymbol{N}$ 的充要条件是 $\boldsymbol{M} \cap \boldsymbol{N} = \theta$.

证 若 $\boldsymbol{M} \cap \boldsymbol{N} \neq \theta$, 则存在 $e \neq \theta$, $e \in \boldsymbol{M} \cap \boldsymbol{N}$. 在 $\boldsymbol{M}$ 及 $\boldsymbol{N}$ 中分别取元素 x 及 y, 令 $z = x + y + e = (x + e) + y = x + (y + e) \in \boldsymbol{M} + \boldsymbol{N}$. 但 $x + e \in \boldsymbol{M}$, $y + e \in \boldsymbol{N}$, 可见 z 有两种不同表示法, 与直和定义相矛盾. 必要性得证.

反之, 设 $M \cap N = \theta$, $z \in S$, 若 z 有两种不同表示法: $z = x_1 + y_1 = x_2 + y_2, x_1, x_2 \in M, y_1, y_2 \in N$, 则 $x_1 - x_2 = y_2 - y_1 = z_1$, 因 $z_1 \in M$, $z_1 \in N$, 则有 $z_1 \in M \cap N$, 由于 $M \cap N = \theta$, 故 $z_1 \in \theta$, 即 $x_1 = x_2, y_1 = y_2$. 充分性得证. □

定理 1.1.2 设 M, N 为 n 维线性空间 X 的子空间, 且 $S = M \dotplus N$, 则 M 的基 $e_1, e_2, \cdots, e_r$ 与 N 的基 $e_1', e_2', \cdots, e_s'$ 合起来构成 S 的基.

证 $\forall z \in S$, $z = x + y$, $x \in M, y \in N$, 因为

$$x = \sum_{i=1}^{r} \alpha_i e_i, \quad y = \sum_{i=1}^{s} \beta_i e_i',$$

故有

$$z = \sum_{i=1}^{r} \alpha_i e_i + \sum_{i=1}^{s} \beta_i e_i'.$$

从而 S 中每个元素都可以用 $e_1, e_2, \cdots, e_r, e_1', e_2', \cdots, e_s'$ 线性表示.

兹证 $e_1, e_2, \cdots, e_r, e_1', e_2', \cdots, e_s'$ 线性无关. 设它们线性相关, 即有不全为零的数 $\alpha_1, \cdots, \alpha_r, \beta_1, \cdots, \beta_s$ 使得

$$\sum_{i=1}^{r} \alpha_i e_i + \sum_{i=1}^{s} \beta_i e_i' = \theta,$$

令 $x = \sum_{i=1}^{r} \alpha_i e_i, y = \sum_{i=1}^{s} \beta_i e_i', x \in M, y \in N$, 故有 $x = -y \in M \cap N$. 因为 S 是 M 与 N 的直和, $M \cap N = \theta$, 即 $x = y = \theta$. 从而 $\alpha_1 = \cdots = \alpha_r = \beta_1 = \cdots = \beta_s = 0$. 这与假设相矛盾. □

类似地, 可定义 $S = N_1 \dotplus N_2 \dotplus \cdots \dotplus N_s$, 并且不难证明, 当且仅当 $N_i \cap \left(\bigcup_{j \neq i} N_j \right) (j, i = 1, 2, \cdots, s)$ 时, S 为 $N_1, N_2, \cdots, N_s$ 的直接和. 同样有类似定理 1.1.2的相应结论.

定理 1.1.3 (维数定理) 设 M, N 为 X 的子空间, $\dim M = r$, $\dim N = s$, $\dim(M \cap N) = k$, 则 $\dim(M + N) = \dim M + \dim N - \dim(M \cap N)$, 即 $\dim(M + N) = r + s - k$.

证 在 $M \cap N$ 中选定一组基 $e_1, e_2, \cdots, e_k$, 再从 M 中选出 $a_1, a_2, \cdots, a_{r-k}$, 这两组向量组成 M 的基. 从 N 中选出 $b_1, b_2, \cdots, b_{s-k}$ 与 $e_1, e_2, \cdots, e_k$ 一起组成 N 的基. 故 $M + N$ 中每个元素可通过 $e_1, \cdots, e_k, a_1, \cdots, a_{r-k}, b_1, \cdots, b_{s-k}$ 线性表出.

考察由 $b_1, \cdots, b_{s-k}$ 张成的子空间 $\boldsymbol{P}$, 则显然有 $\boldsymbol{M} + \boldsymbol{N} = \boldsymbol{M} + \boldsymbol{P}$. 兹证 $\boldsymbol{M} \cap \boldsymbol{P} = \theta$, 则 $\boldsymbol{M} + \boldsymbol{N} = \boldsymbol{N} + \boldsymbol{P}$, 从而由定理 1.1.2, $e_1, \cdots, e_k, a_1, \cdots, a_{r-k}, b_1, \cdots, b_{s-k}$ 共 $r + s - k$ 个元素组成 $\boldsymbol{M} + \boldsymbol{N}$ 的基, 即

$$\dim(\boldsymbol{M} + \boldsymbol{N}) = r + s - k.$$

若 $\boldsymbol{M} \cap \boldsymbol{P} \neq \theta$, 则存在 $x \in \boldsymbol{P}$ 且 $x \in \boldsymbol{M}, x \neq \theta$, 因为 $\boldsymbol{P} \subseteq \boldsymbol{N}$, 故 $x \in \boldsymbol{N}, x \in \boldsymbol{M}$, 即 $x \in \boldsymbol{M} \cap \boldsymbol{N}$, 因此

$$x = \sum_{i=1}^{s-k} \alpha_i b_i = \sum_{i=1}^{k} \beta_i e_i.$$

由于 $e_1, \cdots, e_k, b_1, \cdots, b_{s-k}$ 为 $\boldsymbol{N}$ 的基, 它们线性无关, 从而 $\alpha_1 = \cdots = \alpha_{s-k} = \beta_1 = \cdots = \beta_k = 0$, $x = \theta$. 这与假设矛盾. $\qquad\square$

1.2 线 性 算 子

1.2.1 映射的概念

设 $\boldsymbol{X}, \boldsymbol{Y}$ 为两集合, 映射 $\sigma: \boldsymbol{X} \to \boldsymbol{Y}$ 是指一个法则, 使得 $\boldsymbol{X}$ 中的每个元素 x 有 $\boldsymbol{Y}$ 中的一个确定元素 y 与之对应. y 称 x 在映射 σ 下的象, x 称 y 的原象.

映射 $\sigma: \boldsymbol{X} \to \boldsymbol{Y}$ 称为单射 (injection), 若它是一对一的; 称为满射 (surjection), 若它是 $\boldsymbol{X}$ 到 $\boldsymbol{Y}$ 上的映射; 称为双射 (bijection), 若它既是单射又是满射, 即若 $x_1, x_2 \in \boldsymbol{X}$, 且 $x_1 \neq x_2$, 则 $\sigma(x_1) \neq \sigma(x_2)$ 且对每个 $y \in \boldsymbol{Y}$, 存在 $x \in \boldsymbol{X}$, 使得 $\sigma(x) = y$.

设 $\boldsymbol{X}, \boldsymbol{Y}$ 是线性空间. 若 $x_1, x_2 \in \boldsymbol{X}$, $\alpha, \beta \in \mathbb{C}$, 恒有 $\sigma(\alpha x_1 + \beta x_1) = \alpha\sigma(x_1) + \beta\sigma(x_2)$, 则称 σ 为 $\boldsymbol{X}$ 与 $\boldsymbol{Y}$ 之间的同态 (线性) 映射.

线性映射称为同构映射, 若它是双射. 两线性空间之间若存在同构映射 $\sigma: \boldsymbol{X} \to \boldsymbol{Y}$, 称 $\boldsymbol{X}$ 与 $\boldsymbol{Y}$ 同构.

显然, 任意两个 n 维线性空间必同构.

1.2.2 线性算子的概念

定义 1.2.1 设 $\boldsymbol{X}$ 是 $\mathbb{C}$ 上的线性空间, $\boldsymbol{X}$ 上的一个算子 $\mathscr{A}$ 是指 $\boldsymbol{X}$ 到它自身的一个映射. 若该映射是同态的, 则称线性算子.

若 $\boldsymbol{X}$ 是 n 维的, 线性算子 $\mathscr{A}$ 通常称线性变换.

设 $\boldsymbol{X}$ 的基为 $e_1, e_2, \cdots, e_n$, 以下说明线性算子 $\mathscr{A}$ 可用一个 $n \times n$ 矩阵来表

示. 设 $x \in \boldsymbol{X}$, $x = \sum\limits_{i=1}^{n} \xi_i e_i$, $y = \mathscr{A}x = \sum\limits_{j=1}^{n} \eta_j e_j$, 若 $\mathscr{A}e_j = \sum\limits_{i=1}^{n} \alpha_{ij}e_i$, 即

$$(\mathscr{A}e_1, \mathscr{A}e_2, \cdots, \mathscr{A}e_n) = (e_1, e_2, \cdots, e_n) \begin{pmatrix} \alpha_{11} & \alpha_{12} & \cdots & \alpha_{1n} \\ \alpha_{21} & \alpha_{22} & \cdots & \alpha_{2n} \\ \vdots & \vdots & & \vdots \\ \alpha_{n1} & \alpha_{n2} & \cdots & \alpha_{nn} \end{pmatrix},$$

或

$$\mathscr{A}(e_1, e_2, \cdots, e_n) = (\mathscr{A}e_1, \mathscr{A}e_2, \cdots, \mathscr{A}e_n) = (e_1, e_2, \cdots, e_n)A,$$

记 $A = \text{matr}\{\alpha_{ij}\}$, 矩阵 A 称线性算子 $\mathscr{A}$ 在基 $e_1, e_2, \cdots, e_n$ 下的矩阵.

从上述定义可见

$$\mathscr{A}x = \mathscr{A}\sum_{j=1}^{n} \xi_j e_j = \sum_{j=1}^{n} \xi_j \mathscr{A}e_j = \sum_{j=1}^{n} \xi_j \left(\sum_{i=1}^{n} \alpha_{ij}e_i\right)$$
$$= \sum_{i,j=1}^{n} \alpha_{ij}\xi_j e_i = \sum_{j=1}^{n} \eta_j e_i,$$

故有

$$\begin{pmatrix} \eta_1 \\ \eta_2 \\ \vdots \\ \eta_n \end{pmatrix} = \begin{pmatrix} \alpha_{11} & \alpha_{12} & \cdots & \alpha_{1n} \\ \alpha_{21} & \alpha_{22} & \cdots & \alpha_{2n} \\ \vdots & \vdots & & \vdots \\ \alpha_{n1} & \alpha_{n2} & \cdots & \alpha_{nn} \end{pmatrix} \begin{pmatrix} \xi_1 \\ \xi_2 \\ \vdots \\ \xi_n \end{pmatrix} \quad 或 \quad \vec{\eta} = A\vec{\xi}. \tag{1.2.1}$$

(1.2.1) 表示在 $\boldsymbol{X}$ 的基 $e_1, e_2, \cdots, e_n$ 之下, 元素 x 经 $\mathscr{A}$ 变为 $y = \mathscr{A}x$ 时, 相应坐标之间的关系.

容易看出, 对于取定的基, 我们建立了数域 $\mathbb{C}$ 上的 n 维线性空间上的线性变换 $\mathscr{A}$ 与数域 $\mathbb{C}$ 上的 n 阶矩阵 A 之间的一一对应关系 (双射), 故 $\mathscr{A}$ 与 A 之间在映射意义下同构.

线性算子 $\mathscr{A}$ 的矩阵 A 与 $\boldsymbol{X}$ 的基有关, 基不同, 一般说来 A 也就不一样. 在不同基下, 同一个线性变换 $\mathscr{A}$ 的对应矩阵之间有何关系呢?

设 $\mathscr{A}$ 在基 $e_1, e_2, \cdots, e_n$ 下的矩阵为 A, 在基 $e_1', e_2', \cdots, e_n'$ 下的矩阵为 B, 从旧基到新基的过渡矩阵为 T, 即

$$(e_1', e_2', \cdots, e_n') = (e_1, e_2, \cdots, e_n)T,$$

于是从

$$(\mathscr{A}e_1, \mathscr{A}e_2, \cdots, \mathscr{A}e_n) = (e_1, e_2, \cdots, e_n)A,$$

$$(\mathscr{A}e_1', \mathscr{A}e_2', \cdots, \mathscr{A}e_n') = (e_1', e_2', \cdots, e_n')B,$$

得

$$\begin{aligned}
(e_1', e_2', \cdots, e_n')B &= (\mathscr{A}e_1', \mathscr{A}e_2', \cdots, \mathscr{A}e_n') \\
&= \mathscr{A}(e_1', e_2', \cdots, e_n') = \mathscr{A}[(e_1, e_2, \cdots, e_n)T] \\
&= [\mathscr{A}(e_1, e_2, \cdots, e_n)]T = (\mathscr{A}e_1, \mathscr{A}e_2, \cdots, \mathscr{A}e_n)T \\
&= (e_1, e_2, \cdots, e_n)AT = (e_1', e_2', \cdots, e_n')T^{-1}AT,
\end{aligned}$$

即

$$B = T^{-1}AT. \tag{1.2.2}$$

定义 1.2.2　若 A, B 为数域 $\mathbb{C}$ 上两个 $n \times n$ 矩阵, 若存在可逆矩阵 T, 使得 $B = T^{-1}AT$, 称 A 与 B 相似, 记为 $A \sim B$.

由定义 1.2.2 及前面的讨论可知, 线性变换 $\mathscr{A}$ 在不同基下的矩阵相似. 反之, 若两矩阵相似, 可将它们视为同一线性变换在两组基下对应的矩阵.

1.2.3　线性算子的零空间 (核) 与值域

定义 1.2.3　线性空间 X 中满足 $\mathscr{A}x = \theta$ 的全体 x 之集合记为 $N(\mathscr{A})$, 称为线性算子 $\mathscr{A}$ 的零空间 (核). $\mathscr{A}$ 的全体象 $\mathscr{A}x$ 组成的集合, 称为 $\mathscr{A}$ 的值域 (range), 记为 $R(\mathscr{A})$.

容易证明, $N(\mathscr{A}), R(\mathscr{A})$ 都是 X 的线性子空间.

定理 1.2.1　设 X 为 n 维线性空间, $\mathscr{A}$ 为其上定义的线性算子, 则

$$\dim N(\mathscr{A}) + \dim R(\mathscr{A}) = n, \tag{1.2.3}$$

称 $\dim R(\mathscr{A})$ 为 $\mathscr{A}$ 的秩, $\dim N(\mathscr{A})$ 为 $\mathscr{A}$ 的零度.

证　设 $\dim N(\mathscr{A}) = v$, $\dim R(\mathscr{A}) = \rho$, 令 $N(\mathscr{A})$ 的基为 $x_1, x_2, \cdots, x_v$, 在此基础上再加上 X 中的元素 $x_{v+1}, \cdots, x_n$, 构成 X 的基. 取 X 中的任一元素 $x = \sum\limits_{i=1}^{n} \xi_i x_i$, 则 $\mathscr{A}x = \sum\limits_{i=v+1}^{n} \xi_i \mathscr{A}x_i$, 这表明 $\mathscr{A}x_{v+1}, \cdots, \mathscr{A}x_n$ 张成值域 $R(\mathscr{A})$. 兹证 $\mathscr{A}x_{v+1}, \cdots, \mathscr{A}x_n$ 线性无关. 事实上, 设有 $n - v$ 个不全为 0 的数 $\alpha_{v+1}, \cdots, \alpha_n$ 使得 $\alpha_{v+1}\mathscr{A}x_{v+1} + \cdots + \alpha_n \mathscr{A}x_n = \theta$. 则 $\mathscr{A}(\alpha_{v+1}x_{v+1} + \cdots + \alpha_n x_n) = \theta$, 即 $\alpha_{v+1}x_{v+1} + \cdots + \alpha_n x_n \in N(\mathscr{A})$, 这与 $x_1, x_2, \cdots, x_v$ 为 $N(\mathscr{A})$ 之基且 $x_1, x_2, \cdots, x_n$ 线性无关相矛盾. 故 $\mathscr{A}x_{v+1}, \cdots, \mathscr{A}x_n$ 构成 $R(\mathscr{A})$ 之基, 从而 $\dim R(\mathscr{A}) = n - v$. □

我们称定理 1.2.1 中的 $x_{v+1}, \cdots, x_n$ 为值域的生成组. 设值域生成组张成的空间为 $P(\mathscr{A})$, 则有 $X = N(\mathscr{A}) + P(\mathscr{A})$.

1.2.4　线性空间的不变子空间

定义 1.2.4　设 M 是线性空间 X 的一个子空间, 若对于 M 中任一元素 x 及定义在 X 上的线性算子 $\mathscr{A}$, 恒有 $\mathscr{A}x \in M$, 称 M 为 $\mathscr{A}$ 的不变子空间.

例 1.2.1　整个空间 X 与由单个零元素构成的子空间, 对每个线性变换 $\mathscr{A}$ 都是 $\mathscr{A}$ 的不变子空间.

例 1.2.2　$\mathscr{A}$ 的值域 $R(\mathscr{A})$ 及核 $N(\mathscr{A})$ 都是 $\mathscr{A}$ 的不变子空间.

定理 1.2.2　设 M 为 $\mathscr{A}$ 的不变子空间, $M \subseteq X$, $\dim M = m$, $\dim X = n (0 < m < n)$, 则可选适当的基使 $\mathscr{A}$ 所对应的矩阵为

$$A = \begin{pmatrix} A_1 & A_2 \\ O & A_3 \end{pmatrix},$$

A 称为准可裂矩阵, A_1 为 $m \times m$ 矩阵.

证　设 M 的基为 $e_1, e_2, \cdots, e_m$, 连同 $e_{m+1}, \cdots, e_n$ 构成 X 的基. 因 M 是 $\mathscr{A}$ 的不变子空间, 故有

$$\mathscr{A}e_j = \sum_{i=1}^{m} \alpha_{ij} e_i \quad (j = 1, 2, \cdots, m),$$

而

$$\mathscr{A}e_j = \sum_{i=1}^{m} \alpha_{ij} e_i \quad (j = m+1, \cdots, n),$$

即当 $i = m+1, \cdots, n$, $j = 1, 2, \cdots, m$ 时, $\alpha_{ij} = 0$. 故取这组基时,

$$A = \begin{pmatrix} A_1 & A_2 \\ O & A_3 \end{pmatrix}. \qquad \square$$

推论 1.2.1　若 X 可以表示成 $\mathscr{A}$ 的两个不变子空间 X_1, X_2 之直和, 即 $X = X_1 \dotplus X_2$, $\mathscr{A}X_1 \subseteq X_1$, $\mathscr{A}X_2 \subseteq X_2$, 则可取适当的基, 使 $\mathscr{A}$ 所对应的矩阵为可裂矩阵 $A = \begin{pmatrix} A_1 & O \\ O & A_2 \end{pmatrix}$.

一般地, 若用 $\mathscr{A}$ 的不变子空间将 X 分为 $X = X_1 \dotplus X_2 \dotplus \cdots \dotplus X_k$, 在 $X_1, X_2, \cdots, X_k$ 中分别取基, 它们一起构成 X 的基, 在这组基下, $\mathscr{A}$ 所对应的矩阵为可裂矩阵 $A = \begin{pmatrix} A_1 & & \\ & \ddots & \\ & & A_k \end{pmatrix}$.

1.3 线性算子的谱理论、矩阵的 Jordan 法式

1.3.1 本征值与本征向量

设 X 为 n 维线性空间, M 为线性变换 $\mathscr{A}$ 的一维不变子空间. 对给定的非零向量 $x \in M$, $\mathscr{A}x \in M$, 故必有 $\mathscr{A}x = \lambda_0 x$, λ_0 称为算子 $\mathscr{A}$ 的本征值, x 称属于 λ_0 的 $\mathscr{A}$ 的本征向量.

一般而言, 当 $\mathscr{A}x = \lambda x$, 对 $\lambda = \lambda_0$ 有非零 x_0 时, 称 λ_0 为 $\mathscr{A}$ 的本征值, x_0 称属于 λ_0 的 $\mathscr{A}$ 的本征向量. $\mathscr{A}$ 的全体本征值称为 $\mathscr{A}$ 的谱系 (spectrum).

定理 1.3.1 设 X 为复数域 $\mathbb{C}$ 上的 n 维线性空间, $\mathscr{A}$ 为 X 上的线性算子, 则在 X 中, 至少存在 $\mathscr{A}$ 的一个本征值与对应的本征向量.

证 设 $\mathscr{A}$ 在 X 的基 $e_1, e_2, \cdots, e_n$ 下对应的矩阵为 $A = \mathrm{matr}\{\alpha_{ij}\}$, $\vec{\xi} = (\xi_1, \xi_2, \cdots, \xi_n)^{\mathrm{T}}$, 则 $\mathscr{A}x = \lambda x$ 等价于 $A\vec{\xi} = \lambda\vec{\xi}$, 即

$$(A - \lambda E)\vec{\xi} = 0.$$

写成代数方程为

$$\sum_{j=1}^{n}(\alpha_{ij} - \lambda\delta_{ij})\xi_j = 0 \quad (i = 1, 2, \cdots, n), \quad \delta_{ij} = \begin{cases} 1, & i = j, \\ 0, & i \neq j, \end{cases}$$

$$\det(\alpha_{ij} - \lambda\delta_{ij}) = \begin{vmatrix} \alpha_{11} - \lambda & \alpha_{12} & \cdots & \alpha_{1n} \\ \alpha_{21} & \alpha_{22} - \lambda & \cdots & \alpha_{2n} \\ \vdots & \vdots & & \vdots \\ \alpha_{n1} & \alpha_{n2} & \cdots & \alpha_{nn} - \lambda \end{vmatrix} = 0$$

为 λ 的 n 次方程 (左边为 n 次多项式, 称为特征多项式). 它在 $\mathbb{C}$ 中至少有一个根, 设为 λ_0, 由于 $\det(\alpha_{ij} - \lambda_0\delta_{ij}) = 0$, 故代数方程组 $\sum\limits_{j=1}^{n}(\alpha_{ij} - \lambda_0\delta_{ij})\xi_j = 0 (i = 1, 2, \cdots, n)$ 有非零解: $\xi_1^{(0)}, \xi_2^{(0)}, \cdots, \xi_n^{(0)}$, 从而 $x_0 = \xi_1^{(0)}e_1 + \cdots + \xi_n^{(0)}e_n$ 满足 $\mathscr{A}x_0 = \lambda_0 x_0$.   □

设 M 是 X 中算子 $\mathscr{A}$ 的不变子空间, 若将 $\mathscr{A}$ 限制作用于 M 上, 则从定理 1.3.1 可得下面推论.

推论 1.3.1 若 M 为 $\mathscr{A}$ 的不变子空间, 则在 M 中至少存在着 $\mathscr{A}$ 的一个本征向量. 若 λ_0 为 $\mathscr{A}$ 的本征值, 则 $(\mathscr{A} - \lambda_0 I)x = \theta$ 存在非零的 x, 故 $\dim \boldsymbol{N}(\mathscr{A} - \lambda_0 I) \geqslant 1$, 其中 I 为恒同算子.

定义 1.3.1   若 $(\mathscr{A} - \lambda_0 I)x = \theta$ 的线性无关解的最大个数为 v, 即 $\dim \mathbf{N}(\mathscr{A} - \lambda_0 I) = v$, 则称本征值 λ_0 的几何重数 (multiplicity) 为 v.

定义 1.3.2   若本征值 λ_0 为特征方程 $\det(A - \lambda E) = 0$ 的 k 重根, 称 k 为本征值 λ_0 的代数重数. 若矩阵 A 有一个本征值 λ_0, 其几何重数小于代数重数, 称 A 为亏损的 (defective), 否则称非亏损的.

1.3.2   特征多项式无重根时矩阵 A 的简化

设 X 为 n 维线性空间, 线性变换 $\mathscr{A}$ 的特征多项式 $\det(A - \lambda E)$ 有 n 个不同的根 $\lambda_1, \lambda_2, \cdots, \lambda_n$, 则有下面定理.

定理 1.3.2   属于不同本征值的本征向量线性无关.

证   设 $x_1, x_2, \cdots, x_n$ 是分别对应 $\lambda_1, \lambda_2, \cdots, \lambda_n$ 的本征向量. 如果它们线性相关, 由于 $x_i \neq \theta (i = 1, \cdots, n)$, $x_1, x_2, \cdots, x_n$ 中必有 s 个 $(1 \leqslant s < n)$ 向量组成 $x_1, x_2, \cdots, x_n$ 的基. 不妨设它们为前 s 个, 则有① $x_n = \sum\limits_{i=1}^{s} \xi_i x_i$, $\xi_1, \xi_2, \cdots, \xi_s$ 不全为 0. 由于 $\mathscr{A} x_n = \lambda_n x_n$, 故有② $\lambda_n x_n = \sum\limits_{i=1}^{s} \xi_i \lambda_i x_i$. 由②$-\lambda_n$①得

$$\sum_{i=1}^{s} \xi_i (\lambda_i - \lambda_n) x_i = \theta.$$

因 $\lambda_i - \lambda_n \neq 0 (i = 1, 2, \cdots, s)$, 从而 $x_1, x_2, \cdots, x_s$ 线性相关. 这与假设相矛盾. $\square$

根据定理 1.3.2, 可取 $x_1, x_2, \cdots, x_n$ 这几个本征向量作为 X 的新基, 因 $\mathscr{A} x_i = \lambda_i x_i (i = 1, 2, \cdots, n)$, 故 $\mathscr{A}$ 对应的矩阵简化为对角形矩阵

$$A = \begin{pmatrix} \lambda_1 & & & 0 \\ & \lambda_2 & & \\ & & \ddots & \\ 0 & & & \lambda_n \end{pmatrix}.$$

当特征多项式有重根时, 线性无关的本征向量个数可能少于 X 的维数, 即矩阵可能亏损. 因此, 必须再深入研究.

1.3.3   广义本征向量与广义零空间

首先引入一个例子作为启示. 设线性算子 $\mathscr{A}$ 在三维空间的基 e_1, e_2, e_3 下对应于矩阵

$$A = \begin{pmatrix} 1 & 1 & 2 \\ 0 & 1 & 3 \\ 0 & 0 & 2 \end{pmatrix}.$$

于是

$$\det(A - \lambda E) = \begin{vmatrix} 1 - \lambda & 1 & 2 \\ 0 & 1 - \lambda & 3 \\ 0 & 0 & 2 - \lambda \end{vmatrix}$$

$$= -(\lambda - 1)^2 (\lambda - 2) = 0,$$

故有本征值 $\lambda_1 = 1$, $\lambda_2 = 2$. 显然 $\lambda_1 = 1$ 是特征多项式的二重根.

先求对应于 $\lambda_1 = 1$ 的本征向量 x_1. 由

$$(A - E)\vec{\xi} = \begin{pmatrix} 0 & 1 & 2 \\ 0 & 0 & 3 \\ 0 & 0 & 1 \end{pmatrix} \begin{pmatrix} \xi_1 \\ \xi_2 \\ \xi_3 \end{pmatrix} = \begin{pmatrix} \xi_2 + 2\xi_3 \\ 3\xi_3 \\ \xi_3 \end{pmatrix} = 0,$$

即 $\xi_2 = \xi_3 = 0$, ξ_1 任意. 故 $N(\mathscr{A} - I)$ 是一维的. 本征值 $\lambda_1 = 1$ 的几何重数为 1. 不妨设 $x_1 = (1,0,0)^{\mathrm{T}}$ 作为 $\lambda_1 = 1$ 所属的本征向量, 有 $\mathscr{A}x_1 = x_1$. 由于 $\lambda_1 = 1$ 为特征多项式的二重根, 为寻找另一个与 x_1 线性无关的向量, 研究

$$(A - E)^2 \vec{\xi} = \theta,$$

即

$$\begin{pmatrix} 0 & 1 & 2 \\ 0 & 0 & 3 \\ 0 & 0 & 1 \end{pmatrix} \begin{pmatrix} \xi_2 + 2\xi_3 \\ 3\xi_3 \\ \xi_3 \end{pmatrix} = \begin{pmatrix} 5\xi_3 \\ 3\xi_3 \\ \xi_3 \end{pmatrix} = 0.$$

由此得 $\xi_3 = 0$, ξ_1, ξ_2 可以任意, 即 $\boldsymbol{N}[(\mathscr{A} - I)^2]$ 是二维空间, 因 $x_1 \in \boldsymbol{N}[(\mathscr{A} - I)^2]$, 现取向量 $x_2 \in \boldsymbol{N}[(\mathscr{A} - I)^2]$, $x_2 \notin \boldsymbol{N}(\mathscr{A} - I)$. 例如取 $x_2 = (0,1,0)^{\mathrm{T}}$, 此时

$$\mathscr{A}x_2 = \begin{pmatrix} 1 & 1 & 2 \\ 0 & 1 & 3 \\ 0 & 0 & 2 \end{pmatrix} \begin{pmatrix} 0 \\ 1 \\ 0 \end{pmatrix} = \begin{pmatrix} 1 \\ 1 \\ 0 \end{pmatrix} = x_1 + x_2,$$

即 $\mathscr{A}x_2 = x_1 + x_2$.

当 $\lambda_2 = 2$ 时, 解

$$(A - 2E)\vec{\xi} = \begin{pmatrix} -\xi_1 + \xi_2 + 2\xi_3 \\ -\xi_2 + 3\xi_3 \\ 0 \end{pmatrix} = 0,$$

即 $\xi_1 = 5\xi_3$, $\xi_2 = 3\xi_3$, ξ_3 任意. 取 $x_3 = (5,3,1)^{\mathrm{T}} = 5e_1 + 3e_2 + e_3$ 为属于 $\lambda_2 = 2$ 的本征向量, $\mathscr{A}x_3 = 2x_3$. 于是取 x_1, x_2, x_3 为新基时, 我们得到

$$\mathscr{A} x_1 = x_1, \quad \mathscr{A} x_2 = x_1 + x_2, \quad \mathscr{A} x_3 = 2x_3,$$

即

$$A_1 = \begin{pmatrix} 1 & 1 & 0 \\ 0 & 1 & 0 \\ 0 & 0 & 2 \end{pmatrix}.$$

A_1 就是 A 的简化的相似矩阵.

以下一般地研究问题. 为此, 先引入下述定义.

定义 1.3.3 若一向量 x_k 满足 $(\mathscr{A} - \lambda_0 I)^k x_k = \theta$, 而 $(\mathscr{A} - \lambda_0 I)^{k-1} x_k \neq \theta (k$ 为正整数), 则称 x_k 为对应于 $\lambda = \lambda_0$ 的秩为 k 的广义本征向量.

设 x_k 为 k 秩广义本征向量. 令 $x_{k-1} = (\mathscr{A} - \lambda_0 I) x_k$, 则 $(\mathscr{A} - \lambda_0 I)^{k-1} x_{k-1} = (\mathscr{A} - \lambda_0 I)^k x_k = \theta$, 但 $(\mathscr{A} - \lambda_0 I)^{k-2} x_{k-1} = (\mathscr{A} - \lambda_0 I)^{k-1} x_k \neq \theta$, 故 x_{k-1} 是秩为 $k - 1$ 的广义本征向量.

一般地, 若存在秩为 k 的 x_k, 作 $x_j = (\mathscr{A} - \lambda_0 I)^{k-j} x_k (j = 1, 2, \cdots, k-1)$, 因为 $(\mathscr{A} - \lambda_0 I)^j x_j = (\mathscr{A} - \lambda_0 I)^k x_k = \theta$, 而 $(\mathscr{A} - \lambda_0 I)^{j-1} x_j = (\mathscr{A} - \lambda_0 I)^{k-1} x_k \neq \theta$. 故 x_j 是秩为 j 的广义本征向量. 因此, 由 x_k 可得广义本征向量串 $x_1, x_2, \cdots, x_k$, 其秩分别为 $1, 2, \cdots, k$.

定理 1.3.3 属于同一本征值的不同秩的广义本征向量线性无关.

证 设 $x_1, x_2, \cdots, x_j$ 是属于 λ_0 的广义本征向量, 秩分别为 $1, 2, \cdots, j$. 如果 $x_1, x_2, \cdots, x_j$ 线性相关, 则必存在不全为 0 的数 $\alpha_i (1, 2, \cdots, j)$, 使得 $\alpha_1 x_1 + \alpha_2 x_2 + \cdots + \alpha_j x_j = \theta$, 其中必有一个 $\alpha_s \neq 0$, 而当 $i > s$ 时, $\alpha_i = 0$. 用 $(\mathscr{A} - \lambda_0 I)^{s-1}$ 作用于上式得

$$\alpha_s (\mathscr{A} - \lambda_0 I)^{s-1} x_s = \theta.$$

但因 $(\mathscr{A} - \lambda_0 I)^{s-1} x_s \neq \theta$, 必有 $\alpha_s = 0$, 这与假设相矛盾. □

利用广义本征向量, 可对算子 $\mathscr{A}$ 对应的矩阵作简化. 为此引入

定义 1.3.4 属于 $\lambda = \lambda_0$ 的全体广义本征向量所张成的线性子空间, 称为算子 $\mathscr{A} - \lambda_0 I$ 的广义零空间, 记作 N_0. 有时也称为算子 $\mathscr{A}$ 属于 λ_0 的广义零空间.

显然, $N(\mathscr{A} - \lambda_0 I) \subseteq N[(\mathscr{A} - \lambda_0 I)^2] \subseteq \cdots \subseteq N(\mathscr{A} - \lambda_0 I)^k \subseteq \cdots \subseteq N_0$. 因空间 N_0 的维数不会大于全空间 X 的维数, 故当 k 适当大时, $N(\mathscr{A} - \lambda_0 I)^i (i \geqslant k)$ 的维数不会再增高. $N(\mathscr{A} - \lambda_0 I)^k = N_0$, 即 $\forall x \in N_0$, 有 $(\mathscr{A} - \lambda_0 I)^k x = \theta$, 我们称 $(\mathscr{A} - \lambda_0 I)^k$ 零化 (annihilate) N_0, 记作 $(\mathscr{A} - \lambda_0 I)^k N_0 = \theta$.

定义 1.3.5 零化 N_0 的一切 $(\mathscr{A} - \lambda_0 I)^k$ 中的最小指数 $m = \min(k)$ 称为本征值 λ_0 的指标 (index).

于是, $N(\mathscr{A} - \lambda_0 I) \subseteq \cdots \subseteq N(\mathscr{A} - \lambda_0 I)^{m-1} \subseteq N(\mathscr{A} - \lambda_0 I)^m = N_0.$ 为方便起见, 引入记号:

$$N_i = N(\mathscr{A} - \lambda_0 I)^i (i = 1, 2, \cdots, m), \quad N_m = N_0.$$

1.3.4 算子在广义零空间中的简化

例 1.3.1 设 $n = 6$, 在 X_6 上定义的线性算子 $\mathscr{A}$ 在基 $e_1, e_2, \cdots, e_6$ 下有矩阵

$$A = \begin{pmatrix} \lambda_0 & 0 & 0 & 0 & 1 & 0 \\ 0 & \lambda_0 & 1 & 1 & 0 & -1 \\ 0 & 0 & \lambda_0 & 0 & 0 & 0 \\ 0 & 0 & 0 & \lambda_0 & 0 & 0 \\ 0 & 0 & 1 & 0 & \lambda_0 & -1 \\ 0 & 0 & 0 & 0 & 0 & \lambda_0 \end{pmatrix},$$

以下设法选取适当的基, 使 A 简化.

特征多项式 $\det(A - \lambda E) = (\lambda - \lambda_0)^6.$ 有特征根 $\lambda = \lambda_0$ 为六重根. 兹考察 $\mathscr{A} - \lambda_0 I$ 的广义零空间. 设

$$x = \sum_{i=1}^{6} \xi_i e_i, \quad N_1 : (\mathscr{A} - \lambda_0 I)\vec{\xi} = \theta,$$

即

$$(A - \lambda_0 E)\vec{\xi} = \begin{pmatrix} \xi_5 \\ \xi_3 + \xi_4 - \xi_6 \\ 0 \\ 0 \\ \xi_3 - \xi_6 \\ 0 \end{pmatrix} = 0.$$

$\xi_6 = \xi_3, \xi_4 = \xi_5 = 0,$ 所以 $\dim N_1 = 3,$ 即 λ_0 的几何重数为 3.

$N_2 : (\mathscr{A} - \lambda_0 I)^2 \vec{\xi} = \theta,$ 即

$$(A - \lambda_0 E)^2 \vec{\xi} = \begin{pmatrix} \xi_3 - \xi_6 \\ 0 \\ 0 \\ 0 \\ 0 \\ 0 \end{pmatrix} = 0.$$

从而得 $\xi_3 = \xi_6$, 可见 $\dim \boldsymbol{N}_2 = 5$.

$\boldsymbol{N}_3 : (\mathscr{A} - \lambda_0 I)^3 \vec{\xi} = \theta$, 即

$$(A - \lambda_0 E)^3 \vec{\xi} = \begin{pmatrix} 0 \\ 0 \\ 0 \\ 0 \\ 0 \\ 0 \end{pmatrix} = 0.$$

故 $\dim \boldsymbol{N}_3 = 6$, 即 $\boldsymbol{N}_3$ 是全空间 $\boldsymbol{X}_6$. 本征值 λ_0 的指标是 3.

以下选取秩为 3 的广义特征向量 x_3, 即要求 $x_3 \in \boldsymbol{N}_3$, $x_3 \notin \boldsymbol{N}_2$, 这时只要取 $\xi_3 \neq \xi_6$ 的向量即可. 取 $\vec{\xi}_3 = (0, 0, 1, 0, 0, 0)^{\mathrm{T}}$, 求本征向量串

$$\vec{\xi}_2 = (A - \lambda_0 E)\vec{\xi}_3 = (0, 1, 0, 0, 1, 0)^{\mathrm{T}},$$

$$\vec{\xi}_1 = (A - \lambda_0 E)\vec{\xi}_2 = (1, 0, 0, 0, 0, 0)^{\mathrm{T}},$$

即得 $x_3 = e_3$, $x_2 = e_2 + e_5$, $x_1 = e_1$, 由定理 1.3.3 知 x_1, x_2, x_3, 秩分别为 $1, 2, 3$ 的线性无关的向量.

为了再找三个线性无关的向量, 以便与 x_1, x_2, x_3 一起组成 $\boldsymbol{N}_3 = \boldsymbol{X}_6$ 之新基. 将 $\boldsymbol{N}_3$ 作分解: $\boldsymbol{N}_3 = \boldsymbol{N}_2 \dotplus \boldsymbol{P}_2$, $\dim \boldsymbol{P}_2 = \dim \boldsymbol{N}_3 - \dim \boldsymbol{N}_2 = 1$. 因 $x_3 \notin \boldsymbol{N}_2$, $x_3 \in \boldsymbol{N}_3$, 故 $x_3 \in \boldsymbol{P}_2$, x_3 是 $\boldsymbol{P}_2$ 的基. 再将 $\boldsymbol{N}_2$ 分解为 $\boldsymbol{N}_2 = \boldsymbol{N}_1 \dotplus \boldsymbol{P}_1$, $\dim \boldsymbol{P}_1 = \dim \boldsymbol{N}_2 - \dim \boldsymbol{N}_1 = 2$, 而 $x_1 \in \boldsymbol{N}_1$, $x_2 \in \boldsymbol{P}_1 (x_2 \notin \boldsymbol{N}_1)$, 要找到 $\boldsymbol{P}_1$ 之基, 还要在 $\boldsymbol{P}_1$ 中找一个与 x_2 线性无关的向量 x_2', 即要 $x_2' \in \boldsymbol{N}_2$, $x_2' \notin \boldsymbol{N}_1$, 且 x_2' 与 x_2 线性无关. 只要取 $\xi_3 = \xi_6$ 且不满足 $\xi_4 = \xi_5 = 0$ 就可以了. 例如取 $\vec{\xi}_2' = (0, 0, 0, 1, 0, 0)^{\mathrm{T}}$, 即 $x_2' = e_4$. 因 x_2' 是秩为 2 的广义本征向量, 作广义本征向量串 $\vec{\xi}_1' = (A - \lambda_0 E))\vec{\xi}_2' = (0, 1, 0, 0, 0, 0)^{\mathrm{T}}$, 即取 $x_1' = e_2$, x_1' 是秩为 1 的广义本征向量, 即 $x_1' \in \boldsymbol{N}_1$.

以上在 $\boldsymbol{N}_1$ 中已找到两线性无关向量 x_1, x_1', 因 $\dim \boldsymbol{N}_1 = 3$, 故在 $\boldsymbol{N}_1$ 中再找一向量 x_1'' 组成 $\boldsymbol{N}_1$ 的基, 如取 $x_1'' = e_3 + e_6$, 即 $x_1'' = (0, 0, 1, 0, 0, 1)^{\mathrm{T}}$.

综合上述, 取 $x_1, x_2, x_3, x_1', x_2', x_1''$ 组成新基, 我们有

$$\mathscr{A} x_1 = \lambda_0 x_1, \quad \mathscr{A} x_2 = x_1 + \lambda_0 x_2, \quad \mathscr{A} x_3 = x_2 + \lambda_0 x_3,$$
$$\mathscr{A} x_1' = \lambda_0 x_1', \quad \mathscr{A} x_2' = x_1' + \lambda_0 x_2', \quad \mathscr{A} x_1'' = \lambda_0 x_1''.$$

最后得

$$(\mathscr{A} x_1, \mathscr{A} x_2, \mathscr{A} x_3, \mathscr{A} x_1', \mathscr{A} x_2', \mathscr{A} x_1'') = (x_1, x_2, x_3, x_1', x_2', x_1'')J,$$

其中

$$J = \begin{pmatrix} \lambda_0 & 1 & 0 & 0 & 0 & 0 \\ 0 & \lambda_0 & 1 & 0 & 0 & 0 \\ 0 & 0 & \lambda_0 & 0 & 0 & 0 \\ 0 & 0 & 0 & \lambda_0 & 1 & 0 \\ 0 & 0 & 0 & 0 & \lambda_0 & 0 \\ 0 & 0 & 0 & 0 & 0 & \lambda_0 \end{pmatrix}.$$

从矩阵 J 可见, 由于本征值的指标为 3, 故可得到秩为 $1, 2, 3$ 的广义本征向量串 x_1, x_2, x_3, 因此它决定了 J 中最大一块是三阶矩阵. 又因本征值的几何重数为 3, 故 J 分为三块, 而 λ_0 是特征方程的六重根, 故 J 是一个六阶矩阵. 以下我们将指出, 对应于每个本征值 λ_0, 其代数重数、几何重数、指标三个数, 唯一地决定了 J 的形式, 形如,

$$J(\lambda, t) = \begin{pmatrix} \lambda & 1 & \cdots & 0 & 0 & 0 \\ 0 & \lambda_0 & \cdots & 0 & 0 & 0 \\ \vdots & \vdots & & \vdots & \vdots & \vdots \\ 0 & 0 & \cdots & 0 & \lambda & 1 \\ 0 & 0 & \cdots & 0 & 0 & \lambda \end{pmatrix}_l$$

的矩阵称为若尔当 (Jordan) 块, 由若干个 Jordan 块组成的准对角矩阵称为 Jordan 法式.

以下一般地讨论算子 $\mathscr{A}$ 对应的矩阵在广义零空间内简化的一般作法. 设算子 $(\mathscr{A} - \lambda_0 I)$ 的广义零空间 $\boldsymbol{N} = \boldsymbol{N}_m$, m 为 λ_0 的指标. 记 $(\mathscr{A} - \lambda_0 I)^k = \mathscr{A}_0^k$, $\boldsymbol{N}_k = \boldsymbol{N}(\mathscr{A} - \lambda_0 I)^k = \boldsymbol{N}(\mathscr{A}_0^k)$, $k = 1, 2, \cdots, m$, 则 $\boldsymbol{N}_k$ 之间有如下关系.

$1°$ 将 $\mathscr{A}_0^k$ 看成 $\boldsymbol{N}_{k+1}$ 上的线性算子, 则 $\mathscr{A}_0^k$ 作用于 $\boldsymbol{N}_{k+1}$ 上时, 其零空间就是 $\boldsymbol{N}_k$.

事实上, 设 $x \in \boldsymbol{N}_{k+1}$, 则由 $\mathscr{A}_0^k x = \theta$, 故 $x \in \boldsymbol{N}_k$. 另外, 若 $y \in \boldsymbol{N}_k$, 则 $\mathscr{A}_0^{k+1} y = \mathscr{A}_0(\mathscr{A}_0^k y) = \mathscr{A}_0 \theta = \theta$, 就有 $y \in \boldsymbol{N}_{k+1}$, 从而有 $\boldsymbol{N}_k \subseteq \boldsymbol{N}_{k+1}$.

根据定理 1.2.1, 空间 $\boldsymbol{N}_{k+1}$ 可分解为算子 $\mathscr{A}_0^k$ 的零空间 $\boldsymbol{N}_k$ 及 $\mathscr{A}_0^k$ 的值域生成组 $p_1, p_2, \cdots, p_{s_k}$ 所张成的空间 $\boldsymbol{P}_k$ 的直和, $\boldsymbol{N}_{k+1} = \boldsymbol{P}_k \dotplus \boldsymbol{N}_k (k = 1, 2, \cdots, m-1)$, 且 $\mathscr{A}_0^k p_1, \cdots, \mathscr{A}_0^k p_{s_k}$ 线性无关. 于是将广义零空间分解可得

$$\boldsymbol{N} = \boldsymbol{N}_m = \boldsymbol{P}_{m-1} \dotplus \boldsymbol{N}_{m-1} = \boldsymbol{P}_{m-1} \dotplus \boldsymbol{P}_{m-2} \dotplus \boldsymbol{N}_{m-2} = \cdots$$
$$= \boldsymbol{P}_{m-1} \dotplus \boldsymbol{P}_{m-2} \dotplus \cdots \dotplus \boldsymbol{P}_1 \dotplus \boldsymbol{P}_0,$$

其中 $\boldsymbol{P}_0 = \boldsymbol{N}_1$.

2° 若取 $\boldsymbol{P}_k$ 的基为上述的 $p_1, p_2, \cdots, p_{s_k}$, 则 $\mathscr{A}_0 p_1, \mathscr{A}_0 p_2, \cdots, \mathscr{A}_0 p_{s_k} \in \boldsymbol{P}_{k-1}$, 且 $\mathscr{A}_0 p_1, \mathscr{A}_0 p_2, \cdots, \mathscr{A}_0 p_{s_k}$ 线性无关.

事实上, 因为 $p_1, p_2, \cdots, p_{s_k} \in \boldsymbol{N}_{k+1}$, $\mathscr{A}_0^{k+1} p_i = \mathscr{A}_0^k(\mathscr{A}_0 p_i) = \theta$, 故 $\mathscr{A}_0 p_i \in \boldsymbol{N}_k (i = 1, 2, \cdots, s_k)$. 又因 $\boldsymbol{N}_{k+1} = \boldsymbol{P}_k \dotplus \boldsymbol{N}_k$, 即 $\boldsymbol{P}_k \cap \boldsymbol{N}_k = \theta$, 故 $p_1, p_2, \cdots, p_{s_k} \notin \boldsymbol{N}_k$, 从而 $\mathscr{A}_0^k p_i = \mathscr{A}_0^{k-1}(\mathscr{A}_0 p_i) \neq \theta$, 即 $\mathscr{A}_0 p_i \notin \boldsymbol{N}_{k-1} (i = 1, 2, \cdots, s_k)$.

由于 $\boldsymbol{N}_k = \boldsymbol{P}_{k-1} \dotplus \boldsymbol{N}_{k-1}$, 则 $\mathscr{A}_0 p_i \in \boldsymbol{P}_{k-1} (i = 1, 2, \cdots, s_k)$, 兹证 $\mathscr{A}_0 p_1$, $\mathscr{A}_0 p_2, \cdots, \mathscr{A}_0 p_{s_k}$ 线性无关. 否则, 有不全为 0 的数 $\alpha_i (i = 1, 2, \cdots, s_k)$ 使得 $\alpha_1 \mathscr{A}_0 p_1 + \cdots + \alpha_{s_k} \mathscr{A}_0 p_{s_k} = \theta$, 作用 $\mathscr{A}_0^{k-1}$ 于该式得 $\alpha_1 \mathscr{A}_0^k p_1 + \cdots + \alpha_{s_k} \mathscr{A}_0^k p_{s_k} = \theta$. 这与 $\mathscr{A}_0^k p_1 + \cdots + \mathscr{A}_0^k p_{s_k}$ 线性无关相矛盾.

若 $\dim \boldsymbol{P}_{k-1} = s_{k-1} \geqslant \dim \boldsymbol{P}_k = s_k$ 时, 可在 $\boldsymbol{P}_{k-1}$ 中再找 $s_{k-1} - s_k$ 个元素, 使与 $\mathscr{A}_0 p_1, \cdots, \mathscr{A}_0 p_{s_k}$ 一起组成 $\boldsymbol{P}_{k-1}$ 之基.

定理 1.3.4 设 $\boldsymbol{N}$ 为算子 $\mathscr{A} - \lambda_0 I$ 的广义零空间, 其指标为 m, λ_0 的几何重数为 v, 则在 $\boldsymbol{N}$ 中存在一组线性无关的向量, 当取这组向量为基时, $\mathscr{A}$ 作用于 $\boldsymbol{N}$ 上的算子所对应的矩阵可表示为

$$A = \begin{pmatrix} J_1 & & & 0 \\ & \ddots & & \\ & & \ddots & \\ 0 & & & J_v \end{pmatrix},$$

其中 $J_i (0 \leqslant i \leqslant v)$ 是 Jordan 块, 它的阶数不超过 m.

证 在 $\boldsymbol{N} = \boldsymbol{N}_m$ 中作出 $\boldsymbol{P}_{m-1}$ 的基 $x_j^{(m)} (j = 1, 2, \cdots, s_{m-1})$, 再作 $\mathscr{A}_0 x_j^{(m)}$ $(j = 1, 2, \cdots, s_{m-1})$, 使它与 $\boldsymbol{P}_{m-2}$ 中的向量 $x_j^{(m-1)} (j = 1, \cdots, s_{m-2})$ 一起组成 $\boldsymbol{P}_{m-2}$ 的基. 如此一直下去, 一般地得到 $\boldsymbol{P}_k$ 的基为

$$\mathscr{A}_0^{m-(k+1)} x_j^{(m)} \quad (j = 1, 2, \cdots, s_{m-1}),$$
$$\mathscr{A}_0^{m-(k+2)} x_j^{(m-1)} \quad (j = 1, 2, \cdots, s_{m-2} - s_{m-1}),$$
$$\mathscr{A}_0^{m-(k+3)} x_j^{(m-2)} \quad (j = 1, 2, \cdots, s_{m-3} - s_{m-2}),$$
$$\cdots\cdots$$
$$x_j^{(k+1)} \quad (j = 1, 2, \cdots, s_k - s_{k+1}),$$

其中 $\dim \boldsymbol{P}_k = s_k (k = 0, 1, \cdots, m-1)$.

这样就得若干组广义本征向量串.

s_{m-1} 串 (m 阶):

$$\mathscr{A}_0^{m-1}x_j^{(m)}, \mathscr{A}_0^{m-2}x_j^{(m)}, \cdots, \mathscr{A}_0 x_j^{(m)}, x_j^{(m)} \quad (j=1,2,\cdots,s_{m-1}),$$

$s_{m-2} - s_{m-1}$ 串 $(m-1$ 阶):

$$\mathscr{A}_0^{m-2}x_j^{(m-1)}, \mathscr{A}_0^{m-3}x_j^{(m-1)}, \cdots, \mathscr{A}_0 x_j^{(m-1)}, x_j^{(m-1)} \quad (j=1,2,\cdots,s_{m-2}-s_{m-1}),$$

......

$s_0 - s_1$ 串 $(1$ 阶):

$$x_j^{(1)} \quad (j=1,2,\cdots,s_0-s_1).$$

依次取它们为基向量, 则每一串对应一个 Jordan 块, 一共 s_0 个 Jordan 块, 并且 $s_0 = \dim \boldsymbol{P}_0 = \dim \boldsymbol{N}_1 = v$. □

1.3.5 Jordan 定理

引理 1.3.1 空间 $\boldsymbol{X}$ 可以分解为 $\mathscr{A}$ 的任一本征值 λ_0 所对应的广义零空间 $\boldsymbol{N}[(\mathscr{A}-\lambda_0 I)^m]$ 与广义值域 $\boldsymbol{R}[(\mathscr{A}-\lambda_0 I)^m]$ 的直和, 其中 m 为 λ_0 的指标.

证 由定理 1.2.1有

$$\dim \boldsymbol{N}[(\mathscr{A}-\lambda_0 I)^m] + \dim \boldsymbol{R}[(\mathscr{A}-\lambda_0 I)^m] = n,$$

其中 n 为 $\boldsymbol{X}$ 的维数. 故只需证明

$$\boldsymbol{N}[(\mathscr{A}-\lambda_0 I)^m] \cap \boldsymbol{R}[(\mathscr{A}-\lambda_0 I)^m] = \theta.$$

事实上, 设 $y \in \boldsymbol{N}[(\mathscr{A}-\lambda_0 I)^m] \cap \boldsymbol{R}[(\mathscr{A}-\lambda_0 I)^m]$, 则因 $y \in \boldsymbol{N}[(\mathscr{A}-\lambda_0 I)^m]$ 有 $(\mathscr{A}-\lambda_0 I)^m y = \theta$. 又因 $y \in \boldsymbol{R}[(\mathscr{A}-\lambda_0 I)^m]$ 故存在 $x \in \boldsymbol{X}$, 使 $(\mathscr{A}-\lambda_0 I)^m x = y$. 因而 $(\mathscr{A}-\lambda_0 I)^{2m} x = \theta$. 由于 m 为指标, 故 $(\mathscr{A}-\lambda_0 I)^m x = \theta$, 即 $y = \theta$, 从而 $\boldsymbol{N}[(\mathscr{A}-\lambda_0 I)^m] \cap \boldsymbol{R}[(\mathscr{A}-\lambda_0 I)^m] = \theta$. □

引理 1.3.2 $\boldsymbol{R}[(\mathscr{A}-\lambda_0 I)^m]$ 与 $\boldsymbol{N}[(\mathscr{A}-\lambda_0 I)^m]$ 都是 $\mathscr{A}$ 的不变子空间.

证 若 $x \in \boldsymbol{N}[(\mathscr{A}-\lambda_0 I)^m]$, 则 $(\mathscr{A}-\lambda_0 I)^m x = \theta$,

$$(\mathscr{A}-\lambda_0)^m \mathscr{A} x = \mathscr{A}[(\mathscr{A}-\lambda_0 I)^m x] = \mathscr{A}\theta = \theta,$$

故有 $\mathscr{A}x \in \boldsymbol{N}[(\mathscr{A}-\lambda_0 I)^m]$. 又如果 $x \in \boldsymbol{R}[(\mathscr{A}-\lambda_0 I)^m]$, 则存在 $y \in \boldsymbol{X}$, 使 $(\mathscr{A}-\lambda_0 I)^m y = x$, 故 $\mathscr{A}x = (\mathscr{A}-\lambda_0 I)^m \mathscr{A}y$, 其中 $\mathscr{A}y \in \boldsymbol{X}$. 故 $\mathscr{A}x \in \boldsymbol{R}[(\mathscr{A}-\lambda_0 I)^m]$. □

定理 1.3.5 (Jordan) 每个有限维线性空间 $\boldsymbol{X}$ 上的线性算子 $\mathscr{A}$, 经适当选取基后, 可使它们所对应的矩阵成为 Jordan 法式矩阵.

证   设 λ_1 是 $\mathscr{A}$ 的一个本征值, m_1 是 λ_1 的指标. 由引理 1.3.1 与 1.3.2, $\boldsymbol{X} = \boldsymbol{N}[(\mathscr{A} - \lambda_1 I)^{m_1}] \dotplus \boldsymbol{R}[(\mathscr{A} - \lambda_1 I)^{m_1}]$, 其中 $\boldsymbol{N}[(\mathscr{A} - \lambda_1 I)^{m_1}]$ 与 $\boldsymbol{R}[(\mathscr{A} - \lambda_1 I)^{m_1}]$ 都是 $\mathscr{A}$ 的不变子空间. 由定理 1.2.2 的推论, 在 $\boldsymbol{N}[(\mathscr{A} - \lambda_1 I)^{m_1}]$ 中可取 k_1 个向量的基, 在 $\boldsymbol{R}[(\mathscr{A} - \lambda_1 I)^{m_1}]$ 中可取 $n - k_1$ 个向量的基, 使

$$A = \begin{pmatrix} A_1 & 0 \\ 0 & A_1' \end{pmatrix},$$

其中 A_1, A_1' 分别为 $\mathscr{A}$ 限制在 $\boldsymbol{N}[(\mathscr{A} - \lambda_1 I)^{m_1}]$ 与 $\boldsymbol{R}[(\mathscr{A} - \lambda_1 I)^{m_1}]$ 上所对应的矩阵. 由定理 1.3.4 在 $\boldsymbol{X}_1 = \boldsymbol{N}[(\mathscr{A} - \lambda_1 I)^{m_1}]$ 上选取适当的基, 可将 A_1 化为有限个 Jordan 块组成的矩阵.

以下设 $\boldsymbol{X}_1' = \boldsymbol{R}[(\mathscr{A} - \lambda_1 I)^{m_1}]$, 其特征多项式是 $n - k$ 次多项式 $\det(A_1' - \lambda E)$, 它有根 $\lambda_1 = \lambda_2$ 且 $\lambda_2 \neq \lambda_1$. 在 $\boldsymbol{X}_1'$ 中将 $\boldsymbol{X}_1'$ 分解为 $\boldsymbol{X}_1' = \boldsymbol{N}[(\mathscr{A} - \lambda_2 I)^{m_2}] \dotplus \boldsymbol{R}[(\mathscr{A} - \lambda_2 I)^{m_2}]$, 其中 m_2 为 λ_2 的指标. 这时

$$A_1' = \begin{pmatrix} A_2 & 0 \\ 0 & A_2' \end{pmatrix}.$$

记 $\boldsymbol{X}_2 = \boldsymbol{N}[(\mathscr{A} - \lambda_2 I)^{m_2}]$, $\boldsymbol{X}_2' = \boldsymbol{R}[(\mathscr{A} - \lambda_2 I)^{m_2}]$, 在 $\boldsymbol{X}_2$ 中适当选取 k_2 个向量为基, 又可将 A_2 化为有限个 Jordan 块组成的矩阵. 如此继续下去, 有限次后, 即在 $\boldsymbol{X}$ 中选好一组基, 在该基下, $\mathscr{A}$ 所对应的矩阵 A 为

$$A = \begin{pmatrix} A_1 & & & 0 \\ & A_2 & & \\ & & \ddots & \\ 0 & & & A_s \end{pmatrix},$$

其中 k_j 阶矩阵 $A_j (j = 1, 2, \cdots, s)$ 为有限个 Jordan 块所组成, 矩阵 A_j 的对角线元素全为 $\lambda_j (j \neq i$ 时 $\lambda_j \neq \lambda_i)$.   □

从上述定理证明过程可知

$$\boldsymbol{X} = \boldsymbol{N}[(\mathscr{A} - \lambda_1 I)^{m_1}] \dotplus \boldsymbol{N}[(\mathscr{A} - \lambda_2 I)^{m_2}] \dotplus \cdots \dotplus \boldsymbol{N}[(\mathscr{A} - \lambda_s I)^{m_s}]$$
$$= \boldsymbol{X}_1 \dotplus \boldsymbol{X}_2 \dotplus \cdots \dotplus \boldsymbol{X}_s.$$

由于在相似变换下, 特征多项式不变, 故

$$\det(A - \lambda E) = (\lambda - \lambda_1)^{k_1} (\lambda - \lambda_2)^{k_2} \cdots (\lambda - \lambda_s)^{k_s}.$$

对于 λ_j 的广义零空间 $\boldsymbol{N}[(\mathscr{A} - \lambda_j I)^{m_j}]$ 的维数就是 λ_j 在特征多项式中根的代数重数 k_j, m_j 为 λ_j 的指标, $m_j \leqslant k_j$. 从上述讨论可见, 对于每一个特征根 λ_j, 其相

应的 Jordan 块由三个数决定: ① 代数重数 k_j 定出 J_i 的阶数; ② 几何重数 v_j(即 $N[(\mathscr{A} - \lambda_j I)]$ 的维数) 决定 J_j 的小块数; ③ 指标 m_j 决定 J_j 中最大 Jordan 块的阶数.

例 1.3.2　在 $\mathbf{X}_6$ 中取基 $e_1, e_2, \cdots, e_6$, 得 $\mathscr{A}$ 的矩阵

$$A = \begin{pmatrix} 5 & -1 & 1 & 1 & 0 & 0 \\ 1 & 3 & -1 & -1 & 0 & 0 \\ 0 & 0 & 4 & 0 & 1 & 1 \\ 0 & 0 & 0 & 4 & -1 & -1 \\ 0 & 0 & 0 & 0 & 3 & 1 \\ 0 & 0 & 0 & 0 & 1 & 3 \end{pmatrix}.$$

试取适当的基, 使 $\mathscr{A}$ 所对应的矩阵为 Jordan 法式.

解　$\det(A - \lambda E) = (4 - \lambda)^5 (2 - \lambda)$, 故 $\lambda_1 = 4$ (5 重根), $\lambda_2 = 2$ (单重根).

$$\mathbf{X}_6 = N[(\mathscr{A} - 4I)^{m_1}] \dotplus N[(\mathscr{A} - 2I)^{m_2}].$$

$N[(\mathscr{A} - 4I)^{m_1}]$ 应为五维子空间, $N[(\mathscr{A} - 2I)^{m_2}]$ 应为一维子空间.

$$(A - 4E)x = \begin{pmatrix} 1 & -1 & 1 & 1 & 0 & 0 \\ 1 & -1 & -1 & -1 & 0 & 0 \\ 0 & 0 & 0 & 0 & 1 & 1 \\ 0 & 0 & 0 & 0 & -1 & -1 \\ 0 & 0 & 0 & 0 & -1 & 1 \\ 0 & 0 & 0 & 0 & 1 & -1 \end{pmatrix} \begin{pmatrix} \xi_1 \\ \xi_2 \\ \xi_3 \\ \xi_4 \\ \xi_5 \\ \xi_6 \end{pmatrix}$$

$$= \begin{pmatrix} \xi_1 - \xi_2 + \xi_3 + \xi_4 \\ \xi_1 - \xi_2 - \xi_3 - \xi_4 \\ \xi_5 + \xi_6 \\ -\xi_5 - \xi_6 \\ -\xi_5 + \xi_6 \\ \xi_5 - \xi_6 \end{pmatrix} = 0.$$

$N(\mathscr{A} - 4I)$: $\xi_1 = \xi_2$, $\xi_3 = -\xi_4$, $\xi_5 = \xi_6 = 0$, 由此可见这是二维子空间, 故 $\lambda_1 = 4$ 的几何重数为 2, 即 $v = 2$.

$$(A - 4E)^2 x = \begin{pmatrix} 2\xi_3 + 2\xi_4 \\ 2\xi_3 + 2\xi_4 \\ 0 \\ 0 \\ 2\xi_5 - 2\xi_6 \\ -2\xi_5 + 2\xi_6 \end{pmatrix} = 0,$$

$N[(\mathscr{A} - 4I)^2]$: $\xi_3 + \xi_4 = 0$, $\xi_5 = \xi_6$, 这是四维子空间.

$$(A - 4E)^3 x = \begin{pmatrix} 0 \\ 0 \\ 0 \\ 0 \\ -4\xi_5 + 4\xi_6 \\ 4\xi_5 - 4\xi_6 \end{pmatrix} = 0,$$

$N[(\mathscr{A} - 4I)^3]$: $\xi_5 = \xi_6$, 即为五维子空间, 从而 $\lambda_1 = 4$ 之指标 $m_1 = 3$.

$N[(\mathscr{A} - 4I)^2] = N(\mathscr{A} - 4I) \dotplus P_1$, 维数 $= 2 + 2$.

$N[(\mathscr{A} - 4I)^3] = N[(\mathscr{A} - 4I)^2] \dotplus P_2$, 维数 $= 4 + 1$. 故 $N[(\mathscr{A} - 4I)^3] = N(\mathscr{A} - 4I) \dotplus P_1 \dotplus P_2$, 维数 $= 2 + 2 + 1$.

1° 选取 $x_3 \in P_2$, 即 $x_3 \in N[(\mathscr{A} - 4I)^3]$, $x_3 \notin N[(\mathscr{A} - 4I)^2]$. 例如, 取

$$x_3 = (0, 0, 1, 0, 0, 0)^{\mathrm{T}},$$

$$x_2 = (\mathscr{A} - 4I)x_3 = (1, -1, 0, 0, 0, 0)^{\mathrm{T}},$$

$$x_1 = (\mathscr{A} - 4I)x_2 = (2, 2, 0, 0, 0, 0)^{\mathrm{T}}.$$

因此, x_1, x_2, x_3 是秩分别为 $1, 2, 3$ 的广义本征向量串.

2° 再选 $x_5 \in P_1$, 即 $x_5 \in N[(\mathscr{A} - 4I)^2]$, $x_5 \notin N(\mathscr{A} - 4I)$, 并要求 x_5 与 x_2 线性无关. 可取

$$x_5 = (0, 0, 0, 0, 1, 1)^{\mathrm{T}}, x_4 = (\mathscr{A} - 4I)x_5 = (0, 0, 2, -2, 0, 0).$$

这样 x_4, x_5 是秩分别为 $1, 2$ 的广义本征向量串.

可取 x_1, x_2, x_3, x_4, x_5 为 $N[(\mathscr{A} - 4I)^3]$ 的基, 以下再选 $N(\mathscr{A} - 2I)$ 的一个基.

$$(A-2E)x = \begin{pmatrix} 3 & -1 & 1 & 1 & 0 & 0 \\ 1 & 1 & -1 & -1 & 0 & 0 \\ 0 & 0 & 2 & 0 & 1 & 1 \\ 0 & 0 & 0 & 2 & -1 & -1 \\ 0 & 0 & 0 & 0 & 1 & 1 \\ 0 & 0 & 0 & 0 & 1 & 1 \end{pmatrix} \begin{pmatrix} \xi_1 \\ \xi_2 \\ \xi_3 \\ \xi_4 \\ \xi_5 \\ \xi_6 \end{pmatrix}$$

$$= \begin{pmatrix} 3\xi_1 - \xi_2 + \xi_3 + \xi_4 \\ \xi_1 + \xi_2 - \xi_3 - \xi_4 \\ 2\xi_3 + \xi_5 + \xi_6 \\ 2\xi_4 - \xi_5 - \xi_6 \\ \xi_5 + \xi_6 \\ \xi_5 + \xi_6 \end{pmatrix} = 0,$$

$N(\mathscr{A} - 2I)$: $\xi_1 = \xi_2 = \xi_3 = \xi_4 = 0$, $\xi_5 + \xi_6 = 0$, 这是一维子空间, $\lambda_2 = 2$ 的指标 $m_2 = 1$, 选 $x_6 \in N(\mathscr{A} - 2I)$. 例如取 $x_6 = (0,0,0,0,1,-1)^{\mathrm{T}}$, 于是由

$$(A-4E)x_1 = \theta, \quad Ax_1 = 4x_1,$$
$$(A-4E)x_2 = x_1, \quad Ax_2 = x_1 + 4x_2,$$
$$(A-4E)x_3 = x_2, \quad Ax_3 = x_2 + 4x_3,$$
$$(A-4E)x_4 = \theta, \quad Ax_4 = 4x_4,$$
$$(A-4E)x_5 = x_4, \quad Ax_5 = x_4 + 4x_5,$$
$$(A-2E)x_6 = \theta, \quad Ax_6 = 2x_6,$$

得 $(\mathscr{A}x_1, \mathscr{A}x_2, \mathscr{A}x_3, \mathscr{A}x_4, \mathscr{A}x_5, \mathscr{A}x_6) = (x_1,x_2,x_3,x_4,x_5,x_6)J$, 其中

$$J = \begin{pmatrix} 4 & 1 & 0 & & & \\ 0 & 4 & 1 & & & \\ 0 & 0 & 4 & & & \\ & & & 4 & 1 & \\ & & & 0 & 4 & \\ & & & & & 2 \end{pmatrix}.$$

由 $x_1 = 2e_1 + 2e_2$, $x_2 = e_1 - e_2$, $x_3 = e_3$, $x_4 = 2e_3 - 2e_4$, $x_5 = e_5 + e_6$, $x_6 = e_5 - e_6$ 得 $(x_1,x_2,x_3,x_4,x_5,x_6) = (e_1,e_2,e_3,e_4,e_5,e_6)T$, 其中

$$T = \begin{pmatrix} 2 & 1 & 0 & 0 & 0 & 0 \\ 2 & -1 & 0 & 0 & 0 & 0 \\ 0 & 0 & 1 & 2 & 0 & 0 \\ 0 & 0 & 0 & -2 & 0 & 0 \\ 0 & 0 & 0 & 0 & 1 & 1 \\ 0 & 0 & 0 & 0 & 1 & -1 \end{pmatrix}.$$

T 中每列为广义本征向量 $x_1, x_2, \cdots, x_6$ 的相应坐标. 根据 1.2 节的(1.2.2)式, 可得 $J = T^{-1}AT$, 即矩阵 J 与 A 相似, T 为旧基到新基的过渡矩阵, 它的每个列对应于一个广义本征向量.

从上述例子可见, 我们也可以将 Jordan 定理叙述为

定理 1.3.6　任意 n 阶矩阵可经相似变换化为 Jordan 法式.

1.4　矩 阵 函 数

1.4.1　算子多项式

设 $P(\lambda) = a_0 + a_1\lambda + \cdots + a_m\lambda^m$ 为 λ 的 m 次多项式, 我们定义 n 维线性空间 X 到其自身的线性算子多项式

$$P(\mathscr{A}) = a_0I + a_1\mathscr{A} + \cdots + a_m\mathscr{A}^m. \tag{1.4.1}$$

显然 $P(\mathscr{A})$ 仍然是 X 到 X 的一个线性算子.

线性算子在 X 中选定基后与矩阵一一对应, 算子多项式对应于矩阵多项式. 但我们理解算子的多项式时, 并不要求在 X 中选取基. 显然, 若在一组基下, $\mathscr{A}$ 对应于矩阵 A, 在另一组基下对应于矩阵 $C^{-1}AC$, 则利用矩阵运算性质可得 $P(C^{-1}AC) = C^{-1}P(A)C$. 由于直接计算 $P(A)$ 困难, 可计算 $P(J)$, 其中 J 为 Jordan 法式. 以下就讨论这个问题.

设线性空间 X 可分解为 $X_1, X_2, \cdots, X_k$ 的直接和, 其中 $X_1, X_2, \cdots, X_k$ 都是算子 $\mathscr{A}$(因而也是算子 $P(\mathscr{A})$) 的不变子空间. 将 $\mathscr{A}$ 限制在 X_i 上的算子记为 $\mathscr{A}_i$, 而 $x \in X$ 可唯一分解为 $x = x_1 + \cdots + x_k (x_i \in X_i)$. 故

$$\mathscr{A}x = \mathscr{A}_1x_1 + \cdots + \mathscr{A}_kx_k,$$
$$P(\mathscr{A})x = P(\mathscr{A})(x_1 + \cdots + x_k) = P(\mathscr{A}_1)x_1 + \cdots + P(\mathscr{A}_k)x_k,$$

于是 $\mathscr{A}$ 对应的矩阵可表示为可裂矩阵

$$A = \begin{pmatrix} A_1 & & & O \\ & A_2 & & \\ & & \ddots & \\ O & & & A_k \end{pmatrix},$$

$\mathscr{A}_j$ 对应于 A_j. $P(\mathscr{A})$ 对应于

$$P(A) = \begin{pmatrix} P(A_1) & & & O \\ & P(A_2) & & \\ & & \ddots & \\ O & & & P(A_k) \end{pmatrix}. \tag{1.4.2}$$

因此, 若将 $\boldsymbol{X}$ 分解为算子 $\mathscr{A}$ 的本征值 $\lambda_1, \cdots, \lambda_k$ 的广义零空间的直和 $\boldsymbol{N}_1 \dotplus \boldsymbol{N}_2 \dotplus \cdots \dotplus \boldsymbol{N}_k$, 取广义本征向量串为基, 则 $\mathscr{A}$ 对应于 Jordan 法式

$$J = \begin{pmatrix} J_1 & & & O \\ & J_2 & & \\ & & \ddots & \\ O & & & J_j \end{pmatrix},$$

J_i 是相应于 λ_i 的 Jordan 块, 阶数为 n_i, 故

$$P(J) = \begin{pmatrix} P(J_1) & & & O \\ & P(J_2) & & \\ & & \ddots & \\ O & & & P(J_k) \end{pmatrix}. \tag{1.4.3}$$

因此只需计算 $P(J_i)$, 从而可得 $P(J)$. 注意到

$$J_i = \begin{pmatrix} \lambda_i & 1 & & & O \\ & \lambda_i & 1 & & \\ & & \ddots & \ddots & \\ & & & \ddots & 1 \\ O & & & & \lambda_i \end{pmatrix} = \lambda_i E + Z, \qquad Z = \begin{pmatrix} 0 & 1 & & & 0 \\ & 0 & 1 & & \\ & & \ddots & \ddots & \\ & & & \ddots & 1 \\ 0 & & & & 0 \end{pmatrix},$$

$$Z^2 = \begin{pmatrix} 0 & 0 & 1 & & & 0 \\ & 0 & 0 & 1 & & \\ & & \ddots & \ddots & \ddots & \\ & & & \ddots & \ddots & 1 \\ & & & & \ddots & 0 \\ 0 & & & & & 0 \end{pmatrix}, \quad Z^3 = \begin{pmatrix} 0 & 0 & 0 & 1 & & \\ & \ddots & \ddots & \ddots & \ddots & \\ & & & \ddots & \ddots & \ddots & 1 \\ & & & & \ddots & \ddots & 0 \\ & & & & & \ddots & 0 \\ & & & & & & 0 \end{pmatrix},$$

$$Z^{n_i-1} = \begin{pmatrix} & 1 \\ 0 & \end{pmatrix}, \qquad Z^{n_i} = \theta.$$

矩阵 Z 称为幂零矩阵 (若存在正整数 k, 使得 $Z^k = \theta$, 称 Z 为幂零阵). 容易证明, Z 为幂零矩阵的充要条件是 Z 的特征根全为零. 故有

$$\begin{aligned} J_i^0 &= E, \quad J_i^1 = \lambda_i E + Z, \\ J_i^2 &= (\lambda_i E + Z)^2 = \lambda_i^2 E + 2\lambda_i Z + Z^2, \\ J_i^s &= (\lambda_i E + Z)^s = \lambda_i^s E + \mathrm{C}_s^1 \lambda_i^{s-1} Z + \cdots + Z^s. \end{aligned}$$

从而有

$$P(J_i) = \sum_{s=0}^m a_s J_i^s = \sum_{s=0}^m a_s \lambda_i^s E + \sum_{s=1}^m a_s \mathrm{C}_s^1 \lambda_i^{s-1} Z + \cdots + a_m Z^m. \tag{1.4.4}$$

展开成矩阵形式为

$$P(J_i) = \begin{pmatrix} P(\lambda_i) & P'(\lambda_i) & P''(\lambda_i)/2! & \cdots & P^{(n_i-1)}(\lambda_i)/(n_i-1)! \\ & P(\lambda_i) & P'(\lambda_i) & \cdots & P^{(n_i-2)}(\lambda_i)/(n_i-2)! \\ & & \ddots & \ddots & \\ & & & \ddots & P'(\lambda_i) \\ O & & & & P(\lambda_i) \end{pmatrix}.$$

1.4.2　最小多项式

定义 1.4.1　如果多项式 $P(\lambda)$ 使得 $P(A) = 0$, 称 $P(\lambda)$ 为 A 的化零多项式.

定理 1.4.1 (Cayley-Hamilton)　A 的特征多项式是 A 的化零多项式.

证　设 A 的特征多项式为

$$\det(A - \lambda E) = (\lambda - \lambda_1)^{n_1}(\lambda - \lambda_2)^{n_2} \cdots (\lambda - \lambda_k)^{n_k},$$

对应于 λ_j 的广义零空间 $\boldsymbol{N}_j$ 的维数为 n_j, 指标为 m_j, $m_j \leqslant n_j$. 将 $\boldsymbol{X}$ 分解为 $\boldsymbol{X} = \boldsymbol{N}_1 \dot{+} \boldsymbol{N}_2 \dot{+} \cdots \dot{+} \boldsymbol{N}_k$, $x \in \boldsymbol{X}$ 可唯一地表示为 $x = x_1 + \cdots + x_k$, 其中 $x_j \in \boldsymbol{N}_j$, 由于 $(\mathscr{A} - \lambda_j I)^{m_j}$ 零化 $\boldsymbol{N}_j$, 故 $\prod\limits_{j=1}^{k}(A - \lambda_j E)^{m_j} x = \theta$, 但 $m_j \leqslant n_j$, 因此 $\prod\limits_{j=1}^{k}(A - \lambda_j E)^{n_j} x = \theta$, 即 A 的特征多项式为 A 的化零多项式. $\qquad\square$

从定理 1.4.1的证明可见, 我们有

定理 1.4.2 $\varphi(\lambda) = (\lambda - \lambda_1)^{m_1}(\lambda - \lambda_2)^{m_2} \cdots (\lambda - \lambda_k)^{m_k}$ 为 A 的最小化零多项式.

证 只需证上述多项式为 A 的最小化零多项式. 设某一多项式 $P(\lambda)$ 使得 $P(A) = 0$, 分解 $P(\lambda)$ 得 $P(\lambda) = (\lambda - \eta_1)^{l_1}(\lambda - \eta_2)^{l_2} \cdots (\lambda - \eta_s)^{l_s}$. 兹证 λ_j 必为 η_i 之一.

事实上, 如对一切的 i 与 j, $\eta_i \neq \lambda_j$, 则取 $x \in \boldsymbol{N}(\mathscr{A} - \lambda_j I)$, $x \neq \theta$, $(A - \eta_i E)x = [(A - \lambda_j E) + (\lambda_j E - \eta_i E)]x = -(\eta_i - \lambda_j)x$, 故 $(A - \eta_i E)^{l_i} x = (\lambda_j - \eta_i)^{l_i} x$.
$\prod\limits_{i=1}^{s}(A - \eta_i E)^{l_i} x = \prod\limits_{i=1}^{s}(\lambda_j - \eta_i)^{l_i} x \neq \theta$. 这与 $P(A) = 0$ 相矛盾. 从而必有 $\eta_i = \lambda_j$. 以下再证 η_i 的因子重数 $l_i \geqslant m_j$. 设 $l_i < m_j$, 取 x 为 $\boldsymbol{N}_j$ 中的秩为 $l_i + 1 \leqslant m_j$ 的广义本征向量. 此时 $x_1 = (A - \eta_i E)^{l_i} x \neq \theta$, 而且 $(A - \eta_i E)x_1 = \theta$.
$\prod\limits_{j=1}^{s}(A - \eta_j E)^{l_j} x = \prod\limits_{j \neq i}(A - \eta_j E)^{l_j} x_1 = \prod\limits_{j \neq i}(\eta_i - \eta_j)^{l_j} x_1 \neq \theta$. 这与 $P(A) = 0$ 矛盾. 故 $l_i \geqslant m_j$, 即 $P(\lambda)$ 必有因子 $(\lambda - \lambda_j)^{m_j}(j = 1, 2, \cdots, k)$. 从而 $P(\lambda)$ 必以 $\prod\limits_{j=1}^{k}(\lambda - \lambda_j)^{m_j}$ 为因子. 故 $\prod\limits_{j=1}^{k}(\lambda - \lambda_j)^{m_j}$ 为 A 的最小化零多项式. $\qquad\square$

1.4.3 矩阵的整函数

设给定复平面某区域内收敛的复变函数

$$f(z) = a_0 + a_1 z + \cdots + a_n z^n + \cdots. \tag{1.4.5}$$

若 A 为 $n \times n$ 矩阵, 引进记号

$$f(A) = a_0 E + a_1 A + a_2 A^2 + \cdots + a_n A^n + \cdots = \sum_{k=0}^{\infty} a_k A^k. \tag{1.4.6}$$

如上规定的 $f(A)$ 相当于 n^2 个纯量复数项幂级数, 因此涉及收敛的概念. 必须引入矩阵分析理论.

对矩阵与向量引入范数

$$\|A\| = \sum_{i,j=1}^{n} |a_{ij}|, \quad \|\vec{x}\| = \sum_{i=1}^{n} |\xi_i|,$$

其中 a_{ij} 为矩阵 A 的第 i 行第 j 列元素, ξ_i 为 $\vec{x}$ 的第 i 个坐标.

设 A, B 都是 $n \times n$ 矩阵, $\vec{x}, \vec{y}$ 都是 n 维向量, 易证有性质:

1° $\|A + B\| \leqslant \|A\| + \|B\|$, $\|\vec{x} + \vec{y}\| \leqslant \|\vec{x}\| + \|\vec{y}\|$;

2° $\|A\vec{x}\| \leqslant \|A\| \|\vec{x}\|$;

3° $\|AB\| \leqslant \|A\| \|B\|$, 特别 $\|A^n\| \leqslant \|A\|^n$.

无穷矩阵级数 $\sum\limits_{k=0}^{\infty} a_k A^k$ 称为收敛的, 倘若它的部分和所组成的矩阵多项式的序列 $f_n(A) = \sum\limits_{k=0}^{n} a_k A^k$ 收敛. 换言之, 对于任给 $\varepsilon > 0$, 存在 $N = N(\varepsilon)$, 使得当 $n > N(\varepsilon)$ 时, 存在 $f(A)$, 使得

$$\left\| f_n(A) - f(A) \right\| < \varepsilon.$$

类似地可以建立无穷矩阵级数 $\sum\limits_{k=0}^{\infty} A_k(t)$ 一致收敛的概念以及判定方法等. 这些都类似于数学分析中的结果.

可以证明, 若纯量级数(1.4.5)在 $|Z| < \rho$ 内收敛, 则矩阵级数(1.4.6)在 $\|A\| < \rho$ 中收敛.

事实上, 取任意满足 $0 < \rho' < \rho$ 的数 ρ', 注意到

$$\|a_k A^k\| = |a_k| \|A^k\| \leqslant |a_k| \|A\|^k < |a_k| \rho'^k.$$

由上式右端作通项的级数之收敛性, 即得(1.4.6)的收敛性.

在应用中最重要的矩阵幂级数是对应于整个复平面除无穷远点外解析的整函数 e^Z 的矩阵函数

$$e^A = E + \sum_{k=1}^{\infty} \frac{A^k}{k!} = E + A + \frac{A^2}{2!} + \cdots + \frac{A^k}{k!} + \cdots. \tag{1.4.7}$$

这个级数对所有的 A 都是收敛的. 故 e^A 是一个确定的矩阵.

此外, 矩阵函数

$$e^{At} = E + \sum_{k=1}^{\infty} \frac{A^k t^k}{k!}$$

在 t 的任何有限区间上都是一致收敛的.

事实上, 在有限区间上, 若 $|t| \leqslant c (c \geqslant 0)$, 则因

$$\left\| \sum_{k=0}^{n} \frac{A^k t^k}{k!} \right\| \leqslant \sum_{k=0}^{n} \frac{\|A\|^k c^k}{k!} \leqslant e^{\|A\| c},$$

由推广的 M 判别法可知, e^{At} 存在.

矩阵 e^A 有以下性质.

1. 若 A, B 可交换, 即 $AB = BA$, 则 $e^{A+B} = e^A \cdot e^B$.

证 由于 e^A 的矩阵级数每一项范数小于 $\dfrac{\|A\|^k}{k!}$, 故它是绝对收敛的. 绝对收敛的数值级数的运算定理可推广于矩阵级数. 由二项式定理及 $AB = BA$ 得

$$e^{A+B} = \sum_{k=0}^{\infty} \frac{(A+B)^k}{k!} = \sum_{k=0}^{\infty} \left(\sum_{l=0}^{k} \frac{A^l}{l!} \frac{B^{k-l}}{(k-l)!} \right)$$

$$= \sum_{i=0}^{\infty} \frac{A^i}{i!} \left(\sum_{j=0}^{\infty} \frac{B^j}{j!} \right) = e^A \cdot e^B. \qquad \square$$

2. $(e^A)^{-1} = e^{-A}$.

证 因为 A 与 $-A$ 可交换, 故在性质 1 中令 $B = -A$, 得 $e^A \cdot e^{-A} = e^{A+(-A)} = e^0 = E$, 即 $(e^A)^{-1} = e^{-A}$. $\qquad \square$

3. 若 C 为非奇异矩阵, 则 $e^{C^{-1}AC} = C^{-1}e^A C$.

证 $e^{C^{-1}AC} = E + \sum_{k=1}^{\infty} \frac{(C^{-1}AC)^k}{k!} = E + \sum_{k=1}^{\infty} \frac{C^{-1}A^k C}{k!}$

$$= E + C^{-1} \left(\sum_{k=1}^{\infty} \frac{A^k}{k!} \right) C = C^{-1}e^A C. \qquad \square$$

一般地, 对于矩阵 A 的幂级数 $f(A) = \sum\limits_{k=0}^{\infty} a_k A^k$ 同样成立 $f(C^{-1}AC) = C^{-1}f(A)C$.

4. 设 $A = \begin{pmatrix} A_1 & & 0 \\ & \ddots & \\ 0 & & A_S \end{pmatrix} = \mathrm{diag}(A_1, A_2, \cdots, A_S)$, 则

$$e^{\mathrm{diag}(A_1, A_2, \cdots, A_S)} = \mathrm{diag}(e^{A_1}, e^{A_2}, \cdots, e^{A_S}),$$

以及 $f[\mathrm{diag}(A_1, \cdots, A_s)] = \mathrm{diag}[f(A_1), \cdots, f(A_s)]$.

证 由 $\mathrm{diag}(A_1, A_2, \cdots, A_s)^m = \mathrm{diag}(A_1^m, A_2^m, \cdots, A_s^m)$, 即可推得. $\qquad \square$

5. 设 $J_0 = \begin{pmatrix} \lambda_0 & 1 & & 0 \\ & \ddots & \ddots & \\ & & \ddots & 1 \\ 0 & & & \lambda_0 \end{pmatrix}$ 为 n 阶 Jordan 块矩阵, 则

$$e^{J_0} = \begin{pmatrix} e^{\lambda_0} & e^{\lambda_0}/1! & e^{\lambda_0}/2! & \cdots & e^{\lambda_0}/(n-1)! \\ & e^{\lambda_0} & e^{\lambda_0}/1! & \cdots & e^{\lambda_0}/(n-2)! \\ & & \ddots & \ddots & \vdots \\ & & & \ddots & e^{\lambda_0}/1! \\ 0 & & & & e^{\lambda_0} \end{pmatrix}.$$

一般地, 若 $f(z) = \sum\limits_{k=0}^{\infty} a_k z^k$ 在 $|z| < \rho$ 收敛, J_0 中的 $|\lambda_0| < \rho$, 则有

$$f_n(J_0) = \begin{pmatrix} f_n(\lambda_0) & f_n'(\lambda_0)/1! & f_n''(\lambda_0)/2! & \cdots & \cdots & f_n^{(n-1)}(\lambda_0)/(n-1)! \\ & f_n(\lambda_0) & f_n'(\lambda_0)/1! & \cdots & \cdots & f_n^{(n-2)}(\lambda_0)/(n-2)! \\ & & \ddots & \ddots & & \vdots \\ & & & \ddots & \ddots & \vdots \\ & & & & \ddots & f_n'(\lambda_0)/1! \\ 0 & & & & & f_n(\lambda_0) \end{pmatrix},$$

但因 $\lim\limits_{n\to\infty} f_n(z) = f(z)$, 故 $f(J_0) = \lim\limits_{n\to\infty} f_n(J_0)$. 因此只需在上面矩阵中去掉下标 n 即得 $f(J_0)$ 的表达式.

6. 若矩阵 A 的特征值为 $\lambda_1, \lambda_2, \cdots, \lambda_n$, 则矩阵 e^A 的特征值为 $e^{\lambda_1}, e^{\lambda_2}, \cdots, e^{\lambda_n}$. 一般地 $f(A) = \sum\limits_{k=0}^{\infty} a_k A^k$ 的 n 个特征值为 $\sum\limits_{k=0}^{\infty} a_k \lambda_s^k$ $(s = 1, 2, \cdots, n)$.

证　设 A 为 Jordan 矩阵, 则 $f(A)$ 为上三角矩阵, 其对角线元素为 $\sum\limits_{k=0}^{\infty} a_k \lambda_s^k$ $(s = 1, 2, \cdots, n)$, 故 $\sum\limits_{k=0}^{\infty} a_k \lambda_s^k$ 为 $f(A)$ 的特征值, 若 A 不为 Jordan 矩阵, 则由相似矩阵有相同的特征多项式的性质可知, 特征值不变. □

7. $\det e^A = e^{\mathrm{tr}A}$.

证　$\det e^A = e^{\lambda_1} \cdot e^{\lambda_2} \cdots e^{\lambda_n} = e^{\lambda_1 + \cdots + \lambda_n} = e^{\mathrm{tr}A}$. □

以下研究矩阵函数 e^{At} 的结构.

设 A 的 Jordan 法式为 J, 存在可逆矩阵 P, 使 $A = PJP^{-1}$. 于是 $e^{At} = Pe^{Jt}P^{-1}$. 兹求 e^{Jt}.

设 $\tau = \mathrm{diag}(\tau_1, \tau_2, \cdots, \tau_k)$, $\tau_s = \begin{pmatrix} \lambda_s & 1 & & 0 \\ & \ddots & \ddots & \\ & & \ddots & 1 \\ & & & \lambda_s \end{pmatrix}$, $e^\tau = \mathrm{diag}(e^{\tau_1}, e^{\tau_2}, \cdots,$

$e^{\tau_k})$, 故只需考察 e^{J_s}. 因为

$$J_s = \lambda_s E + Z,$$

其中 Z 为 v_s 阶幂零矩阵. 注意到

$$e^{tJ_s} = e^{t\lambda_s E + Zt} = e^{\lambda_s t E} e^{Zt},$$

但

$$e^{Zt} = E + Zt + \frac{Z^2 t^2}{2!} + \cdots + \frac{Z^{v_s-1} t^{v_s-1}}{(v_s-1)!}$$

$$= \begin{pmatrix} 1 & t & t^2/2! & \cdots & \cdots & t^{v_s-1}/(v_s-1)! \\ & 1 & t & \cdots & \cdots & t^{v_s-2}/(v_s-2)! \\ & & \ddots & \ddots & \ddots & \\ & & & \ddots & \ddots & \\ & & & & \ddots & t \\ 0 & & & & & 1 \end{pmatrix},$$

故

$$e^{J_s t} = e^{\lambda_s t} \begin{pmatrix} 1 & t & t^2/2! & \cdots & \cdots & t^{v_s-1}/(v_s-1)! \\ & 1 & t & \cdots & \cdots & \vdots \\ & & \ddots & \ddots & & \vdots \\ & & & \ddots & & \vdots \\ & & & & \ddots & t \\ 0 & & & & & 1 \end{pmatrix}.$$

1.4.4 一般矩阵函数的定义及简化

由 1.4.3 节矩阵的幂级数 $f(A)$ 的性质 5 可见, 矩阵幂级数的表达式由函数 $f(z)$ 在 A 的本征值 λ_s(即谱系上之值) 处的 0 至 $n-1$ 阶的导数完全确定. 故我们引入

定义 1.4.2 若 $n \times n$ 矩阵 A 的最小多项式为

$$\varphi(\lambda) = (\lambda - \lambda_1)^{m_1}(\lambda - \lambda_2)^{m_2} \cdots (\lambda - \lambda_s)^{m_s},$$

其中 $\lambda_1, \lambda_2, \cdots, \lambda_s$ 是 A 的不同本征值, $m = m_1 + m_2 + \cdots + m_s$. m_j 为 λ_j 的指标 $(j = 1, 2, \cdots, s)$. 若对某充分光滑的函数 $f(z)$, 下列 m 个值

$$f(\lambda_1), f'(\lambda_1), \cdots, f^{(m_1-1)}(\lambda_1),$$
$$f(\lambda_2), f'(\lambda_2), \cdots, f^{(m_2-1)}(\lambda_2),$$
$$\cdots\cdots$$
$$f(\lambda_s), f'(\lambda_s), \cdots, f^{(m_s-1)}(\lambda_s)$$

存在, 称 $f(z)$ 确定于矩阵 A 的影谱上, 记为 $f(\Lambda_A)$.

定义 1.4.3 设函数 $f(\lambda)$ 确定于矩阵 A 的影谱上, $g(\Lambda)$ 为多项式, 若有 $g(\Lambda_A) = f(\Lambda_A)$, 则定义 $g(A) = f(A)$.

由上述定义可知, 矩阵函数 $f(A)$ 是一个矩阵, 它与某个矩阵多项式相等.

在计算 $f(A)$ 时, 可作某些简化. 事实上, 设 $g(\Lambda_A) = f(\Lambda_A)$, $\varphi(\Lambda)$ 为 A 的最小多项式, 则由多项式除法

$$g(\Lambda) = \varphi(\Lambda)q(\Lambda) + r(\Lambda),$$

显然 $r(\Lambda)$ 的次数比 $\varphi(\Lambda)$ 低. 由于 $\varphi(\Lambda)$ 为 A 的最小化零多项式, 有

$$g(A) = \varphi(A)q(A) + r(A) = r(A),$$

故只需计算 $r(A)$ 即可.

为确定 $r(A)$, 因 $r(A)$ 为不超过 $m_1 + \cdots + m_s - 1$ 次的多项式, 有 $m = m_1 + m_2 + \cdots + m_s$ 个待定常数. 只需令

$$f(\lambda_j) = r(\lambda_j),$$
$$f'(\lambda_j) = r'(\lambda_j),$$
$$\cdots\cdots$$
$$f^{(m_j-1)}(\lambda_j) = r^{(m_j-1)}(\lambda_j),$$

$j = 1, 2, \cdots, s$, 以上共 m 个条件, 完全确定了 $r(\lambda)$ 的系数, 即 $r(\lambda)$ 由 $f(\lambda)$ 在 A 的影谱上之值唯一确定.

例 1.4.1 设 $f(\lambda) = \sqrt{\lambda^3 + 2\lambda^2}$, $A = \begin{pmatrix} 1 & 2 & 0 \\ 0 & 2 & 0 \\ -2 & -2 & -1 \end{pmatrix}$, 求 $f(A)$.

解 $|\lambda E - A| = \begin{vmatrix} \lambda - 1 & -2 & 0 \\ 0 & \lambda - 2 & 0 \\ 2 & 2 & \lambda + 1 \end{vmatrix} = (\lambda - 1)(\lambda - 2)(\lambda + 1).$ 由于特征根

各不相同, 故

$$\varphi(\lambda) = (\lambda - 1)(\lambda - 2)(\lambda + 1).$$

$f(\lambda)$ 在 A 的影谱上之值为

$$f(1) = \sqrt{3}, \quad f(2) = 4, \quad f(-1) = 1.$$

于是 $r(\lambda)$ 可用 Lagrange 插值多项式表示为

$$r(\lambda) = \frac{(\lambda - 2)(\lambda + 1)}{(1 - 2)(1 + 1)} f(1) + \frac{(\lambda - 1)(\lambda + 1)}{(2 - 1)(2 + 1)} f(2) + \frac{(\lambda - 1)(\lambda - 2)}{(-1 - 1)(-1 - 2)} f(-1)$$

$$= \left(\frac{3}{2} - \frac{\sqrt{3}}{2} \right) \lambda^2 + \left(\frac{\sqrt{3}}{2} - \frac{1}{2} \right) \lambda + (\sqrt{3} - 1),$$

$$f(A) = \left(\frac{3}{2} - \frac{\sqrt{3}}{2} \right) A^2 + \left(\frac{\sqrt{3}}{2} - \frac{1}{2} \right) A + (\sqrt{3} - 1)E$$

$$= \begin{pmatrix} \sqrt{3} & 8 - 2\sqrt{3} & 0 \\ 0 & 4 & 0 \\ 1 - \sqrt{3} & 2\sqrt{3} - 8 & 1 \end{pmatrix},$$

一般地, 若 A 的最小多项式 $\varphi(\lambda)$ 无重根, 可取 Lagrange 内插多项式

$$r(\Lambda) = \sum_{i=1}^{k} \frac{(\lambda - \lambda_1)(\lambda - \lambda_2) \cdots (\lambda - \lambda_{i-1})(\lambda - \lambda_{i+1}) \cdots (\lambda - \lambda_k)}{(\lambda_i - \lambda_1)(\lambda_i - \lambda_2) \cdots (\lambda_i - \lambda_{i-1})(\lambda_i - \lambda_{i+1}) \cdots (\lambda_i - \lambda_k)} f(\lambda_i).$$

若 A 的最小多项式 $\varphi(\lambda)$ 有重根, 计算稍微复杂.

例 1.4.2 已知

$$A = \begin{pmatrix} 5 & -1 & 1 & 1 & 0 & 0 \\ 1 & 3 & -1 & -1 & 0 & 0 \\ 0 & 0 & 4 & 0 & 1 & 1 \\ 0 & 0 & 0 & 4 & -1 & -1 \\ 0 & 0 & 0 & 0 & 3 & 1 \\ 0 & 0 & 0 & 0 & 1 & 3 \end{pmatrix},$$

求 e^{At}.

解　由 1.3.5 节已算出 A 的最小多项式为 $\varphi(\lambda) = (\lambda - 4)^3(\lambda - 2)$, 这是四次多项式, 故 $r(\lambda)$ 应为不大于三次的多项式. 于是设

$$r(\lambda) = \alpha + \beta(\lambda - 4) + \gamma(\lambda - 4)^2 + \delta(\lambda - 4)^3,$$

用待定系数法求 $r(\lambda)$.

因为

$$(e^{\lambda t})|_{\lambda=4} = r(\lambda)|_{\lambda=4}, \ 故 \alpha = e^{4t},$$

$$(e^{\lambda t})'|_{\lambda=4} = r'(\lambda)|_{\lambda=4}, \ 故 \beta = te^{4t},$$

$$(e^{\lambda t})''|_{\lambda=4} = r''(\lambda)|_{\lambda=4}, \ 故 \gamma = \frac{t^2}{2}e^{4t}.$$

又由 $e^{\lambda t}|_{\lambda=2} = r(\lambda)|_{\lambda=2}$, 得 $\alpha - 2\beta + 4\gamma - 8\delta = e^{2t}$. 从而 $\delta = \dfrac{e^{4t}(1 - 2t + 2t^2) - e^{2t}}{8}$.

又计算出

$$A - 4E = \begin{pmatrix} 1 & -1 & 1 & 1 & 0 & 0 \\ 1 & -1 & -1 & -1 & 0 & 0 \\ 0 & 0 & 0 & 0 & 1 & 1 \\ 0 & 0 & 0 & 0 & -1 & -1 \\ 0 & 0 & 0 & 0 & -1 & 1 \\ 0 & 0 & 0 & 0 & 1 & -1 \end{pmatrix},$$

$$(A - 4E)^2 = \begin{pmatrix} 0 & 0 & 2 & 2 & 0 & 0 \\ 0 & 0 & 2 & 2 & 0 & 0 \\ 0 & 0 & 0 & 0 & 0 & 0 \\ 0 & 0 & 0 & 0 & 0 & 0 \\ 0 & 0 & 0 & 0 & 2 & -2 \\ 0 & 0 & 0 & 0 & -2 & 2 \end{pmatrix},$$

$$(A - 4E)^3 = \begin{pmatrix} 0 & 0 & 0 & 0 & 0 & 0 \\ 0 & 0 & 0 & 0 & 0 & 0 \\ 0 & 0 & 0 & 0 & 0 & 0 \\ 0 & 0 & 0 & 0 & 0 & 0 \\ 0 & 0 & 0 & 0 & -4 & 4 \\ 0 & 0 & 0 & 0 & 4 & -4 \end{pmatrix}.$$

故

$$e^{At} = r(A)$$

$$= e^{4t} \left\{ [E + t(A - 4E)] + \frac{t^2}{2}(A - 4E)^2 + \frac{1 - 2t + 2t^2}{8}(A - 4E)^3 \right\}$$
$$- \frac{e^{2t}}{8}(A - 4E)^3$$

$$= e^{4t} \begin{pmatrix} 1+t & -t & t+t^2 & t+t^2 & 0 & 0 \\ t & 1-t & -t+t^2 & -t+t^2 & 0 & 0 \\ 0 & 0 & 1 & 0 & t & t \\ 0 & 0 & 0 & 1 & -t & -t \\ 0 & 0 & 0 & 0 & 1/2 & 1/2 \\ 0 & 0 & 0 & 0 & 1/2 & 1/2 \end{pmatrix}$$

$$- e^{2t} \begin{pmatrix} 0 & 0 & 0 & 0 & 0 & 0 \\ 0 & 0 & 0 & 0 & 0 & 0 \\ 0 & 0 & 0 & 0 & 0 & 0 \\ 0 & 0 & 0 & 0 & 0 & 0 \\ 0 & 0 & 0 & 0 & -1/2 & 1/2 \\ 0 & 0 & 0 & 0 & 1/2 & -1/2 \end{pmatrix}.$$

从上例可见, 求矩阵函数的一般方法为: ① 求 A 的最小多项式; ② 写出其余项形式的待定系数多项式, $r(\lambda)$ 的次数比最小多项式的次数 m 小 1; ③ 利用谱系上 $f(\lambda)$ 之值求待定常数, 确定 $r(\lambda)$; ④ 求 $r(A)$.

1.4.5　$e^B = A$ 的解

定理 1.4.3　设 A 可逆, 即 $\det A \neq 0$, 则存在无穷多个 B 满足 $e^B = A$.

证　只需对 A 为 Jordan 法式的情形证明, 因为若 $A = C^{-1}JC$, $e^{\tilde{B}} = J$, 即得 $e^{C^{-1}\tilde{B}C} = C^{-1}e^{\tilde{B}}C = C^{-1}JC = A$. 取 $B = C^{-1}\tilde{B}C$, 即得 $e^B = A$.

设 $J = \begin{pmatrix} J_1 & & \\ & \ddots & \\ & & J_s \end{pmatrix}$, 其中 J_i 为 Jordan 块 $(i = 1, 2, \cdots, s)$, 即

$$J_i = \begin{pmatrix} \lambda_i & 1 & & \\ & \ddots & \ddots & \\ & & \lambda_i & 1 \end{pmatrix}.$$

若存在 B_i 使得 $e^{B_i} = J_i$, 则

$$e^{\begin{pmatrix} B_1 & & \\ & \ddots & \\ & & B_s \end{pmatrix}} = \begin{pmatrix} e^{B_1} & & \\ & \ddots & \\ & & e^{B_s} \end{pmatrix} = \begin{pmatrix} J_1 & & \\ & \ddots & \\ & & J_s \end{pmatrix} = J.$$

$B = \begin{pmatrix} B_1 & & \\ & \ddots & \\ & & B_s \end{pmatrix}$, 则 $e^B = J$. 以下只需对一个 Jordan 块证明定理, 即求 B_i 使得

$$e^{B_i} = J_i = \lambda_i E + Z = \lambda_i \left[E + \frac{Z}{\lambda_i} \right].$$

因为 A 可逆, A 的一切本征值都不为零, 故 $\lambda_i \neq 0$. 这里 $Z = \begin{pmatrix} 0 & 1 & & \\ & \ddots & \ddots & \\ & & 0 & 1 \end{pmatrix}$

为 $n_i \times n_i$ 的幂零矩阵. 考虑到恒等式

$$1 + y = e^{\ln(1+y)}$$

$$= 1 + \left(\sum_{k=1}^{\infty} (-1)^{k+1} \frac{y^k}{k} \right) + \frac{1}{2!} \left(\sum_{k=1}^{\infty} (-1)^{k+1} \frac{y^k}{k} \right)^2 + \cdots,$$

可令 $y = \dfrac{Z}{\lambda_i}$ 得

$$E + \frac{Z}{\lambda_i} = E + \left(\sum_{k=1}^{\infty} (-1)^{k+1} \frac{1}{k} \left(\frac{Z}{\lambda_i} \right)^k \right)$$

$$+ \frac{1}{2!} \left(\sum_{k=1}^{\infty} (-1)^{k+1} \frac{1}{k} \left(\frac{Z}{\lambda_i} \right)^k \right)^2 + \cdots.$$

由于 $Z^{n_i} = 0$, 故 $\sum\limits_{k=1}^{\infty} \dfrac{(-1)^{k+1}}{k} \left(\dfrac{Z}{\lambda_i} \right)^k$ 只有有限项非零. 令

$$U = \sum_{k=1}^{\infty} \frac{(-1)^{k+1}}{k} \left(\frac{Z}{\lambda_i} \right)^k = \sum_{k=1}^{n_i-1} \frac{(-1)^{k+1}}{k} \left(\frac{Z}{\lambda_i} \right)^k$$

$$
= \begin{pmatrix}
0 & \dfrac{1}{\lambda_i} & -\dfrac{1}{2\lambda_i^2} & \cdots & (-1)^{n_i-1}\dfrac{1}{(n_i-1)\lambda_i^{n_i-1}} \\
 & 0 & \dfrac{1}{\lambda_i} & \cdots & (-1)^{n_i-1}\dfrac{1}{(n_i-2)\lambda_i^{n_i-2}} \\
 & & 0 & \vdots & \\
 & & & \ddots & \dfrac{1}{\lambda_i} \\
 & & & & 0
\end{pmatrix}.
$$

这时 $e^U = E + \dfrac{Z}{\lambda_i}$ 或 $\lambda_i e^U = \lambda_i E + Z = J_i$, 但

$$
\lambda_i e^U = \lambda_i E \cdot e^U = \begin{pmatrix} \lambda_i & & \\ & \ddots & \\ & & \lambda_i \end{pmatrix} e^U = e^{\begin{pmatrix} \ln\lambda_i & & \\ & \ddots & \\ & & \ln\lambda_i \end{pmatrix}} \cdot e^U = J_i.
$$

取 $B_i = \begin{pmatrix} \ln\lambda_i & & \\ & \ddots & \\ & & \ln\lambda_i \end{pmatrix} + U$, 即有 $e^{B_i} = J_i$. 由于对数函数 $\ln\lambda_i$ 有无穷多个

值, 相差 $2k\pi i$. 故 B 有无穷多个. $\square$

1.5 线性赋范空间

我们在 1.1 节讨论了线性空间, 在该空间中可定义线性算子, 得以讨论了线性算子的简化. 为了引入收敛性和连续性的概念, 我们必须对线性空间中的 "向量" 定义 "长度", 这就要求引入线性赋范空间的概念.

1.5.1 定义及例子

定义 1.5.1 设 X 为复数域 $\mathbb{C}$ 上的线性空间, $\|\cdot\|$ 为定义在 X 上的一个实数值函数, 称为范函数 (简称范数), 满足

1. $\|\overline{x}\| \geqslant 0$, $\forall \overline{x} \in X$; $\|\overline{x}\| = 0$ 当且仅当 $\overline{x} = \overline{0}$;
2. $\|\alpha\overline{x}\| = |\alpha|\|\overline{x}\|$, $\forall \overline{x} \in X, \alpha \in \mathbb{C}$;
3. $\|\overline{x} + \overline{y}\| \leqslant \|\overline{x}\| + \|\overline{y}\|$, $\forall \overline{x}, \overline{y} \in X$.

则称 $(X, \|\cdot\|)$ 为线性赋范空间.

例 1.5.1 对于 n 维 Euclid 空间 $\mathbb{E}^n$, 定义三种形式的范数: $\forall \overline{x} \in \mathbb{E}^n$,

$$
\|\overline{x}\|_1 = \sum_{i=1}^{n} |\xi_i|, \quad \|\overline{x}\|_2 = \left(\sum_{i=1}^{n} \xi_i^2 \right)^{\frac{1}{2}}, \quad \|\overline{x}\|_3 = \max_{1 \leqslant i \leqslant n} |\xi_i|.
$$

显然, 上述三种范数都满足定义 1.5.1 中的三个条件, 故 $\mathbb{E}^n$ 为线性赋范空间. 可以证明, 对于 $\mathbb{E}^n$, 上述三种范数在某意义下是等价的.

例 1.5.2 设 $C[a,b]$ 表示定义在 $[a,b]$ 上的全体复值连续函数 $x = x(t)$ 构成的集合. 定义范数

$$\|x\| = \max_{t \in [a,b]} |x(t)|.$$

易证, $C[a,b]$ 构成线性赋范空间.

设序列 $\{\overline{x_n}\} \subset (\mathbb{X}, \|\cdot\|)$, 若存在 $\overline{x_0} \in \mathbb{X}$, 使得

$$\lim_{n \to \infty} \|\overline{x_n} - \overline{x_0}\| = 0.$$

称 $\boldsymbol{X}$ 中之序列依范数收敛于 $\overline{x_0}$. 在 $\mathbb{E}^n$ 中依范数收敛蕴含着按坐标的收敛.

容易证明, 若 $\{\overline{x_n}\} \subset (\boldsymbol{X}, \|\cdot\|)$, 且当 $n \to \infty$ 时 $\|\overline{x_n} - \overline{x_0}\| \to 0$, 则对于任意给定的 $\varepsilon > 0$, 存在 $N(\varepsilon)$, 当 $n, m > N(\varepsilon)$ 时, $\|\overline{x_n} - \overline{x_m}\| < \varepsilon$. 具有后一性质的序列称为基本列 (Cauchy 列). 一般而言, $\boldsymbol{X}$ 中的一个序列是基本列, 它是收敛的, 但其收敛的元素未必一定属于 $\boldsymbol{X}$. 例如, 有理数组成的基本列, 可能收敛于无理数, 它不属于有理数集.

定义 1.5.2 线性赋范空间 $(\boldsymbol{X}, \|\cdot\|)$ 称为完备线性赋范空间或 Banach 空间, 倘若 $\boldsymbol{X}$ 中的一切基本列都收敛于 $\boldsymbol{X}$ 中的元素.

设 $(\boldsymbol{X}, \|\cdot\|_x)$ 与 $(\boldsymbol{Y}, \|\cdot\|_y)$ 为两个线性赋范空间, 而 f 为 $\boldsymbol{X}$ 到 $\boldsymbol{Y}$ 的函数映射. 若任给 $\varepsilon > 0$, 存在 $\delta(\varepsilon, \overline{x_0}) > 0$, 使得对 $\forall \overline{x} \in \boldsymbol{X}$ 且满足 $\|\overline{x} - \overline{x_0}\|_x < \delta(\varepsilon, \overline{x_0})$ 时, 恒有

$$\|f(\overline{x}) - f(\overline{x_0})\|_y < \varepsilon.$$

则称 f 是连续的. 若 $f: \boldsymbol{X} \to \boldsymbol{Y}$ 是一对一的双射, f, f^{-1} 都连续, 称 $f: \boldsymbol{X} \to \boldsymbol{Y}$ 为同胚映射.

1.5.2 空间 $C[a,b]$ 的列紧性判断 (Ascoli-Arzela 定理)

定义 1.5.3 若 $(\boldsymbol{X}, \|\cdot\|)$ 为 Banach 空间, $M \subseteq \boldsymbol{X}$, 若 M 中的任何无穷子集合恒有一个收敛的子序列, 则称 M 为紧集. 又若 $M = \boldsymbol{X}$, $(\boldsymbol{X}, \|\cdot\|)$ 称为列紧空间.

定理 1.5.1 (Ascoli-Arzela) 集合 $M \subset C[a,b]$ 是紧集的充分条件为 M 一致有界且等度连续. 即

(i) 存在常数 k, 对任何 $x(t) \in M$ 都有 $|x(t)| < k$(一致有界);

(ii) $\forall \varepsilon > 0$, 存在 $\delta = \delta(\varepsilon) > 0$, 使得对任意 $x(t) \in M$ 与任意 $t_1, t_2 \in [a,b]$ 只要 $|t_1 - t_2| < \delta$, 就有 $|x(t_1) - x(t_2)| < \varepsilon$(等度连续).

证 取 $M \subset C[a,b]$ 中任一无穷序列 $\{x_n(t), n = 1, 2, \cdots\}$, 并设 $\{r_k\}$ 为 $[a,b]$ 中全体有理点组成之集合, 该集合可数, 且在 $[a,b]$ 中处处稠密, 将 r_k 以某次序排.

由于 M 一致有界, 故 $\{x_n(t)\}$ 为有界序列, 且存在 $\{x_n(t)\}$ 中的子序列 $\{x_{1n}(t)\}$ 使 $\{x_{1n}(r_1)\}$ 收敛. 在 $\{x_{1n}(t)\}$ 中再选子序列 $\{x_{2n}(t)\}$, 使得 $\{x_{2n}(r_2)\}$ 收敛. 这样做下去得到

$$x_{11}(t), x_{12}(t), \cdots, x_{1n}(t), \cdots \text{ 在 } r_1 \text{ 收敛},$$
$$x_{21}(t), x_{22}(t), \cdots, x_{2n}(t), \cdots \text{ 在 } r_2 \text{ 收敛},$$
$$\cdots\cdots$$
$$x_{n1}(t), x_{n2}(t), \cdots, x_{nn}(t), \cdots \text{ 在 } r_n \text{ 收敛},$$
$$\cdots\cdots$$

其中每后一行的序列为前一行序列的子序列.

取对角线序列 $x_{11}(t), x_{22}(t), \cdots, x_{nn}(t), \cdots$, 它在 $r_1, r_2, \cdots, r_n, \cdots$ 上收敛. 以下证 $\{x_{nn}(t)\}$ 在 $[a, b]$ 上一致收敛.

由等度连续, $\forall \varepsilon > 0$, 存在 $\delta(\varepsilon) > 0$, 使 $t_1, t_2 \in [a, b]$, $|t_1 - t_2| < \delta$ 时, 对任何的 $x(t) \in M$ 都有 $|x(t_1) - x(t_2)| < \dfrac{\varepsilon}{3}$. 将 $[a, b]$ 分为有限个小区间, 使每个小区间的长都小于 $\delta(\varepsilon)$, 则对同一小区间上两点, 有 $|x(t_1) - x(t_2)| < \varepsilon/3$. 设这种小区间共有 p 个, 记为 $I_1, I_2, \cdots, I_p$, 又设 ξ_i 为 I_i 中的任一有理点, $i = 1, 2, \cdots, p$, $\{x_{nn}(t)\}$ 在 $\xi_1, \xi_2, \cdots, \xi_p$ 上收敛, 故存在 $N_1, N_2, \cdots, N_p$ 使得

当 $n, m > N_1$ 时, $|x_{nn}(\xi_1) - x_{mm}(\xi_1)| < \varepsilon/3$;

$\cdots\cdots$

当 $n, m > N_p$ 时, $|x_{nn}(\xi_p) - x_{mm}(\xi_p)| < \varepsilon/3$.

取 $N = \max(N_1, N_2, \cdots, N_p)$, 则当 $n, m > N$ 时,

$$|x_{nn}(\xi_i) - x_{mm}(\xi_i)| < \varepsilon/3 \quad (i = 1, 2, \cdots, p),$$

于是对选定的 $\varepsilon > 0$, $t \in [a, b]$, 设 $t \in I_i$, 则当 $n, m > N$ 时, 有

$$|x_{nn}(t) - x_{mm}(t)|$$
$$\leqslant |x_{nn} - x_{nn}(\xi_i)| + |x_{nn}(\xi_i) - x_{mm}(\xi_i)| + |x_{mm}(\xi_i) - x_{mm}(t)|$$
$$\leqslant \varepsilon/3 + \varepsilon/3 + \varepsilon/3 = \varepsilon.$$

故 $\{x_{nn}(t)\}$ 即为所找到的子序列, 所以 M 列紧.   □

可以证明, 定理 1.5.1 的条件也是必要的, 这里不再写出.

1.5.3 压缩映射原理

在数学分析与微分方程中, 广泛使用逐次逼近法. 它的基本原理被抽象为 Banach 空间中的 Banach 与 Cacciopoli 压缩映射原理, 又称为不动点定理.

设 M 为 Banach 空间 $(\mathbf{X}, \|\cdot\|)$ 的子集, T 为由 M 到 Banach 空间 B 的映射, 记为 $T: M \to B$. 若存在数 $\lambda, 0 \leqslant \lambda < 1$, 使得对 $\forall x, y \in M$ 有

$$\|Tx - Ty\|_B \leqslant \|x - y\|_M,$$

称 T 是 M 上的压缩映射, λ 称在 M 上之压缩常数.

定理 1.5.2 (Banach-Cacciopoli 压缩映射原理)　若 M 为 Banach 空间的闭子集, $T: M \to M$ 是压缩映射, 则 T 在 M 中有唯一不动点 $\overline{x}$, 并且若在 M 中任取 x_0, 序列 $\{x_{n+1} = Tx_n, n = 0, 1, \cdots\}$, 当 $n \to \infty$ 时, 总收敛于 $\overline{x}$, 且有 $\|\overline{x} - x_n\| \leqslant \lambda^n \|x_1 - x_0\|/(1 - \lambda)$.

证　存在性. 设 $\forall x_0 \in M$. $x_{n+1} = Tx_n$, $n = 0, 1, 2, \cdots$. 据假设 $x_n \in M$, $n = 0, 1, \cdots$, 又

$$\|x_{n+1} - x_n\| \leqslant \lambda \|x_n - x_{n-1}\| \leqslant \cdots \leqslant \lambda^n \|x_1 - x_0\|, \quad n = 0, 1, \cdots,$$

故对 $m > n$ 有

$$\|x_m - x_n\| \leqslant \|x_m - x_{m-1}\| + \|x_{m-1} - x_{m-2}\| + \cdots + \|x_{n+1} - x_n\|$$
$$\leqslant (\lambda^{m-1} + \lambda^{m-2} + \cdots + \lambda^n)\|x_1 - x_0\|$$
$$= \frac{\lambda^n(1 - \lambda^{m-n})}{1 - \lambda}\|x_1 - x_0\| \leqslant \frac{\lambda^n}{1 - \lambda}\|x_1 - x_0\|.$$

故 $\{x_n\}$ 为 Cauchy 列, 在 M 中存在 $\overline{x}$ 满足 $\lim\limits_{n \to \infty} x_n = \overline{x}$. 又因 M 闭, 所以 $\overline{x} \in M$. 因 T 连续, $\|\cdot\|$ 也连续 (因为 $\|x\| - \|x_n - x\| \leqslant \|x_n\| \leqslant \|x\| + \|x_n - x\|$), 故

$$0 = \lim\limits_{m \to \infty} \|x_{m+1} - Tx_m\| = \|\lim\limits_{m \to \infty} (x_{m+1} - Tx_m)\|$$
$$= \|\overline{x} - T\overline{x}\|.$$

所以 $T\overline{x} = \overline{x}$, 存在性得证.

唯一性. 设 $x, y \in M$, 满足 $Tx = x$, $Ty = y$, 则 $\|x - y\| = \|Tx - Ty\| \leqslant \lambda\|x - y\|$, 因为 $0 \leqslant \lambda < 1$, 故仅当 $\|x - y\| = 0$ 时才成立, 即有 $\|x - y\| = 0$, $x = y$.

定理中最后估计式, 只需在 $\|x_m - x_n\|$ 估计式中令 $m \to \infty$ 即得.　　□

注释 1.5.1　若定理 1.5.2 中 $\lambda = 1$ 定理不真. 例如

$$f(x) = x + \frac{\pi}{2} - \arctan x$$

给出 $\mathbb{R} = (-\infty, +\infty)$ 到 $\mathbb{R}$ 自身的映射

$$f'(x) = 1 - \frac{1}{1 + x^2} = \frac{x^2}{1 + x^2} < 1, \quad \text{对一切} x \in \mathbb{R},$$

故 $|f(x) - f(y)| \leqslant |f'(\xi)||x - y|$ 对某 $\xi \in [x, y]$ 成立, $f'(\xi) < 1$, 但从作图可以看出. $f(x)$ 在 $\mathbb{R}$ 内不存在不动点. 因为在 xOy 平面上, 曲线 $y = f(x)$ 与 $y = x$ 无交点.

习　题　1

1. 若 $M \subset \boldsymbol{X}$, 则 M 为 $\boldsymbol{X}$ 的线性子空间的充分必要条件是: $\forall x, y \in \boldsymbol{X}, \alpha, \beta \in \mathbb{C}$, 有 $\alpha x + \beta y \in M$. 试证之.

2. 若 M 与 N 是 $\boldsymbol{X}$ 的子空间, 证明 $M \cap N$ 也是 $\boldsymbol{X}$ 的子空间; 若 S 是由 $\boldsymbol{X}$ 中 m 个线性无关的元素的线性组合的全体构成, 试证 S 也是 $\boldsymbol{X}$ 的子空间.

3. 设 $S = S_1 + S_2 + \cdots + S_k$, 下列命题是等价的:

(1) $S_1 + S_2 + \cdots + S_k$ 是直和;

(2) 零元素 θ 只有唯一的一种表示, 即由 $x_1 + x_2 + \cdots + x_k = \theta(x_i \in S_i, i = 1, 2, \cdots, k)$, 得出 $x_1 = x_2 = \cdots = x_k = \theta$, 试证之.

4. 设 S 是有限维线性空间 $\boldsymbol{X}$ 的一个子空间, 试证总存在一个子空间 V, 使得 $\boldsymbol{X} = S \dotplus V$.

5. 试证明, 有限维线性空间 $\boldsymbol{X}$ 与 $\boldsymbol{Y}$ 同构的充要条件是 $\dim \boldsymbol{X} = \dim \boldsymbol{Y}$.

6. 证明 $N(\mathscr{A})$ 及 $R(\mathscr{A})$ 都是 $\mathscr{A}$ 的不变子空间, 进而证明:

(1) $N(\mathscr{A}) \subseteq N(\mathscr{A}^2) \subseteq N(\mathscr{A}^3) \subseteq \cdots$;

(2) $R(\mathscr{A}) \supseteq R(\mathscr{A}^2) \supseteq R(\mathscr{A}^3) \supseteq \cdots$.

7. 设 $\dim \boldsymbol{X} = 4, e_1, e_2, e_3, e_4$ 为 $\boldsymbol{X}$ 的一组基. $\mathscr{A}$ 在这组基下的矩阵为

$$A = \begin{pmatrix} 1 & 0 & 2 & 1 \\ -1 & 2 & 1 & 3 \\ 1 & 2 & 5 & 5 \\ 2 & -2 & 1 & -2 \end{pmatrix}.$$

(1) 求 $\mathscr{A}$ 在基 $e_1' = e_1 - 2e_2 + e_4, e_2' = 3e_2 - e_3 - e_4, e_3' = e_3 + e_4, e_4' = 2e_4$ 下的矩阵;

(2) 求 $\mathscr{A}$ 的核与值域;

(3) 在 $N(\mathscr{A})$ 中选一组基, 把它扩充成 $\boldsymbol{X}$ 的一组基. 并求 $\mathscr{A}$ 在此组基下的矩阵.

8. 把下列矩阵化为 Jordan 法式, 并求出过渡矩阵.

$$(1) \begin{pmatrix} -1 & 1 & 0 \\ -4 & 3 & 0 \\ 1 & 0 & 2 \end{pmatrix}, \quad (2) \begin{pmatrix} 1 & 2 & 3 & 4 \\ 0 & 1 & 2 & 3 \\ 0 & 0 & 1 & 2 \\ 0 & 0 & 0 & 1 \end{pmatrix}, \quad (3) \begin{pmatrix} 3 & 1 & 0 & 0 \\ -4 & -1 & 0 & 0 \\ 0 & 0 & 2 & 1 \\ 0 & 0 & -1 & 0 \end{pmatrix}.$$

9. 已知 $A = \begin{pmatrix} 2 & 0 & 0 \\ 1 & 1 & 1 \\ 1 & -1 & 3 \end{pmatrix}$, 求 $e^A, \sin A$.

10. 已知 $A = \begin{pmatrix} -7 & -7 & 5 \\ -8 & -8 & -5 \\ 0 & -5 & 0 \end{pmatrix}$, 求 e^{At}.

11. 证明 $C[a, b]$ 是 Banach 空间.

第 2 章 线 性 系 统

2.1 一阶常微分方程组的一般理论

2.1.1 记号与定义

本章研究微分方程组

$$
\begin{cases}
\dfrac{dx_1}{dt} = a_{11}(t)x_1 + a_{12}(t)x_2 + \cdots + a_{1n}(t)x_n + f_1(t), \\[2mm]
\dfrac{dx_2}{dt} = a_{21}(t)x_1 + a_{22}(t)x_2 + \cdots + a_{2n}(t)x_n + f_2(t), \\[2mm]
\qquad\qquad\cdots\cdots \\[1mm]
\dfrac{dx_n}{dt} = a_{n1}(t)x_1 + a_{n2}(t)x_2 + \cdots + a_{nn}(t)x_n + f_n(t).
\end{cases}
\tag{2.1.1}
$$

令

$$
A(t) = \begin{pmatrix}
a_{11}(t) & a_{12}(t) & \cdots & a_{1n}(t) \\
a_{21}(t) & a_{22}(t) & \cdots & a_{2n}(t) \\
\vdots & \vdots & & \vdots \\
a_{n1}(t) & a_{n2}(t) & \cdots & a_{nn}(t)
\end{pmatrix},
$$

$$
\vec{f}(t) = \begin{pmatrix} f_1 \\ f_2 \\ \vdots \\ f_n \end{pmatrix}, \quad
\vec{x} = \begin{pmatrix} x_1 \\ x_2 \\ \vdots \\ x_n \end{pmatrix}, \quad
\frac{d\vec{x}}{dt} = \begin{pmatrix} \dfrac{dx_1}{dt} \\[1mm] \dfrac{dx_2}{dt} \\ \vdots \\ \dfrac{dx_n}{dt} \end{pmatrix}.
$$

(2.1.1)式可以记为向量形式

$$
\frac{d\vec{x}}{dt} = A(t)\vec{x} + \vec{f}(t).
\tag{2.1.2}
$$

定义向量及矩阵的微分、积分、连续性等是关于它们每个元素的微分、积分、连续性等.

定义 2.1.1 设 $A(t), \vec{f}(t)$ 在 $[a, b]$ 内连续, 方程组 $(2.1.2)$ 在 $[\alpha, \beta] \subset [a, b]$ 上的解, 是指向量函数 $\vec{x}(t)$, 它在 $[\alpha, \beta]$ 内连续, $t \in [\alpha, \beta]$, 并满足方程 $(2.1.2)$ 及初始条件

$$\vec{x}(t_0) = \vec{\eta}, \tag{2.1.3}$$

此解称为 $(2.1.2)$ 的 Cauchy 问题 (初值问题) 的解.

2.1.2 解的存在唯一性定理

兹研究初值问题 $(2.1.2)$, $(2.1.3)$ 的解之存在唯一性定理, 如 1.5 节所述, 在引入范数之后, 向量函数列的收敛性, 一致收敛性及向量函数级数的收敛性, 一致收敛性等价于其每一个元素的收敛性与一致收敛性, 因此级数的收敛性的 M-判别法及积分号下取极限等定理, 完全可以推广到向量与矩阵函数的情况.

定理 2.1.1 (Picard) 若矩阵 $A(t)$ 及向量函数 $\vec{f}(t)$ 在 $a \leqslant t \leqslant b$ 连续, 则对于区间 $a \leqslant t \leqslant b$ 上任何 t_0 及一常向量 $\vec{\eta} = (\eta_1, \eta_2, \cdots, \eta_n)^{\mathrm{T}}$, 在 $[a, b]$ 上存在初值问题 $(2.1.2)$, $(2.1.3)$ 的唯一的连续解.

证 设 $\vec{\varphi}(t)$ 为 $(2.1.2)$ 在 $[a, b]$ 上的解, 则 $\vec{\varphi}(t)$ 是积分方程

$$\vec{x}(t) = \vec{\eta} + \int_{t_0}^t [A(s)\vec{x}(s) + \vec{f}(s)]ds \quad (a \leqslant t \leqslant b)$$

的定义在 $[a, b]$ 上的连续解. 反之亦然. 即微分方程 $(2.1.2)$ 的解等价于上述积分方程之解.

取范数 $\| A(t) \| = \sum\limits_{i,j=1}^n |a_{i,j}(t)|$, $\|\vec{x}\| = \sum\limits_{i=1}^n |x_i|$. 其中 $\vec{x} = (x_1, x_2, \cdots, x_n)^{\mathrm{T}}$. 用 $C[t_0 - \delta, t_0 + \delta]$ 表示在 $[t_0 - \delta, t_0 + \delta] \subset [a, b]$ 上定义的连续函数全体构成的 Banach 空间, 其范数为对 $C[a, b]$ 的范数 (1.5 节). 在 $C[t_0 - \delta, t_0 + \delta]$ 上定义映射 T:

$$T\vec{\varphi} = \vec{\eta} + \int_{t_0}^t [A(s)\vec{\varphi}(s) + \vec{f}(s)]ds,$$

则因

$$\|T\vec{\varphi}_2 - T\vec{\varphi}_1\| = \left\| \int_{t_0}^t A(s)(\vec{\varphi}_2 - \vec{\varphi}_1)ds \right\| \leqslant \delta \|A(t)\| \, \|\vec{\varphi}_2 - \vec{\varphi}_1\|.$$

由于 $A(t)$ 在 $[a, b]$ 上连续, $\|A(t)\| < K, \forall t \in [a, b]$, 若取 $\delta > 0$, 使得 $\lambda = k\delta < 1$, 则映射 T 满足压缩条件

$$\|T\vec{\varphi}_1 - T\vec{\varphi}_2\| \leqslant \lambda \|\vec{\varphi}_1 - \vec{\varphi}_2\|.$$

又因为 T 是 $C^n[t_0 - \delta, t_0 + \delta]$ 到自身的映射, 故根据压缩映射原理, 必存在唯一的函数 $\vec{\varphi}(t)$, 使得 $T\vec{\varphi} = \vec{\varphi}$, 即

$$\vec{\varphi}(t) = \vec{\eta} + \int_{t_0}^{t} [A(s)\vec{\varphi}(s) + \vec{f}(s)]ds,$$

$\vec{\varphi}(t)$ 就是定理所要求的解. 在上面证明的过程中, $\vec{\varphi}(t)$ 仅在 $[t_0 - \delta, t_0 + \delta]$ 上有定义, 但可以将它延拓到整个区间 $[a, b]$.   □

2.1.3 齐次微分方程组的通解结构理论

考虑齐次线性系统

$$\frac{d\vec{x}}{dt} = A(t)\vec{x}, \tag{2.1.4}$$

其中 $\vec{x}$ 为 n 维列向量函数, $A(t)$ 为 $n \times n$ 矩阵函数.

首先引入向量函数 $\vec{x}(t)$ 的线性相关与线性无关的概念.

定义 2.1.2 若存在不全为零的常数 $c_1, c_2, \cdots, c_n$, 使得对于定义于区间 $a \leqslant t \leqslant b$ 上的向量函数组 $\vec{x}_1(t), \vec{x}_2(t), \cdots, \vec{x}_n(t)$, 满足

$$\sum_{i=1}^{n} c_i \vec{x}_i(t) \equiv \vec{0}, \quad t \in [a, b], \tag{2.1.5}$$

则称向量函数组 $\{\vec{x}_i(t)\}$ 线性相关. 若仅当 $c_1 = c_2 = \cdots = c_n = 0$, (2.1.5)式才成立, 称 $\{\vec{x}_i(t)\}$ 线性无关.

例 2.1.1 对任何整数 $k > 0$, 函数系

$$\begin{pmatrix} 1 \\ 0 \\ \vdots \\ 0 \end{pmatrix}, \begin{pmatrix} t \\ 0 \\ \vdots \\ 0 \end{pmatrix}, \begin{pmatrix} t^2 \\ 0 \\ \vdots \\ 0 \end{pmatrix}, \cdots, \begin{pmatrix} t^k \\ 0 \\ \vdots \\ 0 \end{pmatrix}$$

在任何区间上线性无关, 而函数组

$$\begin{pmatrix} \cos^2 t \\ 0 \\ \vdots \\ 0 \end{pmatrix} \text{ 与 } \begin{pmatrix} \sin^2 t - 1 \\ 0 \\ \vdots \\ 0 \end{pmatrix}$$

在任何区间上线性相关.

定义 2.1.3　设有 n 个定义于 $[a,b]$ 上的向量函数, 排为一个矩阵

$$
\begin{aligned}
\Phi(t) &= [\vec{x}^{(1)}(t), \vec{x}^{(2)}(t), \cdots, \vec{x}^{(n)}(t)] \\
&= \begin{pmatrix}
x_1^{(1)}(t) & x_1^{(2)}(t) & \cdots & x_1^{(n)}(t) \\
x_2^{(1)}(t) & x_2^{(2)}(t) & \cdots & x_2^{(n)}(t) \\
\vdots & \vdots & & \vdots \\
x_n^{(1)}(t) & x_n^{(2)}(t) & \cdots & x_n^{(n)}(t)
\end{pmatrix}.
\end{aligned}
$$

记 $W(t) = W\left(\vec{x}^{(1)}(t), \vec{x}^{(2)}(t), \cdots, \vec{x}^{(n)}(t)\right) = \det \Phi(t)$, 称 $W(t)$ 为向量函数 $\vec{x}^{(1)}(t)$, $\vec{x}^{(2)}(t), \cdots, \vec{x}^{(n)}(t)$ 的 Wronsky 行列式.

引理 2.1.1　若函数 $\vec{x}^{(1)}(t), \cdots, \vec{x}^{(n)}(t)$ 在 $[a,b]$ 上线性相关, 则当 $t \in [a,b]$, $W(t) \equiv 0$. 但其逆不真.

证　由引理的假设, 存在常数 $c_1, c_2, \cdots, c_n$ 不全为零, 使得

$$
\sum_{i=1}^{n} c_i \vec{x}^{(i)}(t) \equiv \vec{0}.
$$

由上式可见, $c_i(i = 1, 2, \cdots, n)$ 为未知变量的齐次线性代数方程组有非零解, 故有 $W(t) \equiv 0$.

其逆不真. 例如向量组 $\begin{pmatrix} 1 \\ 0 \end{pmatrix}, \begin{pmatrix} t \\ 0 \end{pmatrix}$ 线性无关, 但有 $W(t) \equiv 0$.　　□

引理 2.1.1的逆否命题, 即若 $W(t) \neq 0$, 则向量函数组线性无关. 换言之, $W(t) \neq 0$ 是向量函数组线性无关的充分条件, 而非必要条件.

引理 2.1.2　若 $\vec{x}^{(1)}(t), \cdots, \vec{x}^{(n)}(t)$ 为系统(2.1.4)的解, 则它们线性无关的充分必要条件为: 在 $[a,b]$ 上, $W(t) \neq 0$.

证　用反证法证必要性. 设 $[a,b]$ 上有一 t_0, 使 $W(t_0) = 0$, 考察以 $c_1, c_2, \cdots, c_n$ 为未知量的齐次线性代数方程组

$$
\sum_{i=1}^{n} c_i \vec{x}^{(i)}(t_0) = 0,
$$

其系数行列式 $W(t_0) = 0$, 故存在非零解 $\tilde{c}_1, \tilde{c}_2, \cdots, \tilde{c}_n$, 使得向量函数

$$
\vec{x}(t) = \tilde{c}_1 \vec{x}^{(1)}(t) + \tilde{c}_2 \vec{x}^{(2)}(t) + \cdots + \tilde{c}_n \vec{x}^{(n)}(t)
$$

为(2.1.4)的解, 且满足初始条件 $\vec{x}(t_0) = \vec{0}$. 由唯一性定理 2.1.1知, $\vec{x}(t_0) \equiv \vec{0}$, 即

$$
\sum_{i=1}^{n} \tilde{c}_i \vec{x}^{(i)}(t) \equiv \vec{0}.
$$

由于 $\tilde{c}_1, \tilde{c}_2, \cdots, \tilde{c}_n$ 不全为零, 这与 $\vec{x}^{(1)}(t), \cdots, \vec{x}^{(n)}(t)$ 线性无关矛盾.

以下证充分性, 因 $W(t) \neq 0$, 由引理 1.1 即得与 $\vec{x}^{(1)}(t), \cdots, \vec{x}^{(n)}(t)$ 线性无关. □

由上述引理可见, 若向量组 $\vec{x}^{(1)}(t), \cdots, \vec{x}^{(n)}(t)$ 为系统(2.1.4)的解, $W(t_0) = 0$, $t_0 \in [a, b]$, 则 $\vec{x}^{(1)}(t), \cdots, \vec{x}^{(n)}(t)$ 必线性相关. 故从引理 2.1.2可推得: (i) $\vec{x}^{(i)}(t)$ $(i = 1, 2 \cdots, n)$ 为系统(2.1.4)的解; (ii) 它们线性相关, 则其充要条件为在 $[a, b]$ 上至少有一 t_0, 使得 $W(t_0) = 0$. 因此, 在 $[a, b]$ 上 $W(t)$ 或不为 0, 或恒为 0.

定理 2.1.2   方程组(2.1.4)的解空间构成复数域上的 n 维线性空间.

证   先证(2.1.4)的解构成线性空间. 设 X_n 为(2.1.4)的一切解的集合, $\vec{x}^{(1)}$, $\vec{x}^{(2)} \in X_n, c_1, c_2 \in \mathbb{C}$, 由(2.1.4)的解的线性性质即有 $c_1 \vec{x}^{(1)} + c_2 \vec{x}^{(2)} \in X_n$.

再证(2.1.4)存在 n 个线性无关解. 任取一 $t_0 \in [a, b]$, 构造满足初始条件

$$\vec{x}^{(i)}(t_0) = \vec{e_i} = \begin{pmatrix} 0 \\ \vdots \\ 0 \\ 1 \\ 0 \\ \vdots \\ 0 \end{pmatrix}, \quad \text{第 } i \text{ 行为 } 1 \ (i = 1, 2, \cdots, n)$$

的解. 由定理 2.1.1可知存在 n 个解 $\vec{x}^{(1)}(t), \cdots, \vec{x}^{(n)}(t)$, 因为 $W(t_0) \neq 0$, 根据引理 2.1.2, $\vec{x}^{(1)}(t), \cdots, \vec{x}^{(n)}(t)$ 线性无关.

最后证明 $\vec{x}^{(1)}(t), \cdots, \vec{x}^{(n)}(t)$ 构成一组基. 事实上, 因为 $\vec{x}^{(1)}(t), \cdots, \vec{x}^{(n)}(t)$ 在 $[a, b]$ 线性无关, 特别在 $t = t_0$ 亦如此. 故 n 维向量空间 $\mathbb{E}_n$ 中的向量 $\vec{x}^{(1)}(t_0), \cdots,$ $\vec{x}^{(n)}(t_0)$ 构成 $\mathbb{E}_n$ 的一组基. 对任何 $t_0 \in [a, b]$, $\vec{x}(t_0) \in \mathbb{E}_n$, 存在唯一的数组 $c_1, c_2, \cdots, c_n$ 使得

$$\vec{x}(t_0) = c_1 \vec{x}^{(1)}(t_0) + c_2 \vec{x}^{(2)}(t_0) + \cdots + c_n \vec{x}^{(n)}(t_0).$$

用上述的 $c_1, c_2, \cdots, c_n$ 构造一向量函数

$$\vec{y}(t) = c_1 \vec{x}^{(1)}(t) + c_2 \vec{x}^{(2)}(t) + \cdots + c_n \vec{x}^{(n)}(t).$$

则 $\vec{y}(t)$ 为(2.1.4)的解. 设 $\vec{x}(t)$ 是(2.1.4)任意解. 由上所知 $\vec{x}(t_0) = \vec{y}(t_0)$, 由唯一性定理 $\vec{x}(t) \equiv \vec{y}(t)$, 即解 $\vec{x}(t)$ 可由 $\vec{x}^{(1)}(t), \cdots, \vec{x}^{(n)}(t)$ 线性表示, 故 $\vec{x}^{(1)}(t), \cdots,$ $\vec{x}^{(n)}(t)$ 是一组基. □

定义 2.1.4 方程组(2.1.4)的 n 个线性无关解 $\vec{x}^{(1)}(t), \cdots, \vec{x}^{(n)}(t)$ 称为的基本解矩阵的一个基本解组, 记为矩阵形式

$$
\Phi(t) = \begin{pmatrix} x_1^{(1)}(t) & \cdots & \cdots & x_1^{(n)}(t) \\ x_2^{(1)}(t) & \cdots & \cdots & x_2^{(n)}(t) \\ \vdots & & & \vdots \\ x_n^{(1)}(t) & \cdots & \cdots & x_n^{(n)}(t) \end{pmatrix}, \tag{2.1.6}
$$

称 $\Phi(t)$ 为(2.1.4)的基本解矩阵. 在初始时刻 t_0 满足 $\Phi(t_0) = I$(单位方阵) 的基本解矩阵称为(2.1.4)在 t_0 的主矩阵解, 记为 $X(t, t_0)$.

由定义 2.1.4, 定理 2.1.2可改述为

定理 2.1.2′ 系统(2.1.4)必存在基本解矩阵 $\Phi(t)$, 若 $\vec{\varphi}(t)$ 为(2.1.4)的任意解向量, 则 $\vec{\varphi}(t) = \Phi(t)\vec{C}$, 其中 $\vec{C} = (c_1, c_2, \cdots, c_n)^{\mathrm{T}}$ 为某确定的常数列向量.

又根据引理 2.1.2, 我们有

定理2.1.3 (2.1.4)的解矩阵 $\Phi(t)$ 是基本解矩阵的充分必要条件为: $\det \Phi(t) \neq 0$, $t \in [a, b]$. (且某个 $t_0 \in [a, b]$, $\det \Phi(t_0) \neq 0$, 则 $\det \Phi(t) \neq 0$, $t \in [a, b]$.)

对于解矩阵, 还有下述两个定理.

定理 2.1.4 若 $\Phi(t)$ 为(2.1.4)的基本解矩阵, C 为非奇异 $n \times n$ 常数矩阵, 则 $\Phi(t)C$ 也是(2.1.4)的基本解矩阵.

证 因为 $\dfrac{d(\Phi C)}{dt} = \dfrac{d\Phi}{dt}C$, 又 $\dfrac{d\Phi}{dt} = A(t)\Phi(t)$, 故

$$
\frac{d(\Phi C)}{dt} = A(t)\Phi(t)C = A(t)[\Phi(t)C].
$$

即 $\Phi(t)C$ 为(2.1.4)的解矩阵. 又因为 $\det[\Phi(t)C] = \det \Phi(t) \times \det C \neq 0$, 所以 $\Phi(t)C$ 为基本解矩阵. □

定理 2.1.5 如果 $\Phi(t), \Psi(t)$ 都是(2.1.4)的基本解矩阵, 则 $\Psi(t) = \Phi(t)C$, 其中 C 为某非奇异常数矩阵.

证 因为 $\Phi(t), \Psi(t)$ 都是非奇异, 故存在逆阵, 令

$$
C = \Phi^{-1}\Psi,
$$

则

$$
\frac{dC}{dt} = \frac{d\Phi^{-1}}{dt}\Psi + \Phi^{-1}\frac{d\Psi}{dt} = \frac{d\Phi^{-1}}{dt}\Psi + \Phi^{-1}(t)A(t)\Psi(t).
$$

又 $\Phi\Phi^{-1} = E$, $\dfrac{d\Phi}{dt}\Phi^{-1} + \Phi\dfrac{d\Phi^{-1}}{dt} = 0$. 故

$$
\frac{d\Phi^{-1}}{dt} = -\Phi^{-1}\frac{d\Phi}{dt}\Phi^{-1} = -\Phi^{-1}A\Phi\Phi^{-1} = -\Phi^{-1}A.
$$

由此得

$$\frac{dC}{dt} = -\Phi^{-1}A\Psi + \Phi^{-1}A\Psi = 0,$$

即 $C = \text{const.}$　$\square$

2.1.4　Liouville 公式

定理 2.1.6　若 $\vec{\varphi}^{(1)}(t), \cdots, \vec{\varphi}^{(n)}(t)$ 为齐次方程组(2.1.4)的 n 个解, 则

$$W(t) = W(\vec{\varphi}^{(1)}(t), \cdots, \vec{\varphi}^{(n)}(t)) = W(\tau) \exp \int_\tau^t \text{tr}A(s)ds,$$

其中 $\text{tr}A(t)$ 表示(2.1.4)系数矩阵 $A(t)$ 之迹,

$$\text{tr}A(t) = \sum_{k=1}^n a_{kk}(t).$$

证　考察 $\dfrac{dW}{dt}$, 利用行列式求导公式得

$$\frac{dW}{dt} = \begin{vmatrix} \frac{d}{dt}\varphi_1^{(1)} & \frac{d}{dt}\varphi_1^{(2)} & \cdots & \frac{d}{dt}\varphi_1^{(n)} \\ \varphi_2^{(1)} & \varphi_2^{(2)} & \cdots & \varphi_2^{(n)} \\ \vdots & \vdots & & \vdots \\ \varphi_n^{(1)} & \varphi_n^{(2)} & \cdots & \varphi_n^{(n)} \end{vmatrix}$$

$$+ \begin{vmatrix} \varphi_1^{(1)} & \varphi_1^{(2)} & \cdots & \varphi_1^{(n)} \\ \frac{d}{dt}\varphi_2^{(1)} & \frac{d}{dt}\varphi_2^{(2)} & \cdots & \frac{d}{dt}\varphi_2^{(n)} \\ \vdots & \vdots & & \vdots \\ \varphi_n^{(1)} & \varphi_n^{(2)} & \cdots & \varphi_n^{(n)} \end{vmatrix} + \cdots$$

$$+ \begin{vmatrix} \varphi_1^{(1)} & \varphi_1^{(2)} & \cdots & \varphi_1^{(n)} \\ \varphi_2^{(1)} & \varphi_2^{(2)} & \cdots & \varphi_2^{(n)} \\ \vdots & \vdots & & \vdots \\ \frac{d}{dt}\varphi_n^{(1)} & \frac{d}{dt}\varphi_n^{(2)} & \cdots & \frac{d}{dt}\varphi_n^{(n)} \end{vmatrix} + \cdots$$

$$= \sum_{k=1}^n \begin{vmatrix} \varphi_1^{(1)} & \varphi_1^{(2)} & \cdots & \varphi_1^{(n)} \\ \vdots & \vdots & & \vdots \\ \sum_{j=1}^n a_{kj}\varphi_j^{(1)} & \sum_{j=1}^n a_{kj}\varphi_j^{(2)} & \cdots & \sum_{j=1}^n a_{kj}\varphi_j^{(n)} \\ \vdots & \vdots & & \vdots \\ \varphi_n^{(1)} & \varphi_n^{(2)} & \cdots & \varphi_n^{(n)} \end{vmatrix} . \text{ 第 } k \text{ 行}$$

对上述和公式中的第 k 项, 分别将 $1, 2, \cdots, k-1, k+1, \cdots, n$ 行乘以 $-a_{k1}(t)$, $-a_{k2}(t), \cdots, -a_{kk-1}(t), -a_{kk+1}(t), \cdots, -a_{kn}(t)$ 加到第 k 行, 得

$$
\begin{vmatrix}
\varphi_1^{(1)} & \varphi_1^{(2)} & \cdots & \varphi_1^{(n)} \\
\vdots & \vdots & & \vdots \\
\varphi_{k-1}^{(1)} & \varphi_{k-1}^{(2)} & \cdots & \varphi_{k-1}^{(n)} \\
\sum_{j=1}^{n} a_{kj}\varphi_j^{(1)} & \sum_{j=1}^{n} a_{kj}\varphi_j^{(2)} & \cdots & \sum_{j=1}^{n} a_{kj}\varphi_j^{(n)} \\
\varphi_{k+1}^{(1)} & \varphi_{k+1}^{(2)} & \cdots & \varphi_{k+1}^{(n)} \\
\vdots & \vdots & & \vdots \\
\varphi_n^{(1)} & \varphi_n^{(2)} & \cdots & \varphi_n^{(n)}
\end{vmatrix}
$$

$$
= \begin{vmatrix}
\varphi_1^{(1)} & \varphi_1^{(2)} & \cdots & \varphi_1^{(n)} \\
\vdots & \vdots & & \vdots \\
\varphi_{k-1}^{(1)} & \varphi_{k-1}^{(2)} & \cdots & \varphi_{k-1}^{(n)} \\
a_{kk}\varphi_k^{(1)} & a_{kk}\varphi_k^{(2)} & \cdots & a_{kk}\varphi_k^{(n)} \\
\varphi_{k+1}^{(1)} & \varphi_{k+1}^{(2)} & \cdots & \varphi_{k+1}^{(n)} \\
\vdots & \vdots & & \vdots \\
\varphi_n^{(1)} & \varphi_n^{(2)} & \cdots & \varphi_n^{(n)}
\end{vmatrix} = a_{kk}(t)W(t).
$$

从而

$$
\begin{aligned}
\frac{dW}{dt} &= [a_{11}(t) + a_{22}(t) + \cdots + a_{nn}(t)]W(t) \\
&= W(t)\mathrm{tr}A(t).
\end{aligned}
$$

这是可分离变量的一阶方程, 其解为

$$
W(t) = W(\tau)\exp\int_{\tau}^{t} \mathrm{tr}A(s)ds, \tag{2.1.7}
$$

即得 Liouville 公式. $\qquad\qquad\square$

由公式(2.1.7)可见, 如对某 $\tau \in [a, b], W(\tau) = 0$, 则 $W(t) \equiv 0$. 反之, 若对某 $\tau \in [a, b], W(\tau) \neq 0$, 则在 $[a, b]$ 上 $W(t) \neq 0$, 因 $\exp\int_{\tau}^{t} \mathrm{tr}A(s)ds$ 恒正.

2.1.5 非齐次方程组, 常数变易公式

现讨论非齐次系统 (2.1.2)

$$\frac{d\vec{x}}{dt} = A(t)\vec{x} + \vec{f}(t).$$

设 $\Phi(t)$ 为(2.1.2)对应的齐次系统(2.1.4)的基本解矩阵, 即 $\dfrac{d\Phi}{dt} = A(t)\Phi(t)$. 兹求(2.1.2)形如

$$\vec{\varphi}(t) = \Phi(t)\vec{c}(t)$$

的解. $\vec{c}(t)$ 为待定的列向量函数. 将 $\vec{\varphi}(t)$ 代入(2.1.2)得

$$\begin{aligned}
\frac{d\Phi}{dt}\vec{c}(t) + \Phi\frac{d\vec{c}}{dt} &= A(t)\Phi(t)\vec{c}(t) + \Phi\frac{d\vec{c}}{dt} \\
&= A(t)\Phi(t)\vec{c}(t) + \vec{f}(t),
\end{aligned}$$

即 $\Phi(t)\dfrac{d\vec{c}}{dt} = \vec{f}(t)$, 因为 $\det\Phi(t) \neq 0$, 故

$$\frac{d\vec{c}}{dt} = \Phi^{-1}(t)\vec{f}(t).$$

从而 $\vec{c}(t) = \vec{c_1} + \displaystyle\int_\tau^t \Phi^{-1}(s)\vec{f}(s)ds$, 其中 $\vec{c_1}$ 为常数列向量, 故(2.1.2)的解为

$$\vec{\varphi}(t) = \Phi(t)\vec{c_1} + \Phi(t)\int_\tau^t \Phi^{-1}(s)\vec{f}(s)ds.$$

因齐次系统的解可写为 $\vec{\varphi}_0(t) = \Phi(t)\vec{c_1}$, 如果(2.1.2)的解满足初始条件 $\vec{x}(\tau) = \vec{\xi}$, 则 $\vec{c_1} = \Phi^{-1}(\tau)\vec{\xi}$, 故

$$\vec{\varphi}(t) = \Phi(t)\Phi^{-1}(\tau)\vec{\xi} + \int_\tau^t \Phi(t)\Phi^{-1}(s)\vec{f}(s)ds. \tag{2.1.8}$$

(2.1.8)称为常数变易公式.

对任意的 $\tau \in (-\infty, \infty)$, 用 $X(t, \tau)$ 表示(2.1.4)在 τ 的主矩阵解. 则有 $X(t, \tau) = X(t, s)X(s, \tau)$. 事实上, 上式两边作为 t 的函数, 满足(2.1.4), 并且当 $t = s$ 时, 二者相等, 根据解的唯一性定理, 这个等式成立. 利用这个等式, 常数变易公式(2.1.8)可简化为

$$\vec{x}(t) = X(t, \tau)\vec{x}(\tau) + \int_\tau^t X(t, s)\vec{f}(s)ds. \tag{2.1.9}$$

2.2　高阶线性方程

本节讨论高阶线性微分方程

$$\frac{d^n x}{dt^n} + a_1(t)\frac{d^{n-1}x}{dt^{n-1}} + \cdots + a_{n-1}(t)\frac{dx}{dt} + a_n(t)x = f(t). \tag{2.2.1}$$

令 $x_1 = x, x_2 = \dfrac{dx}{dt}, x_3 = \dfrac{d^2x}{dt^2}\cdots, x_{n-1} = \dfrac{d^{n-2}x}{dt^{n-2}}, x_n = \dfrac{d^{n-1}x}{dt^{n-1}}$，方程(2.2.1)可化为线性微分方程组

$$\begin{cases} \dot{x_1} = x_2, \\ \dot{x_2} = x_3, \\ \quad\cdots\cdots \\ \dot{x_n} = -a_n(t)x_1 - a_{n-1}(t)x_2 - \cdots - a_1(t)x_n + f(t), \end{cases}$$

即

$$\frac{d\vec{x}}{dt} = A(t)\vec{x} + \vec{f}(t), \tag{2.2.2}$$

其中

$$A(t) = \begin{pmatrix} 0 & 1 & 0 & \ldots & 0 \\ 0 & 0 & 1 & \ldots & 0 \\ \vdots & \vdots & \vdots & & \vdots \\ 0 & 0 & 0 & \ldots & 1 \\ -a_n(t) & -a_{n-1}(t) & -a_{n-2}(t) & \ldots & -a_1(t) \end{pmatrix}, \quad \vec{f}(t) = \begin{pmatrix} 0 \\ 0 \\ \vdots \\ 0 \\ f(t) \end{pmatrix}.$$

由此可见, 每个 n 阶线性方程可以化为一个一阶线性方程组来求解, 但其逆一般不成立.

例如: 方程组 $\dfrac{dx_1}{dt} = x_1, \dfrac{dx_2}{dt} = x_2$ 并不能化为一个二阶方程.

可以证明, 若一阶线性微分方程组的系数为常数, 则该方程组可化为与一个高阶微分方程等价的形如(2.1.2)的方程组之充分必要条件是其系数矩阵的每个本征值 λ_s 之几何重数 (即 $N(\mathscr{A} - \lambda_s I)$ 的维数) 等于 1.

首先设 $f(t) \equiv 0$, 根据 2.1 节的讨论, 我们有以下平行的结果.

定理 2.2.1　方程(2.2.1)的对应齐次方程的解集合构成 n 维线性空间, 即若 $x_1(t), x_2(t), \cdots, x_n(t)$, 为(2.2.1)的对应齐次方程的 n 个线性无关解, 则其通解为

$$x(t) = c_1 x_1(t) + c_2 x_2(t) + \cdots + c_n x_n(t),$$

其中 $c_1, c_2, \cdots, c_n$ 为常数.

同样, 我们定义齐次方程的 n 个线性无关解为它的基本解组, 并且对(2.2.1)可定义 Wronsky 行列式为

$$
\begin{aligned}
W(t) &= W[x_1(t), x_2(t), \cdots, x_n(t)] \\
&= \begin{vmatrix}
x_1(t) & x_2(t) & \cdots & x_n(t) \\
x_1'(t) & x_2'(t) & \cdots & x_n'(t) \\
\vdots & \vdots & & \vdots \\
x_1^{(n-1)}(t) & x_2^{(n-1)}(t) & \cdots & x_n^{(n-1)}(t)
\end{vmatrix}.
\end{aligned} \tag{2.2.3}
$$

定理 2.2.2　方程(2.2.1)的对应齐次方程的 n 个解 $x_1(t)$, $x_2(t)$, $\cdots$, $x_n(t)$ 线性无关的充分必要条件是其 Wronsky 行列式(2.2.3)不等于 0.

定理 2.2.3 (Liouville)　若 $x_1(t), x_2(t), \cdots, x_n(t)$ 为(2.2.1)对应齐次方程的 n 个解, 则其 Wronsky 行列式满足关系

$$
W(t) = W(t_0) \exp \int_{t_0}^{t} [-a_1(\tau)] d\tau. \tag{2.2.4}
$$

对于非齐次方程(2.2.1)有

定理 2.2.4　设 $x_1(t), x_2(t), \cdots, x_n(t)$ 为方程(2.2.1)对应齐次方程的基本解组, $\tilde{x}(t)$ 为方程(2.2.1)的一个特解, 则(2.2.1)的通解可表为

$$
x(t) = c_1 x_1(t) + \cdots + c_n x_n(t) + \tilde{x}(t). \tag{2.2.5}
$$

定理 2.2.5 (常数变易公式)　非齐次方程(2.2.1)的通解有下述常数变易公式

$$
x(t) = \sum_{i=1}^{n} c_i x_i(t) + \int_{t_0}^{t} \frac{\sum\limits_{i=1}^{n} x_i(t) \varphi_i(\tau)}{W(\tau)} f(\tau) d\tau, \tag{2.2.6}
$$

其中 $x_1(t), x_2(t), \cdots, x_n(t)$ 为方程(2.2.1)对应齐次方程的基本解组, $W(t)$ 为其 Wronsky 行列式, $\varphi_i(t)$ 为 $W(t)$ 中第 n 行第 i 列元素的代数余子式, $c_1, c_2, \cdots, c_n$ 为任意常数.

证　设 $x_1(t), x_2(t), \cdots, x_n(t)$ 为方程(2.2.1)对应齐次方程的基本解组, 设 (2.2.1)的解有形式

$$
x(t) = \sum_{i=1}^{n} c_i(t) x_i(t). \tag{2.2.7}
$$

于是

$$x'(t) = \sum_{i=1}^{n} c_i(t)x_i'(t) + \sum_{i=1}^{n} c_i'(t)x_i(t). \qquad (2.2.8)$$

令

$$\sum_{i=1}^{n} c_i'(t)x_i(t) = 0, \qquad (2.2.8_1)$$

得

$$x'(t) = \sum_{i=1}^{n} c_i(t)x_i'(t).$$

再对 $x'(t)$ 求导, 令含 $c_i'(t)$ 的部分为零, 又得

$$\sum_{i=1}^{n} c_i'(t)x_i'(t) = 0 \qquad (2.2.8_2)$$

及

$$x''(t) = \sum_{i=1}^{n} c_i(t)x_i''(t).$$

继续求导, 又令 $c_i'(t)$ 的部分为零, 从而可以得

$$\sum_{i=1}^{n} c_i'(t)x_i^{(n-2)}(t) = 0 \qquad (2.2.8_{n-1})$$

及

$$x^{(n-1)}(t) = \sum_{i=1}^{n} c_i(t)x_i^{(n-1)}(t).$$

对上式再求导, 并令

$$\sum_{i=1}^{n} c_i'(t)x_i^{(n-1)}(t) = f(t), \qquad (2.2.8_n)$$

得到含 n 个未知函数 $c_i'(t)$ 的 n 个方程组(2.2.8). 其系数行列式为 Wronsky 行列式 $W(t)$, 它不等于零, 故可唯一定出

$$c_i'(t) = \frac{\varphi_i(t)f(t)}{W(t)},$$

其中 $\varphi_i(t)$ 为 $W(t)$ 中第 n 行第 i 列元素的代数余子式, 故

$$c_i(t) = \int_{t_0}^{t} \frac{\varphi_i(\tau)f(\tau)}{W(\tau)}d\tau + c_i. \qquad (2.2.9)$$

将(2.2.9)代入(2.2.7), 即得常数变易公式(2.2.6). $\qquad \square$

例 2.2.1   设 $x_1(t), x_2(t)$ 为二阶线性方程

$$\frac{d^2x}{dt^2} + a_1(t)\frac{dx}{dt} + a_2(t)x = f(t) \tag{2.2.10}$$

的齐次方程之基本解组, 则方程组 (2.2.8) 为

$$\begin{cases} c_1'(t)x_1(t) + c_2'(t)x_2(t) = 0, \\ c_1'(t)x_1'(t) + c_2'(t)x_2'(t) = f(t). \end{cases}$$

故

$$c_1'(t) = \frac{-f(t)x_2(t)}{x_1(t)x_2'(t) - x_1'(t)x_2(t)},$$

$$c_2'(t) = \frac{f(t)x_1(t)}{x_1(t)x_2'(t) - x_1'(t)x_2(t)}.$$

从而

$$c_1(t) = c_1 + \int_{t_0}^t \frac{-f(\tau)x_2(\tau)d\tau}{x_1(\tau)x_2'(\tau) - x_1'(\tau)x_2(\tau)},$$

$$c_2(t) = c_2 + \int_{t_0}^t \frac{f(\tau)x_2(\tau)d\tau}{x_1(\tau)x_2'(\tau) - x_1'(\tau)x_2(\tau)}.$$

于是 (2.2.10) 的通解为

$$x(t) = c_1x_1(t) + c_2x_2(t) + \int_{t_0}^t \frac{x_1(\tau)x_2(\tau) - x_1(\tau)x_2(\tau)}{x_1(\tau)x_2'(\tau) - x_1'(\tau)x_2(\tau)}f(\tau)d\tau.$$

2.3   常系数线性系统

2.3.1   一般常系数齐次方程组

若 2.1 节中方程组的系数矩阵 A 为 $n \times n$ 常数矩阵, 则齐次系统可记为

$$\frac{d\vec{x}}{dt} = A\vec{x}. \tag{2.3.1}$$

定理 2.3.1   系统 (2.3.1) 的一个基本解矩阵为 $\Phi(t) = e^{tA}$, 而 (2.3.1) 满足初始条件 $\vec{\varphi}(t_0) = \vec{\xi}$ 的解可表示为

$$\vec{\varphi}(t) = e^{(t-t_0)A}\vec{\xi}. \tag{2.3.2}$$

证　由于

$$e^{tA} = E + tA + \frac{t^2}{2!}A^2 + \cdots + \frac{t^n}{n!}A^n + \cdots,$$

故

$$\frac{d}{dt}e^{tA} = A + tA^2 + \cdots + \frac{t^n}{n!}A^{n+1} + \cdots$$
$$= A\left(E + tA + \frac{t^2}{2!}A^2 + \cdots + \frac{t^n}{n!}A^n + \cdots\right) = Ae^{tA}.$$

所以 $\Phi(t) = e^{tA}$ 满足 $\dfrac{d\Phi(t)}{dt} = A\Phi(t)$, 即 $\Phi(t)$ 为 (2.3.1) 的一个解矩阵. 又因为 $\Phi(0) = E$. $\det\Phi(0) = 1 \neq 0$. 故对任何 t, $\det\Phi(t) \neq 0$, 即 $\Phi(t) = e^{tA}$ 为 (2.3.1) 的基本解矩阵.

于是 (2.3.1) 的一个解可表示为 $\vec{\varphi}(t) = e^{tA}\vec{c}$, $\vec{c}$ 为常数列向量. 当 $t = t_0$ 时, 得 $\vec{\xi} = e^{t_0 A}\vec{c}$, 所以 $\vec{c} = e^{-t_0 A}\vec{\xi}$. 故有 $\vec{\varphi}(t) = e^{(t-t_0)A}\vec{\xi}$. □

注　若 $A = A(t)$, 定理 2.3.1 的结论不成立. 因为在上面的证明中, 用到 A 与 tA 可交换的结果

$$\frac{d}{dt}(tA)^n = n(tA)^{n-1}A = nt^{n-1}A^n.$$

对于非常数矩阵 $A(t)$, 一般 $\displaystyle\int_{t_0}^{t} A(s)ds$ 与 $A(t)$ 并不可交换.

以下考察 (2.3.1) 的基本解矩阵的构造方法. 设 A 的 Jordan 法式矩阵为 J, 则存在非奇异矩阵 P, 使 $J = P^{-1}AP$. 故

$$e^{tA} = Pe^{tJ}P^{-1}. \tag{2.3.3}$$

另一方面, 对于任何非奇异常矩阵 C, 根据本章定理 2.1.4, $\Phi(t)C$ 也是基本解矩阵. 故可取

$$\Psi(t) = \Phi(t)P = e^{tA}P = Pe^{tJ}P^{-1}P = Pe^{tJ} \tag{2.3.4}$$

作为基本矩阵, 于是我们有

$$\Psi(t) = Pe^{tJ} = \begin{pmatrix} P_{11} & P_{12} & \dots & P_{1n} \\ P_{21} & P_{22} & \dots & P_{2n} \\ \vdots & \vdots & & \vdots \\ P_{n1} & P_{n2} & \dots & P_{nn} \end{pmatrix} \begin{pmatrix} e^{tJ_1} & & & O \\ & e^{tJ_2} & & \\ & & \ddots & \\ O & & & e^{tJ_s} \end{pmatrix}.$$

以 J 的第一个 Jordan 块 J_1 为例, 设 J_1 为 $v \times v$ 阶. 于是有

$$
\begin{pmatrix}
\psi_1^{(1)} & \psi_1^{(2)} & \cdots & \psi_1^{(v)} \\
\psi_2^{(1)} & \psi_2^{(2)} & \cdots & \psi_2^{(v)} \\
\vdots & \vdots & & \vdots \\
\psi_v^{(1)} & \psi_v^{(2)} & \cdots & \psi_v^{(v)}
\end{pmatrix}
$$

$$
= \begin{pmatrix}
p_{11} & p_{12} & \cdots & p_{1v} \\
p_{21} & p_{22} & \cdots & p_{2v} \\
\vdots & \vdots & & \vdots \\
p_{v1} & p_{v2} & \cdots & p_{vv}
\end{pmatrix}
e^{t\lambda_1}
\begin{pmatrix}
1 & t & t^2/2! & \cdots & t^{v-1}/(v-1)! \\
& 1 & t & & \vdots \\
& & & \ddots & t \\
& & & \ddots & 1
\end{pmatrix}.
$$

即

$$
\psi_1^{(1)} = p_{11}e^{\lambda_1 t}, \ \psi_1^{(2)} = (p_{11}t + p_{12})e^{\lambda_1 t}, \cdots,
$$

$$
\psi_1^{(v)} = \left(p_{11}\frac{t^{v-1}}{(v-1)!} + \cdots + p_{1v} \right) e^{\lambda_1 t},
$$

$$
\psi_v^{(1)} = p_{v1}e^{\lambda_1 t}, \ \psi_v^{(2)} = (p_{v1}t + p_{v2})e^{\lambda_1 t}, \cdots,
$$

$$
\psi_v^{(v)} = \left(p_{v1}\frac{t^{v-1}}{(v-1)!} + \cdots + p_{vv} \right) e^{\lambda_1 t}.
$$

综合以上所述, 得到用矩阵求解(2.3.1)的代数程序为

1° 由(2.3.1)的已知矩阵 A 定出 A 的广义本征向量串及 J. 取 $P = (\vec{p}^{(1)}, \vec{p}^{(2)}, \cdots, \vec{p}^{(n)})$, 其中 $\vec{p}^{(1)}, \vec{p}^{(2)}, \cdots, \vec{p}^{(n)}$ 为广义本征向量在基 $e_1, e_2, \cdots, e_n$ 下的坐标;

2° 写出对应的 e^{tJ}, 得 $\Psi(t) = Pe^{tJ}$;

3° 若 $\Psi(t)$ 为实矩阵, 则(2.3.1)的通解形式为 $\vec{x}(t) = \Psi(t)\vec{c}$, $\vec{c}$ 为常数列向量.

例 2.3.1　*求解方程组* $\dfrac{d}{dt}\begin{pmatrix} x_1 \\ x_2 \\ x_3 \end{pmatrix} = \begin{pmatrix} 3 & -1 & 1 \\ 2 & 0 & 1 \\ 1 & -1 & 2 \end{pmatrix}\begin{pmatrix} x_1 \\ x_2 \\ x_3 \end{pmatrix}.$

解　由 $\det(\lambda E - A) = -(\lambda - 1)(\lambda - 2)^2 = 0$, 得 $\lambda_1 = 1$(一重根), $\lambda_2 = 2$(二重根). 由 $(A - E)\vec{\xi} = \vec{0}$ 得

$$
\begin{pmatrix}
2\xi_1 - \xi_2 + \xi_3 \\
2\xi_1 - \xi_2 + \xi_3 \\
\xi_1 - \xi_2 + \xi_3
\end{pmatrix} = 0.
$$

故得本征向量 $\vec{p_1} = (0,1,1)^{\mathrm{T}}$. 由 $(A - 2E)\vec{\xi} = \vec{0}$ 得

$$\left(\begin{array}{c} \xi_1 - \xi_2 + \xi_3 \\ 2\xi_1 - 2\xi_2 + \xi_3 \\ \xi_1 - \xi_2 \end{array} \right) = 0, \quad \begin{array}{c} \xi_1 = \xi_2, \\ \xi_3 = 0. \end{array}$$

由 $(A - 2E)^2\vec{\xi} = \vec{0}$, 得

$$\left(\begin{array}{ccc} 0 & 0 & 0 \\ -1 & 1 & 0 \\ -1 & 1 & 0 \end{array} \right) \left(\begin{array}{c} \xi_1 \\ \xi_2 \\ \xi_3 \end{array} \right) = 0, \quad \begin{array}{c} \xi_1 = \xi_2, \\ \xi_3 \text{任意}. \end{array}$$

故取 $\vec{p_3} = (0,0,1)^{\mathrm{T}}$, $\vec{p_2} = (A - 2E)\vec{p_3} = (1,1,0)^{\mathrm{T}}$. 从而得

$$P = \left(\begin{array}{ccc} 0 & 1 & 0 \\ 1 & 1 & 0 \\ 1 & 0 & 1 \end{array} \right), \quad J = \left(\begin{array}{ccc} 1 & 0 & 0 \\ 0 & 2 & 1 \\ 0 & 0 & 2 \end{array} \right).$$

所以

$$\Psi(t) = Pe^{tJ} = \left(\begin{array}{ccc} 0 & 1 & 0 \\ 1 & 1 & 0 \\ 1 & 0 & 1 \end{array} \right) \left(\begin{array}{ccc} e^t & 0 & 0 \\ 0 & e^{2t} & te^{2t} \\ 0 & 0 & e^{2t} \end{array} \right)$$

$$= \left(\begin{array}{ccc} 0 & e^{2t} & te^{2t} \\ e^t & e^{2t} & te^{2t} \\ e^t & 0 & e^{2t} \end{array} \right).$$

通解为

$$\vec{\varphi}(t) = \left(\begin{array}{ccc} 0 & e^{2t} & te^{2t} \\ e^t & e^{2t} & te^{2t} \\ e^t & 0 & e^{2t} \end{array} \right) \left(\begin{array}{c} c_1 \\ c_2 \\ c_3 \end{array} \right).$$

即有

$$x_1(t) = c_2 e^{2t} + c_3 t e^{2t},$$
$$x_2(t) = c_1 e^t + c_2 e^{2t} + c_3 t e^{2t},$$
$$x_3(t) = c_1 e^t + c_3 e^{2t}.$$

例 2.3.2　求解方程组 $\dfrac{d}{dt} \left(\begin{array}{c} x_1 \\ x_2 \end{array} \right) = \left(\begin{array}{cc} -7 & 1 \\ -2 & -5 \end{array} \right) \left(\begin{array}{c} x_1 \\ x_2 \end{array} \right).$

解 由 $\det(\lambda E - A) = \lambda^2 + 12\lambda + 37 = 0$, 得 $\lambda_1 = -6 + \mathrm{i}$, $\lambda_2 = -6 - \mathrm{i}$, 即一对共轭复根. 由

$$
(A - (-6 + \mathrm{i})E)\vec{\xi} = \begin{pmatrix} -1 - \mathrm{i} & 1 \\ -2 & 1 - \mathrm{i} \end{pmatrix} \begin{pmatrix} \xi_1 \\ \xi_2 \end{pmatrix}
$$
$$
= \begin{pmatrix} -(1 + \mathrm{i})\xi_1 + \xi_2 \\ -2\xi_1 + (1 - \mathrm{i})\xi_2 \end{pmatrix} = 0,
$$

得 $\vec{p}_1 = \begin{pmatrix} 1 \\ 1 + \mathrm{i} \end{pmatrix}$. 由

$$
(A - (-6 - \mathrm{i})E)\vec{\xi} = \begin{pmatrix} -1 + \mathrm{i} & 1 \\ -2 & 1 + \mathrm{i} \end{pmatrix} \begin{pmatrix} \xi_1 \\ \xi_2 \end{pmatrix}
$$
$$
= \begin{pmatrix} (-1 + \mathrm{i})\xi_1 + \xi_2 \\ -2\xi_1 + (1 + \mathrm{i})\xi_2 \end{pmatrix} = 0,
$$

得 $\vec{p}_2 = \begin{pmatrix} 1 \\ 1 - \mathrm{i} \end{pmatrix}$. 于是基本解矩阵为

$$
\Psi(t) = \begin{pmatrix} 1 & 1 \\ 1 + \mathrm{i} & 1 - \mathrm{i} \end{pmatrix} \begin{pmatrix} e^{(-6+\mathrm{i})t} & 0 \\ 0 & e^{(-6-\mathrm{i})t} \end{pmatrix}
$$
$$
= \begin{pmatrix} e^{(-6+\mathrm{i})t} & e^{-(6+\mathrm{i})t} \\ (1 + \mathrm{i})e^{(-6+\mathrm{i})t} & (1 - \mathrm{i})e^{-(6+\mathrm{i})t} \end{pmatrix}.
$$

上述基本解矩阵为复矩阵, 但一般而言, 若 A 为实矩阵, e^{tA} 必为实矩阵, 由 2.1 节的定理 2.1.4可知

$$
e^{At} = \Psi(t)C.
$$

令 $t = 0$, 得 $C = [\Psi(0)]^{-1}$, 即

$$
e^{At} = \Psi(t)\Psi^{-1}(0). \tag{2.3.5}
$$

(2.3.5)式给出了构造实基本解矩阵的方法. 故上述解题程序中应加上一条:

4° 若 $\Psi(t)$ 为复矩阵, 则求 $\Psi^{-1}(0)$, 得出 $e^{At} = \Psi(t) \times \Psi^{-1}(0)$ 作为基本解矩阵, 然后构造实通解.

在例 2.3.2 中

$$
e^{At} = \begin{pmatrix} e^{(-6+\mathrm{i})t} & e^{-(6+\mathrm{i})t} \\ (1 + \mathrm{i})e^{(-6+\mathrm{i})t} & (1 - \mathrm{i})e^{-(6+\mathrm{i})t} \end{pmatrix} \begin{pmatrix} 1 & 1 \\ 1 + \mathrm{i} & 1 - \mathrm{i} \end{pmatrix}^{-1}
$$

$$= \begin{pmatrix} e^{-6t}(\cos t - \sin t) & e^{-6t}\sin t \\ -2e^{-6t}\sin t & e^{-6t}(\cos t + \sin t) \end{pmatrix},$$

故实通解为

$$x_1(t) = e^{-6t}[c_1\cos t + (c_2 - c_1)\sin t],$$
$$x_2(t) = e^{-6t}[c_2\cos t + (c_2 - 2c_1)\sin t].$$

注记 2.3.1 在微分方程的定性研究中, 往往要求知道方程组(2.3.1)的简化形式. 以下用矩阵方法直接导出所需公式.

考察微分方程组

$$\frac{d\vec{x}}{dt} = A\vec{x}.$$

令 $\vec{x} = P\vec{y}$, 矩阵 P 可逆, $\vec{y} = P^{-1}\vec{x}$.

$$\frac{d\vec{y}}{dt} = P^{-1}\frac{d\vec{x}}{dt} = P^{-1}AP \cdot \vec{y} = J\vec{y},$$

其中 J 为 A 的 Jordan 法式. 对于 $\dfrac{d\vec{y}}{dt} = J\vec{y}$, 有基本解矩阵 $Y(t) = e^{Jt}$, 故(2.3.1)有基本解矩阵

$$X(t) = PY(t) = Pe^{Jt}.$$

由此可见, 旧坐标 $x_1, x_2, \cdots, x_n$ 到新坐标 $y_1, y_2, \cdots, y_n$ 之间有关系

$$\vec{x} = P\vec{y} \quad \text{或} \quad \vec{y} = P^{-1}\vec{x}, \tag{2.3.6}$$

(2.3.6)中的 P 仍然是 A 的广义特征向量串所构成的矩阵, 应注意的是本章用的是列向量记法, 不同于第 1 章用行向量记法考虑线性变换.

例 2.3.3 讨论二阶线性方程组

$$\frac{dx}{dt} = ax + by, \quad \frac{dy}{dt} = cx + dy, \tag{2.3.7}$$

其中 $ad - bc \neq 0$, 其特征方程为

$$\begin{vmatrix} a - \lambda & b \\ c & d - \lambda \end{vmatrix} = \lambda^2 - (a + d)\lambda + (ad - bc) = \lambda^2 + p\lambda + q = 0,$$

其中 $p = -(a + d)$, $q = ad - bc$. 特征根为

$$\lambda_1 = \frac{-p + \sqrt{p^2 - 4q}}{2}, \quad \lambda_2 = \frac{-p - \sqrt{p^2 - 4q}}{2}.$$

若 $p \neq 0$, $p^2 - 4q > 0$, λ_1, λ_2 为两相异实根.

$$(A - \lambda_i E)\vec{\xi}^{(i)} = \begin{pmatrix} (a - \lambda_i)\xi_1 + b\xi_2^{(i)} \\ c\xi_1^{(i)} + (d - \lambda_i)\xi_2^{(i)} \end{pmatrix} = 0, \quad i = 1, 2.$$

若 $c \neq 0$, 可取

$$\vec{\xi}^{(1)} = \frac{1}{\lambda_2 - \lambda_1} \begin{pmatrix} \dfrac{a - \lambda_2}{c} \\ 1 \end{pmatrix}, \quad \vec{\xi}^{(2)} = \frac{1}{\lambda_1 - \lambda_2} \begin{pmatrix} \dfrac{a - \lambda_1}{c} \\ 1 \end{pmatrix},$$

得矩阵 $P = \dfrac{1}{\lambda_2 - \lambda_1} \begin{pmatrix} \dfrac{a - \lambda_2}{c} & -\dfrac{a - \lambda_1}{c} \\ 1 & -1 \end{pmatrix}$, 于是 $P^{-1} = \begin{pmatrix} -c & a - \lambda_1 \\ -c & a - \lambda_2 \end{pmatrix}$, 即

令 $\begin{pmatrix} \xi \\ \eta \end{pmatrix} = P^{-1} \begin{pmatrix} x \\ y \end{pmatrix}$ 或

$$\xi = -cx + (a - \lambda_1)y,$$
$$\eta = -cx + (a - \lambda_2)y,$$

将 (2.3.7) 化为标准形式

$$\frac{d\xi}{dt} = \lambda_1 \xi, \quad \frac{d\eta}{dt} = \lambda_2 \eta. \tag{2.3.8}$$

2.3.2 非齐次方程组

考虑非齐次常系数系统

$$\frac{d\vec{x}(t)}{dt} = A\vec{x}(t) + \vec{f}(t), \tag{2.3.9}$$

由 2.1 节中的常数变易公式, 可得满足初始条件 $\vec{x}(t_0) = \vec{\xi}$ 的解为

$$\vec{x}(t) = \Phi(t)\Phi^{-1}(t_0)\vec{\xi} + \int_{t_0}^{t} \Phi(t)\Phi^{-1}(s)\vec{f}(s)ds.$$

由于 (2.3.9) 的对应齐次方程组 (2.3.1) 有基本解矩阵 $\Phi(t) = e^{tA}$, 故上式化为

$$\vec{x}(t) = e^{(t-t_0)A}\vec{\xi} + \int_{t_0}^{t} e^{(t-s)A}\vec{f}(s)ds. \tag{2.3.10}$$

公式 (2.3.10) 对于定性研究 (2.3.9) 的解的性质很有用, 具体求解则可直接用常数变易法, 也可直接代公式.

例 2.3.4 求方程 $\ddot{x} - x = h(t)$ 具有初值 $x(0) = 0$, $\dot{x}(0) = 1$ 之解.

解　方程 $\ddot{x} - x = h(t)$ 等价于方程组

$$\frac{dx}{dt} = y, \quad \frac{dy}{dt} = x + h(t), \quad x(0) = 0, \quad y(0) = 1.$$

即

$$\begin{pmatrix} \dot{x} \\ \dot{y} \end{pmatrix} = \begin{pmatrix} 0 & 1 \\ 1 & 0 \end{pmatrix} \begin{pmatrix} x \\ y \end{pmatrix} + \begin{pmatrix} 0 \\ h(t) \end{pmatrix}, \quad \begin{pmatrix} x(0) \\ y(0) \end{pmatrix} = \begin{pmatrix} 0 \\ 1 \end{pmatrix}.$$

基本解矩阵为

$$\Phi(t) = \begin{pmatrix} e^t & e^{-t} \\ e^t & -e^{-t} \end{pmatrix},$$

故有 $\Phi(0) = \begin{pmatrix} 1 & 1 \\ 1 & -1 \end{pmatrix}$, $\Phi^{-1}(0) = \begin{pmatrix} \dfrac{1}{2} & \dfrac{1}{2} \\ \dfrac{1}{2} & -\dfrac{1}{2} \end{pmatrix}$. 从而有

$$e^{At} = \Phi(t)\Phi^{-1}(0) = \begin{pmatrix} e^t & e^{-t} \\ e^t & -e^{-t} \end{pmatrix} \begin{pmatrix} \dfrac{1}{2} & \dfrac{1}{2} \\ \dfrac{1}{2} & -\dfrac{1}{2} \end{pmatrix}$$

$$= \begin{pmatrix} \mathrm{ch}t & \mathrm{sh}t \\ \mathrm{sh}t & \mathrm{ch}t \end{pmatrix}.$$

所求方程组的解为

$$\begin{pmatrix} x \\ y \end{pmatrix} = \begin{pmatrix} \mathrm{ch}t & \mathrm{sh}t \\ \mathrm{sh}t & \mathrm{ch}t \end{pmatrix} \begin{pmatrix} 0 \\ 1 \end{pmatrix} + \int_0^t \begin{pmatrix} \mathrm{ch}(t-s) & \mathrm{sh}(t-s) \\ \mathrm{sh}(t-s) & \mathrm{ch}(t-s) \end{pmatrix} \begin{pmatrix} 0 \\ h(s) \end{pmatrix} ds$$

$$= \begin{pmatrix} \mathrm{sh}t \\ \mathrm{ch}t \end{pmatrix} + \int_0^t \begin{pmatrix} h(s)\mathrm{sh}(t-s) \\ h(s)\mathrm{ch}(t-s) \end{pmatrix} ds.$$

2.3.3　高阶常系数齐次方程

高阶常系数齐次方程

$$\frac{d^n x}{dt^n} + a_1 \frac{d^{n-1} x}{dt^{n-1}} + a_2 \frac{d^{n-2} x}{dt^{n-2}} + \cdots + a_n x = 0 \tag{2.3.11}$$

的基本解组可用代数方法直接求出. 对于(2.3.11), 若化为方程组(2.3.1), 其系数矩阵为

$$A = \begin{pmatrix} 0 & 1 & 0 & \cdots & 0 \\ 0 & 0 & 1 & \cdots & 0 \\ \vdots & \vdots & \vdots & & \vdots \\ 0 & 0 & 0 & \cdots & 1 \\ -a_n & -a_{n-1} & -a_{n-2} & \cdots & -a_1 \end{pmatrix},$$

故

$$f(\lambda) = \det(\lambda E - A) = \lambda^n + a_1\lambda^{n-1} + a_2\lambda^{n-2} + \cdots + a_n. \tag{2.3.12}$$

定理 2.3.2 设 $\lambda_1, \lambda_2, \cdots, \lambda_s$ 为特征方程(2.3.12)的不同根, 即有

$$f(\lambda) = (\lambda - \lambda_1)^{n_1}(\lambda - \lambda_2)^{n_2} \cdots (\lambda - \lambda_s)^{n_s}.$$

则(2.3.11)的基本解组全体为

$$t^k e^{\lambda_i t} \quad (k = 0, 1, \cdots, n_i - 1; i = 1, 2, \cdots, s). \tag{2.3.13}$$

证 上述 $t^k e^{\lambda_i t}$ 形式之解的总个数为 $n_1 + n_2 + \cdots + n_s = n$. 由对(2.3.1)的讨论, 容易看出(2.3.13)中每一个都满足方程(2.3.11). 故只需证明(2.3.13)线性无关, 这可用归纳法证明. 此处从略. $\qquad\square$

2.3.4 高阶常系数非齐次方程的算符解法

给定常系数 n 阶非齐次方程

$$\frac{d^n x}{dt^n} + a_1\frac{d^{n-1}x}{dt^{n-1}} + \cdots + a_n x = f(t). \tag{2.3.14}$$

定义微分算子 $D = \dfrac{d}{dt}$, $D^k = \dfrac{d^k}{dt^k}$, 则(2.3.14)可记为算子多项式

$$L_n(x) = P(D)x = \left(\sum_{k=0}^{n} a_{n-k}D^k\right)x = f(t). \tag{2.3.15}$$

若 $Dx = \dfrac{dx}{dt} = f(t)$, 则有 $x = \displaystyle\int f(t)dt$. 故可引入记号 $x = \dfrac{1}{D}f(t) = \displaystyle\int f(t)dt$. 又若 $D^k x = \dfrac{d^k x}{dt^k} = f(t)$, 则有 $x = \dfrac{1}{D^k}f(t) = \underbrace{\int dt \cdots \int}_{k\text{次}} f(t)dt$. 引入

上述记号后, (2.3.15)的特解可定义为

$$x(t) = \frac{1}{P(D)}f(t),$$

因为 $P(D)\left[\dfrac{1}{P(D)}f(t)\right] = f(t)$.

以下是一些常用的算子公式.

1° $P(D)e^{\lambda t} = e^{\lambda t}P(\lambda)$, 故有

$$\frac{1}{P(D)}e^{\lambda t} = \frac{1}{P(\lambda)}e^{\lambda t} \quad (P(\lambda) \neq 0). \tag{2.3.16}$$

2° $P(D^2)\cos at = \cos at \cdot P(-a^2)$，则当 $P(-a^2) \neq 0$ 时，

$$\frac{1}{P(D^2)}\cos at = \frac{1}{P(-a^2)}\cos at. \tag{2.3.17}$$

3° $P(D^2)\sin at = \sin at \cdot P(-a^2)$，则当 $P(-a^2) \neq 0$ 时，

$$\frac{1}{P(D^2)}\sin at = \frac{1}{P(-a^2)}\sin at. \tag{2.3.18}$$

4° $P(D)e^{\lambda t}v(t) = e^{\lambda t}P(D+\lambda)v(t)$，其中 $v(t)$ 为 t 的多项式. 事实上, $D^m e^{\lambda t}v(t) = \sum\limits_{k=0}^{m}C_m^k D^k e^{\lambda t}\cdot D^{m-k}v(t) = \sum\limits_{k=0}^{m}C_m^k\lambda^k e^{\lambda t}\cdot D^{m-k}v(t) = e^{\lambda t}\left(\sum\limits_{k=0}^{m}C_m^k\lambda^k D^{m-k}\right)v(t) = e^{\lambda t}(D+\lambda)^m v(t)$. 故 4° 所述的性质正确. 因此

$$\frac{1}{P(D)}e^{\lambda t}v(t) = e^{\lambda t}\frac{1}{P(\lambda+D)}v(t). \tag{2.3.19}$$

5° 设 $f_k(t) = b_0 + b_1 t + \cdots + b_k t^k$, $P(0) = a_n \neq 0$, 则

$$\frac{1}{P(D)}f_k(t) = Q_k(D)f_k(t), \tag{2.3.20}$$

其中 $Q_k(D) = c_0 + c_1 D + c_2 D^2 + \cdots + c_k D^k$ 为形式地计

$$\frac{1}{a_n + a_{n-1}D + \cdots + a_1 D^{n-1} + D_n}$$

的第 $k+1$ 步商, 即

$$\frac{1}{P(D)} = Q_k(D) + \frac{R(D)}{P(D)}, \quad 1 = P(D)Q_k(D) + R(D).$$

事实上, 由上面的事实可知, $f_k(t) = [P(D)Q_k(D)+R(D)]f_k(t)$. 但 $R(D)f_k(t) \equiv 0$, 故 $P(D)Q_k(D)f_k(t) = f_k(t)$, 从而 (2.3.20) 成立.

容易证明, 算子运算还满足以下运算规律:

1° $\dfrac{1}{P(D)}[k_1 f(t) + k_2 g(t)] = k_1\dfrac{1}{P(D)}f(t) + k_2\dfrac{1}{P(D)}g(t)$;

2° $\dfrac{1}{P_1(D)P_2(D)}f(t) = \dfrac{1}{P_1(D)}\left(\dfrac{1}{P_2(D)}f(t)\right) = \dfrac{1}{P_2(D)}\left(\dfrac{1}{P_1(D)}f(t)\right)$.

应用以上公式, 可以方便地求出系统 (2.3.15) 的特解, 下面给出一些这方面的例子.

例 2.3.5 $x^{(4)} + x = 2\cos 3t$.

解 $(D^4 + 1)x = 2\cos 3t$, 故特解 $x(t) = \dfrac{1}{D^4 + 1}2\cos 3t = 2 \cdot \dfrac{\cos 3t}{(-9)^2 + 1} = \dfrac{1}{41}\cos 3t$.

例 2.3.6 $x'' - 2x' + x = 5te^t$.

解 $(D^2 - 2D + 1)x = 5te^t$, 即 $(D-1)^2 x = 5te^t$, 故特解 $x(t) = \dfrac{1}{(D-1)^2}5te^t = 5e^t\dfrac{1}{D^2}t = \dfrac{5}{6}t^3 e^t$.

例 2.3.7 $x''' - x = \sin t$.

解 $(D^3 - 1)x = \sin t$, 因算子为奇次方, 不能用公式(2.3.18), 可考虑复值函数: $(D^3 - 1)x = e^{\mathrm{i}t}$. 该方程的特解

$$\widetilde{x}(t) = \frac{1}{D^3 - 1}e^{\mathrm{i}t} = \frac{-e^{\mathrm{i}t}}{1 + \mathrm{i}} = -\frac{1}{2}(\cos t + \sin t) + \frac{\mathrm{i}}{2}(\cos t - \sin t).$$

故原方程之特解为 $x(t) = \dfrac{1}{2}(\cos t - \sin t)$.

例 2.3.8 $x'' + x = t^2 - t + 2$.

解 $(D^2 + 1)x = t^2 - t + 2$. 因为 $\dfrac{1}{1 + D^2} = 1 - D^2 + \cdots$, 故所求的特解

$$
\begin{aligned}
x(t) &= \frac{1}{D^2 + 1}(t^2 - t + 2)\\
&= (1 - D^2)(t^2 - t + 2) = t^2 - t.
\end{aligned}
$$

例 2.3.9 $x'' + x = t\cos t$.

解 $(D^2 + 1)x = t\cos t$. 考虑 $(D^2 + 1)x = te^{\mathrm{i}t}$, 故这个方程的特解为

$$
\begin{aligned}
\widetilde{x}(t) &= \frac{1}{D^2 + 1}te^{\mathrm{i}t} = e^{\mathrm{i}t}\frac{1}{(D + \mathrm{i})^2 + 1}t = e^{\mathrm{i}t}\frac{1}{D(D + 2\mathrm{i})}t\\
&= e^{\mathrm{i}t}\frac{1}{D}\left(\frac{1}{2\mathrm{i}} + \frac{D}{4}\right)t = e^{\mathrm{i}t}\frac{1}{D}\left(\frac{t}{2\mathrm{i}} + \frac{1}{4}\right)\\
&= e^{\mathrm{i}t}\left(\frac{t^2}{4\mathrm{i}} + \frac{t}{4}\right) = (\cos t + \mathrm{i}\sin t)\left(\frac{t^2}{4\mathrm{i}} + \frac{t}{4}\right).
\end{aligned}
$$

分离实部和虚部后, 原方程的特解

$$x(t) = \frac{1}{4}t^2 \sin t + \frac{1}{4}t\cos t.$$

注释 2.3.1 $\dfrac{1}{(D + 2\mathrm{i})D}$ 作用于多项式时, 先作用 $\dfrac{1}{D + 2\mathrm{i}}$ 简单, 若先作用 $\dfrac{1}{D}$ 就较繁琐.

2.4　具有周期系数的线性系统

2.4.1　引言

考察方程组

$$\frac{d\vec{x}}{dt} = A(t)\vec{x} \tag{2.4.1}$$

及高阶方程

$$x^{(n)} + a_1(t)x^{(n-1)} + \cdots + a_n(t)x = 0, \tag{2.4.2}$$

其中 $A(t+T) = A(t)$, $a_i(t+T) = a_i(t)$, 称(2.4.1)与(2.4.2)为周期线性系统.

本节要研究的问题是, 任给形如(2.4.1)和(2.4.2)的方程组或方程, 是否存在周期解. 先看几个例子.

例 2.4.1

$$\frac{dx}{dt} + p(t)x = 0, \quad p(t+T) = p(t). \tag{2.4.3}$$

方程(2.4.3)的解为 $x(t) = x(0)e^{-\int_{t_0}^{t} p(\tau)d\tau}$. 若 $x(t+T) = x(t)$, 即 $e^{-\int_0^{t+T} p(\tau)d\tau}$
$= e^{-\int_0^t p(\tau)d\tau}$. 即要求 $\displaystyle\int_t^{t+T} p(\tau)d\tau = \int_0^T p(\tau)d\tau = 0$. 换言之, 函数 $p(t)$ 的平均值为零. 若 $p(t)$ 不满足这个条件, (2.4.3)无周期解.

例 2.4.2　$x'' + \dfrac{\sin t}{2 + \sin t}x = 0.$

系数 $p(t) = \dfrac{\sin t}{2 + \sin t}$ 以 2π 为周期. 直接验证可知, $x_1(t) = 2 + \sin t$ 是方程的一个解. 令

$$x_2(t) = c(t)x_1(t),$$

代入方程得

$$c''(t)x_1(t) + 2c'(t)x_1'(t) + c(t)\left(x_1''(t) + \frac{\sin t}{2 + \sin t}x_1(t)\right) = 0,$$

即

$$c''(t)(2 + \sin t) + 2c'(t)\cos t = 0,$$
$$\frac{d\ln c'(t)}{dt} = -\frac{2\cos t}{2 + \sin t},$$

$$\ln c'(t) = -2\ln(2 + \sin t) + c_2.$$

故

$$c'(t) = \frac{c_2}{(2 + \sin t)^2}.$$

取

$$x_i(t) = (2 + \sin t) \int_0^t \frac{d\tau}{(2 + \sin \tau)^2}.$$

$x(t) = 2 + \sin t$ 显然以 2π 为周期, 但

$$x_2(t + 2\pi) = x_1(t) \int_0^{t+2\pi} \frac{d\tau}{(2 + \sin \tau)^2} = x_2(t) + x_1(t) \int_0^{2\pi} \frac{d\tau}{(2 + \sin \tau)^2}.$$

由于 $\int_0^{2\pi} \frac{d\tau}{(2 + \sin \tau)^2} \neq 0$. 故 $x_2(t)$ 不是周期解.

例 2.4.3 $x'' - p(t)x = 0, p(t + T) = p(t), p(t) > 0.$

因为 $\frac{1}{2}\frac{d^2}{dt^2}(x^2) = \frac{d}{dt}\left(x\frac{dx}{dt}\right) = \left(\frac{dx}{dt}\right)^2 + x^2 p(t) > 0$, 故 $\frac{dx^2}{dt}$ 单调增加, x^2 是凸函数, 不可能为周期函数.

从上述三个例子可见, 周期系数线性方程可能有周期解; 可能有一部分周期解, 而另一部分为非周期解; 也可能无周期解.

2.4.2 Floquet 理论

一、一阶方程的 Floquet 理论   给定一阶微分方程

$$\frac{dx}{dt} = a(t)x, \tag{2.4.4}$$

其中 $a(t + T) = a(t)$. 因为(2.4.4)是齐次方程, 故

$$x(t) = x(0) \exp \int_0^t a(s)ds.$$

由例 2.4.1知道, 若(2.4.4)有周期解, 必有 $\int_0^T a(s)ds = 0$. 由于 $a(t)$ 未必满足这个条件, 故(2.4.4)未必存在周期解.

设 $\varphi(t)$ 为满足条件 $x(0) = 1$ 的解: $\varphi(t) = \exp \int_0^t a(s)ds$, 则

$$\varphi(t + T) = \left(\exp \int_T^{t+T} a(s)ds\right)\left(\exp \int_0^T a(s)ds\right) = \varphi(t)\varphi(T),$$

$$\varphi(2T) = [\varphi(T)]^2, \cdots, \quad \varphi(nT) = [\varphi(T)]^n.$$

记

$$\lambda = \varphi(T) = e^{\sigma T}. \tag{2.4.5}$$

$\lambda = \varphi(T)$ 称为(2.4.4)的特征乘子 (Floquet multiplier), 数 σ 称为特征指数 (Floquet exponent). 特征指数 σ 不由特征乘子 λ 唯一确定, 因为有

$$\sigma = \frac{1}{T} \ln \varphi(T) + \frac{2k\pi i}{T}, \quad k \in \mathbb{Z}. \tag{2.4.6}$$

令 $\zeta(t) = \varphi(t)e^{-\sigma t}$, 则 $\zeta(t+T) = \varphi(t+T)e^{-\sigma(t+T)} = \varphi(t)\varphi(T)e^{-\sigma t}e^{-\sigma T} = \varphi(t)e^{-\sigma t} = \zeta(t)$, 即 $\zeta(t)$ 是周期为 T 的周期函数.

引入 $\zeta(t)$ 后, (2.4.4)的解可表为

$$x(t) = x_0\varphi(t) = x_0\zeta(t)e^{\sigma t}. \tag{2.4.7}$$

这时有 $x(t+T) = x_0\zeta(t)e^{\sigma t} \cdot e^{\sigma T} = \lambda x(t)$. 满足 $x(t+T) = \lambda x(t)$ 的解 $x(t)$, 称(2.4.4)的正规解 (the normal solution).

从(2.4.7)可看出, $x(t)$ 可表为一个周期函数与 $e^{\sigma t}$ 之积, 若 $Re(\sigma) < 0$, 当 $t \to +\infty$, $x(t) \to 0$(指数趋于 0); 若 $Re(\sigma) > 0$, 当 $t \to +\infty$, $x(t) \to \infty$. 即 $|\lambda| < 1$, $t \to +\infty$ 时, $x(t) \to 0$; $|\lambda| > 1$, $t \to +\infty$ 时, $x(t) \to \infty$. 当 $Re(\sigma) = 0$ 时, $|\lambda| = 1$, $x(t)$ 为周期解.

由 $\varphi'(t) = a(t)\varphi(t)$ 有

$$\zeta'(t) = \varphi'(t)e^{-\sigma t} - \varphi(t)\sigma e^{-\sigma t} = (a(t) - \sigma)\zeta(t).$$

对 (2.4.4)引入变换 $x = \zeta(t)y$ 或 $y = \zeta(t)^{-1}x$, 有

$$x' = \zeta'(t)y + \zeta(t)y' = (a(t) - \sigma)\zeta(t)y + \zeta(t)y' = a(t)\zeta(t)y.$$

由此得

$$y' = \sigma y. \tag{2.4.8}$$

因此, 在变换 $y = \zeta^{-1}(t)x$ 下, (2.4.4)化为常系数一阶方程. 现把上述理论推广到 n 阶方程组的情况.

二、方程组的 Floquet 理论　　考虑系统(2.4.1), 其中 $A(t)$ 连续, $A(t+T) = A(t)$.

1. 周期线性系统的特征乘数与特征指数

由于 $A(t)$ 连续, 根据 2.1 节的理论. (2.4.1)存在基本解矩阵, 设 $\Phi(t)$ 为(2.4.1) 的一个基本解矩阵. 考虑矩阵 $\Phi(t+T)$,

$$\frac{d\Phi(t+T)}{dt} = A(t+T)\Phi(t+T) = A(t)\Phi(t+T). \qquad (2.4.9)$$

由(2.4.9)可见, $\Phi(t+T)$ 也是(2.4.1)的一个解矩阵. 根据 Liouville 公式

$$\det\Phi(t+T) = \det\Phi(t) \cdot e^{\int_t^{t+T} \mathrm{tr}A(\tau)d\tau}. \qquad (2.4.10)$$

因为 $\Phi(t)$ 为基本解矩阵, $\det\Phi(t) \neq 0$, 故 $\det\Phi(t+T) \neq 0$, 即 $\Phi(t+T)$ 也是(2.4.1)的一个基本解矩阵. 根据 2.1 节定理 2.1.5, $\Phi(t+T) = \Phi(t)C$, C 为非奇异矩阵, 一般而言 $C \neq E$. 即 $\Phi(t+T) \neq \Phi(t)$, 也即(2.4.1)未必有周期解矩阵.

定义 2.4.1　常数矩阵 C 的代数方程

$$|C - \lambda E| = 0 \qquad (2.4.11)$$

称为(2.4.1)的特征方程, (2.4.11)的根 λ 称为(2.4.1)的特征乘数, 矩阵 C 称为(2.4.1)的根本矩阵 (或单值矩阵).

以下证明, 不同的基本解矩阵对应的根本矩阵彼此相似. 从而(2.4.1)具有唯一的特征方程(2.4.11).

事实上, 设 $\Phi_1(t)$ 为(2.4.1)的另一个基本解矩阵, 则存在非奇异常数矩阵 B, 使 $\Phi_1(t) = \Phi(t)B$, 另一方面 $\Phi_1(t+T)$ 也是基本解矩阵, 且存在根本矩阵 C_1, 使得 $\Phi_1(t+T) = \Phi_1(t)C_1$. 故

$$\Phi_1(t+T) = \Phi(t+T)B = \Phi(t)CB = \Phi_1(t)B^{-1}CB.$$

所以 $C_1 = B^{-1}CB$, 从而, $C_1 \sim C$.

由(2.4.10)得, $\det\Phi(T) = \det\Phi(0) \cdot e^{\int_0^T \mathrm{tr}A(s)ds}$. 设 $\lambda_1, \lambda_2, \cdots, \lambda_n$ 为(2.4.1)的特征乘数, 由(2.4.11)的根与系数的关系得到: $\lambda_1 \cdot \lambda_2 \cdots \lambda_n = \det C$, 又 $\Phi(t+T) = \Phi(t)C$, 故 $\det\Phi(T) = \det\Phi(0)\det C$, 从而有 $\det C = e^{\int_0^T \mathrm{tr}A(\tau)d\tau}$, 即

$$\lambda_1 \cdot \lambda_2 \cdots \lambda_n = e^{\int_0^T \mathrm{tr}A(\tau)d\tau}. \qquad (2.4.12)$$

从 $\det C \neq 0$, 可推出 $\lambda_i \neq 0 (i = 1, 2, \cdots, n)$.

根据第 1 章的矩阵知识可知, 存在矩阵 $B = TR$, 使得 $C = e^{TR}$.

定义 2.4.2　矩阵 R 的特征方程 $|R - \lambda E|$ 之根 $r_1, r_2, \cdots, r_n$ 称(2.4.1)的特征指数. 由于 R 是不唯一确定的, 故特征指数也不唯一确定. 但特征乘数与特征指数之间有关系

$$r_k = \frac{1}{T}\ln\lambda_k \quad 或 \quad \lambda_k = e^{Tr_k} \quad (k = 1, 2, \cdots, n).$$

特征指数的模唯一确定, 并满足

$$r_1 + r_2 + \cdots + r_n = \frac{1}{T} \int_0^T \mathrm{tr} A(\tau) d\tau. \tag{2.4.13}$$

2. 正规解

定义 2.4.3　方程(2.4.1)的满足关系

$$x(t+T) = \lambda x(t) \tag{2.4.14}$$

的解称为正规解, 其中 λ 为常数.

定理 2.4.1 (Floquet)　周期线性系统(2.4.1)至少存在一个非平凡的正规解.

证　设 $\vec{x}(t)$ 为(2.4.1)的一个解, $\vec{\xi} = (\xi_1, \cdots, \xi_n)^\mathrm{T}$ 为常数列向量, 则 $\vec{x}(t) = \Phi(t)\vec{\xi}$, $\vec{x}(t+T) = \Phi(t+T)\vec{\xi} = \Phi(t)C\vec{\xi}$, 令 $\Phi(t)C\vec{\xi} = \lambda\vec{x}(t) = \lambda\Phi(t)\vec{\xi}$, 得

$$|C - \lambda E| = 0.$$

这就说明, 只要取 $\vec{\xi}$ 作为根本矩阵 C 的本征向量即得到(2.4.1)的正规解, C 的本征向量的存在是显然的, 故(2.4.1)至少存在一个正规解, 且(2.4.14)中的 λ 为特征乘数.　□

推论 2.4.1　系统(2.4.1)有周期 $T(2T)$ 的周期解的充分必要条件为存在特征乘数等于 $1(-1)$.

3. 可约性理论

定义 2.4.4　对于线性系统(2.4.1)($A(t)$ 未必为周期矩阵), 若存在非奇异矩阵 $P(t)$, $P'(t)$ 连续, $\|P(t)\|$, $\|P^{-1}(t)\|$ 有界, 令 $\vec{x}(t) = P(t)\vec{y}$, 可使(2.4.1)化为

$$\frac{d\vec{y}}{dt} = R\vec{y}, \tag{2.4.15}$$

其中 R 为常数矩阵, 则称系统(2.4.1)为可约系统, $P(t)$ 称为(2.4.1)的 Lyapunov 矩阵.

以下证明周期系统(2.4.1)为可约系统.

定理 2.4.2　周期线性系统(2.4.1)的任一基本解矩阵 $\Phi(t)$ 恒可表示为

$$\Phi(t) = P(t)e^{tR} \tag{2.4.16}$$

的形式, 其中 R 为常数矩阵, $P(t)$ 为非奇异周期矩阵, $P(t+T) = P(t)$.

证　因 $\Phi(t+T) = \Phi(t)C$, C 非奇异, 存在矩阵 $e^{tR} = C$, 令 $P(t) = \Phi(t)e^{-tR}$, 则

$$P(t+T) = \Phi(t+T)e^{-(t+T)R} = \Phi(t)Ce^{-TR} \cdot e^{-tR}$$

$$=\Phi(t)e^{TR}e^{-TR}e^{-tR} = \Phi(t)e^{-tR} = P(t).$$

又 $\det P(t) = \det \Phi(t) \cdot \det e^{-tR} \neq 0$, 故 $P(t)$ 为以 T 为周期的非奇异矩阵. 从而也有

$$\Phi(t) = P(t)e^{tR}. \qquad \square$$

定理 2.4.3 (Floquet)　对于周期线性系统(2.4.1), 恒存在非奇异周期矩阵 $P(t)$, 令 $\vec{x}(t) = P(t)\vec{y}(t)$, (2.4.1)可化为常系数线性系统

$$\frac{d\vec{y}}{dt} = R\vec{y}. \qquad (2.4.17)$$

证　取定理 2.4.2中的 $P(t)$, 令 $\vec{x} = P(t)\vec{y} = \Phi(t)e^{-tR}\vec{y}$, 两边对 t 求导, 并考虑到 $\dfrac{d\Phi(t)}{dt} = A(t)\Phi(t)$ 得

$$\begin{aligned}
\frac{d\vec{x}}{dt} &= \frac{d\Phi}{dt}e^{-tR}\vec{y} - \Phi(t)Re^{-Rt}\vec{y} + \Phi(t)e^{-Rt}\frac{d\vec{y}}{dt} \\
&= A(t)\Phi(t)e^{-Rt}\vec{y}.
\end{aligned}$$

从而有

$$\Phi(t)e^{-Rt}\frac{d\vec{y}}{dt} = \Phi(t)e^{-Rt}R\vec{y}.$$

由于 $\Phi(t)e^{-Rt}$ 非奇异, 故有

$$\frac{d\vec{y}}{dt} = R\vec{y}. \qquad \square$$

从定理 2.4.2可知, 若基本解矩阵 $\Phi(t)$ 在 $0 \leqslant t \leqslant T$ 中的值已知, 那么 $\Phi(T)$ 在整个数轴上的值也已知道. 因为从 $\Phi(T) = \Phi(0)C$ 可求得 $C = \Phi^{-1}(0)\Phi(T)$. 从而由 $e^{TR} = C$ 定出 R 得到 $P(t) = \Phi(t)e^{-tR}$ 在 $[0, T]$ 中的值. 因为 $P(t)$ 为周期函数, 它在整个数轴上的值已定. 故由(2.4.16)得 $\Phi(t)$ 在整个数轴上的值. 从表面上看, 线性周期方程似乎与常系数线性方程同样简单, 然而它们之间有着重要区别, 只有知道(2.4.1)的解后, 才能确定特征指数, 且特征指数与 $A(t)$ 之间没有明显的关系. 因此, 求(2.4.1)的特征乘数与特征指数, 是一个极为困难的问题, 除二阶方程或某些典型系统外, 在这方面尚待深入研究.

例 2.4.4　求方程组

$$\begin{pmatrix} \dot{x}_1 \\ \dot{x}_2 \end{pmatrix} = \begin{pmatrix} -(1+\sin^2 t) & -\cos^2 t \\ -\cos^2 t & -(1+\sin^2 t) \end{pmatrix} \begin{pmatrix} x_1 \\ x_2 \end{pmatrix}$$

的全部解以及特征乘数和特征指数, 并讨论当 $t \to \infty$ 时解的性状.

解 令 $\begin{pmatrix} y_1 \\ y_2 \end{pmatrix} = \begin{pmatrix} 1 & 1 \\ 1 & -1 \end{pmatrix}\begin{pmatrix} x_1 \\ x_2 \end{pmatrix}$，或 $\begin{pmatrix} x_1 \\ x_2 \end{pmatrix} = \begin{pmatrix} \frac{1}{2} & \frac{1}{2} \\ \frac{1}{2} & -\frac{1}{2} \end{pmatrix}\begin{pmatrix} y_1 \\ y_2 \end{pmatrix}$，

原方程组化为

$$\begin{pmatrix} \dot{y}_1 \\ \dot{y}_2 \end{pmatrix} = \begin{pmatrix} 1 & 1 \\ 1 & -1 \end{pmatrix}\begin{pmatrix} -(1+\sin^2 t) & -\cos^2 t \\ -\cos^2 t & -(1+\sin^2 t) \end{pmatrix}$$

$$\times \begin{pmatrix} \frac{1}{2} & \frac{1}{2} \\ \frac{1}{2} & -\frac{1}{2} \end{pmatrix}\begin{pmatrix} y_1 \\ y_2 \end{pmatrix}$$

$$= \begin{pmatrix} -2 & 0 \\ 0 & \cos 2t - 1 \end{pmatrix}\begin{pmatrix} y_1 \\ y_2 \end{pmatrix}.$$

容易求得此方程组的基本解矩阵 $\Psi(t)$ 为

$$\Psi(t) = \begin{pmatrix} e^{-2t} & 0 \\ 0 & e^{\frac{1}{2}\sin 2t - t} \end{pmatrix},$$

故原方程组的基本解矩阵 $\Phi(t)$ 为

$$\Phi(t) = \begin{pmatrix} \frac{1}{2} & \frac{1}{2} \\ \frac{1}{2} & -\frac{1}{2} \end{pmatrix}\begin{pmatrix} e^{-2t} & 0 \\ 0 & e^{\frac{1}{2}\sin 2t - t} \end{pmatrix} = \frac{1}{2}\begin{pmatrix} e^{-2t} & e^{\frac{1}{2}\sin 2t - t} \\ e^{-2t} & -e^{\frac{1}{2}\sin 2t - t} \end{pmatrix}.$$

由此求得原方程组的通解为

$$\begin{pmatrix} x_1 \\ x_2 \end{pmatrix} = \begin{pmatrix} c_1 e^{-2t} + c_2 e^{\frac{1}{2}\sin 2t - t} \\ c_1 e^{-2t} - c_2 e^{\frac{1}{2}\sin 2t - t} \end{pmatrix}.$$

进一步求得根本矩阵 C 为

$$C = \Phi^{-1}(0)\Phi(\pi) = \frac{1}{2}\begin{pmatrix} \frac{1}{2} & \frac{1}{2} \\ \frac{1}{2} & -\frac{1}{2} \end{pmatrix}\begin{pmatrix} e^{-2\pi} & e^{-\pi} \\ e^{-2\pi} & e^{-\pi} \end{pmatrix}$$

$$= \frac{1}{2}\begin{pmatrix} e^{-2\pi} & 0 \\ 0 & e^{-2\pi} \end{pmatrix}.$$

显然有 $\lambda_1 = \frac{1}{2}e^{-2\pi}$，$\lambda_2 = \frac{1}{2}e^{-\pi}$. $r_1 = -\left(2 + \frac{\ln 2}{\pi}\right)$，$r_2 = -\left(1 + \frac{\ln 2}{\pi}\right)$. 当 $t \to \infty$ 时，$x_1(t) \to 0$，$x_2(t) \to 0$.

2.4.3 非齐次周期系统

设非齐次周期系统

$$\frac{d\vec{x}}{dt} = A(t)\vec{x} + \vec{f}(t), \tag{2.4.18}$$

其中 $A(t+T) = A(t)$, $\vec{f}(t+T) = \vec{f}(t)$, 且 $A(t)$, $\vec{f}(t)$ 连续.

定理 2.4.4   若 (2.4.18) 的对应齐次方程组 (2.4.1) 没有非平凡的周期为 T 的周期解, 则 (2.4.18) 有唯一的周期为 T 的周期解.

证   由 2.1 节的理论, (2.4.18) 满足初始条件 $\vec{x}(0) = \vec{\xi}$ 的解为

$$\vec{x}(t) = \Phi(t)\vec{\xi} + \int_0^t \Phi(t)\Phi^{-1}(s)\vec{f}(s)ds,$$

其中 $\Phi(0) = E$. 欲要 $\vec{x}(t+T) = \vec{x}(t)$ 当且仅当 $\vec{x}(T) = \vec{x}(0) = \vec{\xi}$. 由此得

$$(E - \Phi(T))\vec{\xi} = \Phi(T)\int_0^T \Phi^{-1}(s)\vec{f}(s)ds. \tag{2.4.19}$$

(2.4.19) 为关于 $\vec{\xi}$ 的分量 $\xi_1, \xi_2, \cdots, \xi_n$ 的代数线性方程组. 若 (2.4.19) 对应的代数齐次线性方程组只有零解, 则 (2.4.19) 有唯一解 $\vec{\xi}$, 故 (2.4.18) 有唯一的周期解. 因此只需 $\det(E - \Phi(T)) \neq 0$, 注意到此时 $\Phi(T) = C$, C 为根本矩阵. 故若 (2.4.1) 无周期为 T 的非平凡周期解, 上述条件即满足. 由此即得定理的结论.   □

习 题 2

1. 设 $Z(t) = (x_{ij}(t))_{nn}$, 定义 $\dfrac{dZ(t)}{dt} = \left(\dfrac{d}{dt}x_{ij}(t)\right)$. 如果 $X(t)$, $Y(t)$ 是任二可微 $n \times n$ 矩阵, C 为 $n \times n$ 常数矩阵. 证明下列矩阵函数求导法则:

(1) $\dfrac{d}{dt}(X \pm Y) = \dfrac{dX}{dt} \pm \dfrac{dY}{dt}$;

(2) $\dfrac{d}{dt}(CX) = C\dfrac{dX}{dt}$;

(3) $\dfrac{d}{dt}(XY) = X\dfrac{dY}{dt} + \dfrac{dX}{dt}Y$;

(4) 当 $\det X \neq 0$ 时, $\dfrac{d}{dt}(X^{-1}) = -X^{-1}\dfrac{dX}{dt}X^{-1}$.

2. 若 $\Phi(t)$ 是 $\dfrac{d\vec{x}}{dt} = A(t)\vec{x}$ 的解矩阵, 证明 $\Phi(t)$ 满足矩阵微分方程 $\dfrac{dX}{dt} = A(t)X$.

3. 若任给一个可微的非奇异矩阵 $\Phi(t)$, 则以它作为一个基本解矩阵的齐次线性方程组必是唯一的, 试证之.

4. 若 $\Phi(t)$ 为 $\dfrac{d\vec{x}}{dt} = A\vec{x}$ 的基本解矩阵, 则 $\Phi(t)$ 为其共轭方程 $\dfrac{d\vec{x}}{dt} = -A^*(t)\vec{x}$ 的基本解矩

阵的充要条件为 $\Psi^*(t)\Phi(t) = C$. 其中 C 为非奇异常数矩阵, $A^*(t)$ 为 $A(t)$ 的转置矩阵.

5. 设 $A(t)$ 在 $a < t < b$ 上连续, $X(t)$ 是 $\dfrac{d\vec{x}}{dt} = A(t)\vec{x}$ 的基本解矩阵, $\vec{R}(t, \vec{x})$ 为在 $a < t < b$, $\|\vec{x}\| < \infty$ 上连续的 n 维向量函数. 证明初值问题

$$\frac{d\vec{x}}{dt} = A(t)\vec{x} + \vec{R}(t, \vec{x}), \quad \vec{x}(t_0) = \vec{x_0}$$

与积分方程

$$\vec{x}(t) = X(t)X^{-1}(t_0)\vec{x_0} + \int_{t_0}^{t} X(t)X^{-1}(s)\vec{R}(s, \vec{x}(s))ds$$

等价.

6. 设 $\vec{x}_1(t), \vec{x}_2(t), \cdots, \vec{x}_{n+1}(t)$ 是方程组

$$\frac{d\vec{x}}{dt} = A(t)\vec{x} + \vec{b}(t)$$

的 $n+1$ 个线性无关解, 求证方程组的任何解 $\vec{x} = \vec{x}(t)$ 都可表为

$$\vec{x}(t) = a_1\vec{x}_1(t) + \cdots + a_{n+1}\vec{x}_{n+1}(t),$$

且 $a_1, \cdots, a_{n+1}$ 是满足 $a_1 + a_2 + \cdots + a_{n+1} = 1$ 的常数; 反之, 对于任何满足上述条件的常数 $a_1, \cdots, a_{n+1}$, $\vec{x}(t)$ 都是方程组的解.

7. 设 n 个函数 $\varphi_1(t), \cdots, \varphi_n(t)$ 的 Wronsky 行列式在 $\alpha < t < \beta$ 中恒为 0, 且矩阵

$$\begin{pmatrix} \varphi_1(t) & \varphi_2(t) & \cdots & \varphi_n(t) \\ \varphi_1'(t) & \varphi_2'(t) & \cdots & \varphi_n'(t) \\ \vdots & \vdots & & \vdots \\ \varphi_1^{(n-2)}(t) & \varphi_2^{(n-2)}(t) & \cdots & \varphi_n^{(n-2)}(t) \end{pmatrix}$$

的秩为 $n-1$, 试证 $\varphi_1(t), \cdots, \varphi_n(t)$ 在 $\alpha < t < \beta$ 的某个子区间内线性相关.

8. 设 $x(t), y(t)$ 在 $a \leqslant t \leqslant b$ 上连续, 证明: 如果在该区间上有 $\dfrac{x(t)}{y(t)} \neq$ 常数或 $\dfrac{y(t)}{x(t)} \neq$ 常数, 则 $x(t), y(t)$ 在该区间上线性无关.

9. 若已知 $x'' + p_1(t)x' + p_2(t)x = 0$ 的一个非零解 $x = x_1(t)$, 证明此方程的通解为

$$x(t) = c_1 x_1 + c_2 x_1 \int \frac{1}{x_1^2} e^{-\int p_1(t)dt} dt.$$

10. 若 $A(t)$ 是在 $0 \leqslant t < +\infty$ 上连续的 $n \times n$ 矩阵, 且 $A(t)$ 与 $\displaystyle\int_0^t A(s)ds$ 可交换. 证明方程组 $\dfrac{d\vec{x}}{dt} = A(t)\vec{x}$ 的通解为

$$\vec{x} = \exp\left(\int_0^t A(s)ds\right) \cdot C,$$

其中 C 为任意常数列向量.

11. 求下列方程组的通解或特解:

(1) $\begin{cases} \dot{x} = -x + y, \\ \dot{y} = -y + 4z, \\ \dot{z} = x - 4z; \end{cases}$ 　　　　　(2) $\begin{cases} \dot{x} = 2x - 3y + 3z, \\ \dot{y} = 4x - 5y + 3z, \\ \dot{z} = 4x - 4y + 2z; \end{cases}$

(3) $\begin{cases} \dot{x} = 3x - 5y + u, \\ \dot{y} = x - y, \\ \dot{z} = -3z - u, \\ \dot{u} = 5z + u; \end{cases}$ 　　　　　(4) $\begin{cases} \dot{x} = y, \\ \dot{y} = -4x + 4y + 2z, \\ \dot{z} = 2x - y - z, \end{cases}$ $\begin{cases} x(0) = 0, \\ y(0) = 1, \\ z(0) = 0; \end{cases}$

(5) $\begin{cases} \ddot{x} = y, \\ \ddot{y} = x, \end{cases}$ $\begin{cases} x(0) = 2, \\ y(0) = 2, \end{cases}$ $\begin{cases} \dot{x}(0) = 2, \\ \dot{y}(0) = 2; \end{cases}$ 　　　(6) $\begin{cases} \dot{x} + x + y = t^2, \\ \dot{y} + y + z = 2t, \\ \dot{z} + z = t; \end{cases}$

(7) $\begin{cases} (D - 16)x - 14y - 38z = -2e^{-t}, \\ (D + 7)y + 9x + 18z = -3e^{-t}, \\ (D + 11)z + 4x + 4y = 2e^{-t}, \end{cases}$ $\begin{cases} x(0) = 0, \\ y(0) = 0, \\ z(0) = 0. \end{cases}$

12. 求下列方程组的通解和特解:

(1) $(D^2 - 2D + 2)x = te^t \cos t;$

(2) $(D^4 - 16)x = t^2 - e^t;$

(3) $D^2(D^4 - 16)x = e^{-3t};$

(4) $\ddot{x} + 4\dot{x} + 5x = e^{2t} + 1, x(0) = \dot{x}(0) = 0;$

(5) $x^{(4)} + 2\ddot{x} + x = \sin t, x(0) = 1, \dot{x}(0) = -2, x''(0) = 3, x'''(0) = 0.$

13. 求方程组 $\begin{cases} \dot{x}_1 = x_1 \cos^2 t + x_2 \sin^2 t \\ \dot{x}_2 = x_1 \sin^2 t + x_2 \cos^2 t \end{cases}$ 的全部解及特征乘数与特征指数, 并讨论当 $t \to +\infty$ 时解的性状.

第 3 章　非线性微分方程解的存在定理与解的性质

能用初等方法求解的微分方程并不多, Liouville 早在 1841 年发表文章证明过 Riccati 方程 $\dfrac{dy}{dx} = a(x)y^2 + b(x)y + c(x)$ 的求解一般不能通过求积分得到. 虽然线性微分系统的通解具有清晰的结构, 但变系数方程的研究仍然是困难的. 为了研究一般的非线性微分方程的解的性质, 或进行近似计算, 首先必须研究解的存在性等基本性质. 本章的内容通常称为微分方程的一般理论, 是以后各章的重要基础.

3.1　解的存在性和连续性

本章研究微分方程组

$$\frac{d\vec{x}}{dt} = \vec{f}(t, \vec{x}) \tag{3.1.1}$$

在条件 $\vec{x}(t_0) = \vec{x_0}$ 下的解的存在性, 这样的问题称为初值问题或 Cauchy 问题, 其中 $\vec{x} = (x_1, x_2, \cdots, x_n)^{\mathrm{T}}, \vec{f} = (f_1, f_2, \cdots, f_n)^{\mathrm{T}}$.

3.1.1　Euler 折线与 ε-逼近解

首先讨论纯量方程的初值问题

$$\frac{dx}{dt} = f(t, x), \tag{3.1.2}$$

$$x(t_0) = x_0. \tag{3.1.3}$$

按导数的几何解释, 方程(3.1.2)在平面上确定了一个方向场. 要证明(3.1.2)有满足条件(3.1.3)的解, 按此几何解释, 即要证明, 存在(3.1.2)所定义的方向场中的一条曲线, 该曲线过 (t_0, x_0), 且它在每点处都与方向场在这些点处的方向相切. 即存在过点 (t_0, x_0) 的(3.1.2)的积分曲线.

设函数 $f = (t, x)$ 在平面矩形区域 $R: |t - t_0| \leqslant a, |x - x_0| \leqslant b$ 上连续, 自然地设想从点 $p_0(t_0, x_0)$ 向右作斜率为 $f = (t_0, x_0)$ 的直线段 $p_0 p_1$, 使

$$\frac{x_1 - x_0}{t_1 - t_0} = f(t_0, x_0),$$

其中 $p_1(t_1, x_1)$ 为 R 内接近 p_0 的一点, 过 p_1 又作直线段 $p_1 p_2$, 使

$$\frac{x_2 - x_1}{t_2 - t_1} = f(t_1, x_1).$$

$p_2(t_2, x_0)$ 仍在 R 内, 这样继续下去, 得到一条折线, 称 Euler 折线 (图 3.1.1).

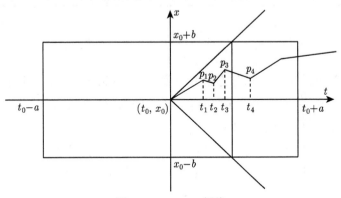

图 3.1.1   Euler 折线

若令 $M = \max\limits_{(t,x)\in R} |f(t,x)|$, 则过点 (t_0, x_0) 的两直线 $l_1 : x = Mt + (x_0 - Mt_0), l_2 : x = -Mt + (x_0 + Mt_0)$ 与矩形 R 相交, 在直线 $t = t_0$ 右侧形成如图 3.1.1所示的一个三角区域 T, 在直线 l_1, l_2 与直线 $x = x_0 + b, x = x_0 - b$ 的交点横坐标为 $t_0 + \dfrac{b}{M}$, 令 $h = \min\left(a, \dfrac{b}{M}\right)$, 只要 $t_i - t_{i-1}$ 小于 h, 折线 $p_{i-1} - p_i$ 都在上述三角形区域 T 内, 用数学式子表示, Euler 折线可记为

$$\begin{cases} \varphi(t_i) = x_i \quad (i = 0, 1, 2, \cdots, n-1), \\ \varphi(t) = x_i + f(t_i, x_i)(t - t_i) \quad (t_i \leqslant t \leqslant i+1). \end{cases} \tag{3.1.4}$$

我们自然地希望当 $\max\limits_{1 \leqslant i \leqslant n-1} |t_{i+1} - t_i|$ 趋于零时, Euler 折线趋于我们所求的积分曲线. 这里应指出的是, Euler 折线与 "步长" $\Delta t = t_{i+1} - t_i$ 有关, 不同的步长, 有不同的折线, 故(3.1.4)构成以 Δt 为变数的折线族 $\{\varphi_n(t)\}, (\Delta t)_n = |t_{i+1} - t_i|$.

定义 3.1.1   定义在区间 $\alpha \leqslant t \leqslant \beta$ 上的函数 $x = \varphi(t)$ 称为方程(3.1.2)在该区间上的 ε 逼近解, 倘若满足

(i) $\varphi(t)$ 在 $t \in [\alpha, \beta]$ 上连续, 除有限个点外处处有连续导数, 且在这有限个点, $\varphi(t)$ 存在左右导数;

(ii) 当 $t \in [\alpha, \beta], (t, \varphi(t)) \in R$;

(iii) 当 $t \in [\alpha, \beta], \left|\dfrac{d\varphi}{dt} - f(t, \varphi(t))\right| \leqslant \varepsilon$, 对于导数不存在的点, $\dfrac{d\varphi}{dt}$ 看作 φ 的

右导数 ($t = \beta$ 处为左导数).

容易证明, 由于 $f(t, \varphi(t))$ 在 R 内连续, 故 Euler 折线构成(3.1.2)的 ε-逼近解.

3.1.2　Peano 存在定理

定理 3.1.1 (Peano)　设(3.1.2)的右端函数 $f(t, x)$ 在 R 上连续, $|f(t, \varphi(t))| \leqslant M, h = \min\left(a, \dfrac{b}{M}\right)$, 则在 $|t - t_0| \leqslant h$ 上初值问题(3.1.2), (3.1.3)的解 $x = \varphi(t)$ 存在, 且 $\varphi(t) \in C^1$.

证　设 $\varepsilon_m (m = 1, 2, \cdots)$ 是任意趋于零的正数序列, 对于每个 ε_m, 由于 $f(t, x)$ 在 R 上连续, 存在 $\delta(\varepsilon_m) > 0$, 使得当 $(t, x) \in R, (\tilde{t}, \tilde{x}) \in R$ 时, $|t - \tilde{t}| < \delta(\varepsilon_m), |x - \tilde{x}| < \delta(\varepsilon_m)$ 时, 有

$$|f(t, x) - f(\tilde{t}, \tilde{x})| < \varepsilon_m.$$

令 $\max\limits_{1 \leqslant i \leqslant n-1} |t_{i+1} - t_i| \leqslant \min\left(\delta(\varepsilon_m), \dfrac{\delta(\varepsilon_m)}{M}\right)$. 可证(3.1.4)定义的 Euler 折线 $x = \varphi_m(t)$ 在 $t_0 \leqslant t \leqslant h + t_0$ 为(3.1.2)的 ε-逼近解. 事实上, 由(3.1.4)不难推出: 当 $t, \tilde{t} \in (t_0, h + t_0)$ 时,

$$|\varphi_m(t) - \varphi_m(\tilde{t})| \leqslant M|t - \tilde{t}|.$$

于是, 若 $t_i \leqslant t \leqslant t_i + 1$ 时, 有

$$|\varphi_m(t) - \varphi_m(t_i)| < M(t - \tilde{t}) \leqslant M|t - \tilde{t}| \leqslant \delta(\varepsilon),$$

$$\left|\frac{d\varphi_m(t)}{dt} - f(t, \varphi_m(t))\right| = |f(t, \varphi_m(t_i)) - f(t, \varphi_m(t))| \leqslant \varepsilon_m.$$

往证对一切 m, $\{\varphi_m(t)\}$ 一致有界与等度连续.

事实上,

$$|\varphi_m(t)| \leqslant |\varphi_m(t) - x_0| + |x_0| \leqslant |x_0| + Mh.$$

故当 $t \in [t_0, h]$ 时, $\{\varphi_m(t)\}$ 一致有界. 又因为

$$|\varphi_m(t) - \varphi_m(\tilde{t})| \leqslant M|t - \tilde{t}|.$$

故当 $|t - \tilde{t}|$ 足够小时, 对一切 m, $|\varphi_m(t) - \varphi_m(\tilde{t})|$ 足够小. 即当 $|t - t_0| < h$ 时, $\{\varphi_m(t)\}$ 等度连续.

于是, 由 1.5 节的 Ascoli-Arzela 定理, 存在一致收敛的子序列 $\{\varphi_{m_k}(t)\}$, 设当 $k \to \infty$(即$m_k \to \infty$) 时, $\varphi_{m_k}(t) \to \varphi(t)$. 因为

$$\varphi_{m_k}(t) = \varphi_{m_k}(t_0) + \int_{t_0}^t \varphi'_{m_k}(s)ds$$
$$= x_0 + \int_{t_0}^t f(s, \varphi_{m_k}(s))ds + \int_{t_0}^t [\varphi'_{m_k}(t) - f(s, \varphi_{m_k}(s))]ds.$$

上面等式两边令 $k \to \infty$, 即 $m_k \to \infty$, 右边最后一项趋于 0. 利用 $\{\varphi_{m_k}(t)\}$ 的一致收敛及 $f(t,x)$ 在 R 内的一致连续性, 得

$$\varphi(t) = x_0 + \int_{t_0}^t f(s, \varphi(s)).$$

由此即得 $\varphi(t)$ 为原初值问题之解, 且 $\varphi(t) \in C^1$. □

Peano 定理是一个局部性的 Cauchy 问题存在定理, 在 $f(t,x)$ 连续的条件下, 我们仅得到过点 (t_0, x_0) 的(3.1.2)的解的存在性, 这样的解有多少个, 尚待研究.

值得注意的是, 若(3.1.2)的右端不能保证初值问题的解唯一, 则 Euler 折线族的性质十分有趣. 例如, 过 (t_0, x_0) 的 Euler 折线可能根本不收敛于(3.1.2)的解.

例 3.1.1 考虑方程
$$\frac{dx}{dt} = \frac{x}{|x|^{\frac{3}{4}}} + t \sin \frac{\pi}{t}$$

从点 $(0, 0)$ 出发的 Euler 折线.

设 $0 < t < \frac{1}{2000}$, 可以证明, 若取 $\delta = \frac{1}{k + \frac{1}{2}}$, $k = 0, 1, 2, \cdots$ 作折线的步长, 所作折线 $\varphi_n(t)$ 除 $(0, 0)$ 外, 处处不收敛. 当 $t > 3\delta$ 时, 若 n 为偶数, $\varphi_n(t) > \frac{1}{6}x^{\frac{3}{2}}$, 若 n 为奇数, $\varphi_n(t) < -\frac{1}{6}x^{\frac{3}{2}}$(图3.1.2).

例 3.1.2 考察方程 $\frac{dx}{dt} = x^{\frac{2}{3}}$.

该方程过点 $(t_0, 0)$ 的 Euler 折线只有一条 $x \equiv 0$. 但该方程过点 $(t_0, 0)$ 有解 $x = \frac{1}{27}(t - t_0)^3$, 且

$$x = \begin{cases} 0, & \text{当 } t_0 < t < c, \\ \frac{1}{27}(t - t_0)^3, & \text{当 } t \geqslant c \end{cases}$$

也是方程的解. 由此可见, Euler 折线无法收敛到这些解 (图3.1.3).

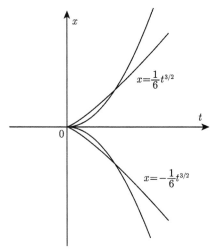

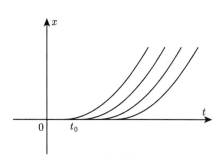

图 3.1.2　处处不收敛的 Euler 折线　　　　图 3.1.3　无法收敛的 Euler 折线

从上面例子可见, 研究解的唯一性是十分重要的.

定理 3.1.1 可以逐字逐句地推广到向量方程(3.1.1), 即有

定理 3.1.2　设系统(3.1.1)的右端函数 $\vec{f}(t, \vec{x})$ 在区域 $\bar{G} \times [t_0, t_0 + h]$ 连续, G 为 E_n 中的开子集. 则对任一个 $\vec{x} \in G$, 在 $\bar{G} \times [t_0, t_0 + h]$ 上存在(3.1.1)的满足条件 $\vec{x}(t_0) = \vec{x_0}$ 的解 $\vec{x} = \vec{\varphi}(t)$, 且 $\vec{\varphi}(t) \in C^1$, 其中

$$h = \min\left(T, \frac{d}{M}\right), M = \max_{(t, \vec{x}) \in [t_0, t_0+T] \times G} \|\vec{f}(t, x)\|, d 为 \vec{x_0} 到 G 的边界距离.$$

3.2　解的唯一性与关于初值及右端函数的连续性

3.2.1　积分不等式

引理 3.2.1 (推广的 Bellman 不等式)　设 $x(t), \alpha(t)$ 在 $[a, b]$ 上连续, $\alpha(t) \geqslant 0$, 又 $\beta(t) > 0$, 在 $[a, b]$ 可积, 则当

$$|x(t)| \leqslant \alpha(t) + \int_a^t \beta(s)x(s)ds, \quad a \leqslant t \leqslant b$$

时, 以下不等式成立:

$$|x(t)| \leqslant \alpha(t) + \int_a^t \beta(s)\alpha(s)\left[e^{\int_s^t \beta(\tau)d\tau}\right]ds, \quad a \leqslant t \leqslant b. \tag{3.2.1}$$

又若 $\alpha(t) \geqslant 0$ 不减, 则

$$|x(t)| \leqslant \alpha(t) \exp\left(\int_a^t \beta(s)ds\right), \quad a \leqslant t \leqslant b. \tag{3.2.2}$$

证　令 $v(t) = \int_a^t \beta(s)x(s)ds$, 则

$$\frac{dv}{dt} = \beta(t)x(x),$$

将 $x(t) = \dfrac{\dot{v}(t)}{\beta(t)}$ 代入假设中的不等式得

$$\dot{v}(t) \leqslant \alpha(t)\beta(t) + \beta(t)v(t).$$

两边同时乘以 $e^{-\int_a^t \beta(\tau)d\tau}$ 并移项得

$$\dot{v}e^{-\int_a^t \beta(\tau)d\tau} - v\beta(t)e^{-\int_a^t \beta(\tau)d\tau} \leqslant \alpha(t)\beta(t)e^{-\int_a^t \beta(\tau)d\tau},$$

即

$$\frac{d\left(ve^{-\int_a^t \beta(\tau)d\tau}\right)}{dt} \leqslant \alpha(t)\beta(t)e^{-\int_a^t \beta(\tau)d\tau}.$$

两边积分, 注意到 $v(a) = 0$, 得

$$v(t)e^{-\int_a^t \beta(\tau)d\tau} \leqslant \int_a^t \alpha(s)\beta(s)e^{-\int_a^s \beta(\tau)d\tau}ds. \tag{3.2.3}$$

从而有

$$v(t) \leqslant \int_a^t \alpha(s)\beta(s)e^{\int_s^t \beta(\tau)d\tau}ds.$$

由于 $|x(t)| \leqslant \alpha(t) + v(t)$, 故得

$$|x(t)| \leqslant \alpha(t) + \int_a^t \alpha(s)\beta(s)e^{\int_s^t \beta(\tau)d\tau}ds.$$

以下设 $\alpha(t)$ 不减, 则由积分第二中值公式(3.2.3)可化为

$$v(t)e^{-\int_a^t \beta(\tau)d\tau} \leqslant \alpha(t)\int_\xi^t \beta(t)e^{-\int_a^s \beta(\tau)d\tau}ds$$

$$= -\alpha(t)\int_\xi^t d(e^{-\int_a^s \beta(\tau)d\tau}) = \alpha(t)\left[e^{-\int_a^\xi \beta(\tau)d\tau} - e^{-\int_a^s \beta(\tau)d\tau}\right].$$

故

$$v(t) \leqslant \alpha(t)\left[e^{\int_\xi^t \beta(\tau)d\tau} - 1\right] \leqslant \alpha(t)\left[e^{\int_a^t \beta(\tau)d\tau} - 1\right].$$

所以, $|x(t)| \leqslant \alpha(t) + v(t) \leqslant \alpha(t) \exp\left(\int_a^t \beta(\tau)d\tau\right).$　□

推论 3.2.1 (Bellman 不等式)　若 $x(t), \beta(t)$ 在 $[a,b]$ 上连续, 且对非负常数 M, K 满足

$$|x(t)| \leqslant M + K \int_a^t |x(\tau)||\beta(\tau)|d\tau, \quad a \leqslant t \leqslant b.$$

则

$$|x(t)| \leqslant M e^{K \int_a^t |\beta(\tau)|d\tau}. \tag{3.2.4}$$

推论 3.2.2 (Gronwall 不等式)　若 $x(t)$ 在 $a \leqslant t \leqslant b$ 上连续, 且对非负常数 A, B, C 满足

$$0 \leqslant x(t) \leqslant \int_a^t (Ax(s) + B)ds + C,$$

则有不等式

$$0 \leqslant x(t) \leqslant C e^{A(t-a)} + \frac{B}{A}\left(e^{A(t-a)-1}\right). \tag{3.2.5}$$

以上推论的证明留给读者做练习.

以下重新考察向量微分系统

$$\frac{d\vec{x}}{dt} = \vec{f}(t, \vec{x}). \tag{3.2.6}$$

并设有初值条件: $\vec{x}(t_0) = \vec{x_0}$, 其中 $\vec{x}$ 为 n 维向量函数, $\vec{f}$ 为 $\vec{x}$ 与 t 的 $n+1$ 维向量, 为了方便起见, 省略向量记号 "→".

兹假设 $f(t, x)$ 在定义域中满足 Lipschitz 条件:

$$\|f(t, x_2) - f(t, x_1)\| \leqslant N\|x_2 - x_1\|, \tag{3.2.7}$$

其中 $t \in [t_0, t_0 + T], x_1, x_2 \in G, N$ 称 Lipschitz 常数.

引理 3.2.2 (基本不等式)　设 (3.2.6) 中的 $f(t, x)$ 在 $G \times [t_0, t_0 + T]$ 内连续, 并满足 Lipschitz 条件 (3.2.7). 若 $x^{(1)}(t) = \varphi_1(t), x^{(2)}(t) = \varphi_2(t)$ 为 (3.2.6) 的两个 $\varepsilon_1, \varepsilon_2$ 逼近解, 它们定义在 $t_0 \leqslant t \leqslant t_2$ 上, 且 $\|\varphi_1(t_1) - \varphi_2(t_1)\| < \delta, t_1 \in [t_0, t_2] \subset [t_0, t_0 + T]$, 则有

$$\|\varphi_1(t) - \varphi_2(t)\| \leqslant \delta e^{N|t-t_1|} + \frac{\varepsilon}{N}\left(e^{N|t-t_1|-1}\right), \tag{3.2.8}$$

其中 $\varepsilon = \varepsilon_1 + \varepsilon_2$.

证　因为 $x^{(1)} = \varphi_1(t), x^{(2)} = \varphi_2(t)$ 是 (3.2.6) 的 $\varepsilon_1, \varepsilon_2$ 逼近解, 从而有

$$\varphi_i'(t) = f(t, \varphi_i(t)) + \varepsilon_i(t), \quad |\varepsilon_i(t)| \leqslant \varepsilon_i \quad (i = 1, 2).$$

由于 $\varphi_i(t) = \varphi_i(t_1) + \int_{t_1}^{t} [f(s, \varphi_i(s)) + \varepsilon_i(s)]\, ds\, (i = 1, 2)$. 所以,

$$\varphi_1(t) - \varphi_2(t) = \varphi_1(t_1) - \varphi_2(t_1) + \int_{t_1}^{t} [f(s, \varphi_1(s)) - f(s, \varphi_2(s)) + \varepsilon_1(s) - \varepsilon_2(s)]\, ds.$$

于是, 当 $t \geqslant t_1$ 时, $\|\varphi_1(t) - \varphi_2(t)\| \leqslant \delta + \int_{t_1}^{t} [N\|\varphi_1(s) - \varphi_2(s)\| + \varepsilon]\, ds = \delta + \varepsilon(t - t_1) + \int_{t_1}^{t} N\|\varphi_1(s) - \varphi_2(s)\|\, ds$. 从而, 由 Gronwall 不等式得

$$\|\varphi_1(s) - \varphi_2(s)\| \leqslant \delta e^{N(t-t_1)} + \frac{\varepsilon}{N}\left(e^{N(t-t_1)} - 1\right).$$

同样, 当 $t \leqslant t_0$ 时, 有

$$\|\varphi_1(t) - \varphi_2(t)\| \leqslant \delta e^{-N(t-t_1)} + \frac{\varepsilon}{N}\left(e^{-N(t-t_1)} - 1\right).$$

从而, 当 $t_0 \leqslant t \leqslant t_2$ 时, 有

$$\|\varphi_1(t) - \varphi_2(t)\| \leqslant \delta e^{N|t-t_1|} + \frac{\varepsilon}{N}\left(e^{N|t-t_1|} - 1\right). \qquad \square$$

3.2.2 解的唯一性

利用上述引理, 可以证明方程(3.2.6)的解的唯一性及关于初始值与方程右端函数的连续依赖性.

定理 3.2.1 若方程(3.2.6)的右端函数 $f(t, x)$ 连续, 并满足 Lipschitz 条件, 则方程(3.2.6)的 Cauchy 问题的解是唯一的.

证 设 $\varphi_1(t), \varphi_2(t)$ 为方程(3.2.6)的满足同一初始值的解, 即 $\|\varphi_1(t_0) - \varphi_2(t_0)\| = \delta = 0$. 又有 $\dfrac{d\varphi_i}{dt} - f(t, \varphi_i(t)) = 0 \ (i = 1, 2)$. 故不等式 (3.2.8) 式中 $\delta = 0$, $\varepsilon = 0$, 即

$$\|\varphi_1(t) - \varphi_2(t)\| \leqslant 0.$$

但 $\|\cdot\| \geqslant 0$, 故 $\varphi_1(t) \equiv \varphi_2(t)$. 换言之, 方程(3.2.6)的解由初始值唯一确定. $\qquad \square$

3.2.3 解关于初值与右端函数的连续性

当初值与右端函数变化时, 对应的解有何变化? 这是一个理论上与实践上都十分重要的问题. 微分方程是某物理过程的数学模型, 其右端函数及初值都由实际测验而得, 若初始数据微小误差会引起解性质的根本变化, 所求的初值问题的

解是毫无实用价值的, 以下我们说明, 当 $f(t,x)$ 使得解唯一时, 解关于初值是连续依赖的.

设 $x(t) = \varphi(t)$ 为满足条件 $x(t_0) = x_0$ 的(3.2.6)的唯一解. 为说明初值不同解不同, 引入记号:

$$x(t) = \varphi(t, t_0, x_0), \quad x(t_0) = \varphi(t_0, t_0, x_0).$$

定理 3.2.2　若(3.2.6)中 $f(t,x)$ 连续, 并满足 Lipschitz 条件, 设 $\varphi(t, t_0, x_0)$ 为(3.2.6)定义在 $[a,b]$ 上的一个解, 则对于任给的 $\varepsilon > 0$, 存在 $\delta(\varepsilon) > 0$, 使得当 $\|x_0 - \tilde{x}_0\| < \delta(\varepsilon)$ 时, (3.2.6)的满足条件 $\tilde{\varphi}(t_0) = \tilde{\varphi}(t_0, t_0, \tilde{x}_0) = \tilde{x}_0$ 的解 $\tilde{\varphi}(t, t_0, \tilde{x}_0)$ 在 $[a,b]$ 上有定义, 且满足

$$\|\varphi(t, t_0, x_0) - \tilde{\varphi}(t, t_0, \tilde{x}_0)\| < \varepsilon.$$

证　$\tilde{\varphi}(t)$ 的存在性由存在唯一性定理可推出. 由于 $\varphi(t), \tilde{\varphi}(t)$ 都是(3.2.6)的解, 故基本不等式中 $\varepsilon_1 = \varepsilon_2 = 0$, 从而, 由 (3.2.8) 式, 若要

$$\|\varphi - \tilde{\varphi}\| \leqslant \delta e^{N|t-t_0|} \leqslant \delta e^{N|b-a|} < \varepsilon,$$

只需 $\delta < \varepsilon e^{-N|b-a|}$ 即可. 换言之, $\forall \varepsilon < 0$, 取 δ 满足 $\delta < \varepsilon e^{-N|b-a|}$, 则当 $\|x_0 - \tilde{x}_0\| < \delta$ 时有

$$\|\varphi(t, t_0, x_0) - \tilde{\varphi}(t, t_0, \tilde{x}_0)\| < \varepsilon. \qquad \square$$

定理 3.2.3　设 $f(t,x)$ 满足上述定理的条件, $x = \varphi(t, t_0, x_0)$ 为(3.2.6)的一个解, 函数 $R(t,x)$ 在给定的区域内连续, 则对于任给的 $\varepsilon > 0$, 存在 $\delta(\varepsilon) > 0$, 当 $\|R(t,x)\| < \delta(\varepsilon)$ 时, 方程组

$$\frac{dx}{dt} = f(t,x) + R(t,x) \tag{3.2.9}$$

的满足条件 $x(t_0) = x_0$ 的解 $x = \tilde{\varphi}(t)$ 在 $[a,b]$ 上有定义, 且

$$\|\varphi(t, t_0, x_0) - \tilde{\varphi}(t, t_0, \tilde{x}_0)\| < \varepsilon.$$

证　由解的存在定理可知 $\tilde{\varphi}$ 存在, 对于任给的 $\varepsilon > 0$, 取 $\delta < \varepsilon N \dfrac{1}{e^{N|b-a|} - 1}$, 则当 $\|R(t,x)\| < \delta$ 时, $\varphi(t, t_0, x_0)$ 是系统 (3.2.9) 的 δ-逼近解, 因为

$$\left\| \frac{d\varphi}{dt} - f + R \right\| \leqslant \left\| \frac{d\varphi}{dt} - f \right\| + \|R\| \leqslant \delta.$$

故由基本不等式得

$$\|\varphi(t, t_0, x_0) - \tilde{\varphi}(t, t_0, x_0)\| \leqslant \frac{\delta}{N}(e^{N(b-a)} - 1) < \varepsilon$$

恒成立. $\qquad \square$

注释 3.2.1   本节的唯一性定理可以用压缩映射原理直接证明, 读者可作为练习. 用积分不等式证明, 主要是估计误差比较方便.

3.3   解关于参数的连续性与可微性

在各种数学模型的研究中, 常常要研究含有参数 λ 的微分方程组

$$\frac{d\vec{x}}{dt} = \vec{f}(t, \vec{x}, \vec{\lambda}), \tag{3.3.1$_\lambda$}$$

其中 $\vec{f}$ 表示含一个或多个的参数向量. (3.3.1)$_\lambda$ 表示一族微分方程. $\vec{\lambda}$ 的改变, 使相应的解也改变, 方程组 (3.3.1)$_\lambda$ 的解如何随 $\vec{\lambda}$ 的改变而改变? 认识它有着重要的意义. 这里不能完善地解决这个问题, 只讨论 (3.3.1)$_\lambda$ 的解关于 $\vec{\lambda}$ 的可微性, 至于连续性只是其推论. 为了简单起见, 设 (3.3.1)$_\lambda$ 为纯量方程且 λ 只有一个分量, 并设方程有解: $x = \varphi(t, t_0, x_0, \lambda)$, 则有

$$\frac{d\varphi(t, t_0, x_0, \lambda)}{dt} = f(t, \varphi(t, t_0, x_0, \lambda), \lambda).$$

假设函数 $f(t, x, \lambda)$ 关于 t, x, λ 连续可微, 形式地假设 $x = \varphi(t, t_0, x_0, \lambda)$ 关于 λ 的偏导数存在, 则对上式两边关于 λ 求导, 并令 $u = \dfrac{\partial \varphi}{\partial \lambda}$ 得

$$\frac{du}{dt} = \frac{\partial f}{\partial x}\frac{\partial \varphi}{\partial \lambda} + \frac{\partial f}{\partial \lambda} = \frac{\partial f}{\partial x}u + \frac{\partial f}{\partial \lambda}.$$

又 $u(t_0) = \dfrac{\partial \varphi}{\partial \lambda}\bigg|_{t=t_0} = 0$, 即 $\dfrac{\partial \varphi}{\partial \lambda}$ 满足初值问题

$$\frac{du}{dt} = \frac{\partial f}{\partial x}u + \frac{\partial f}{\partial \lambda}, \quad u(t_0) = 0. \tag{3.3.2}$$

方程(3.3.2)称为 (3.3.1)$_\lambda$ 的变分方程, 若 (3.3.1)$_\lambda$ 为向量方程, 则也有与方程(3.3.2)相应的变分方程组, 此处从略.

定理 3.3.1   设 (3.3.1)$_\lambda$ 右端函数 $f(t, x, \lambda)$ 关于三个变元在某区域 G 内都有连续偏导数, (t_0, x_0, λ_0) 为 G 内一点. 则在该点近旁, (3.3.1)$_\lambda$ 的解 $\varphi(t, t_0, x_0, \lambda_0)$ 关于参数 λ 存在连续偏导数, 且 $u = \dfrac{\partial \varphi}{\partial \lambda}$ 作为时间 t 的函数满足变分方程(3.3.2).

证   设 $x = \varphi(t, t_0, x_0, \lambda_0)$ 为 (3.3.1)$_\lambda$ 的解, 则在 $\lambda = \lambda_0$ 近旁满足积分方程

$$\varphi(t, t_0, x_0, \lambda_0) = x_0 + \int_{t_0}^{t} f(s, \varphi(s, t_0, x_0, \lambda_0), \lambda_0)ds,$$

$$\varphi(t, t_0, x_0, \lambda) = x_0 + \int_{t_0}^{t} f(s, \varphi(s, t_0, x_0, \lambda), \lambda) ds.$$

故

$$\frac{\varphi(t, t_0, x_0, \lambda) - \varphi(t, t_0, x_0, \lambda_0)}{\lambda - \lambda_0}$$

$$= \frac{1}{\lambda - \lambda_0} \int_{t_0}^{t} [f(s, \varphi(s, \lambda), \lambda) - f(s, \varphi(s, \lambda_0), \lambda_0)] \, ds$$

$$= \int_{t_0}^{t} \left[\frac{\partial f(s, \varphi^*, \lambda^*)}{\partial x} \cdot \frac{\varphi(s, \lambda) - \varphi(s, \lambda_0)}{\lambda - \lambda_0} + \frac{\partial f(s, \varphi^*, \lambda^*)}{\partial \lambda} \right] ds,$$

其中 λ^* 为 λ_0 与 λ 间某中值, φ^* 为 $\varphi(s, \lambda_0)$ 和 $\varphi(s, \lambda)$ 间某中值. 由 $\dfrac{\partial f}{\partial x}, \dfrac{\partial f}{\partial \lambda}$ 的连续性可知, 它们在 $x = \varphi(t, \lambda_0)$ 近旁某区域 $a \leqslant t \leqslant b, |\lambda - \lambda_0| \leqslant \alpha$ 内有界. 记 $A = \max \left| \dfrac{\partial f}{\partial x} \right|, B = \max \left| \dfrac{\partial f}{\partial \lambda} \right|$, 由此可得

$$\left| \frac{\varphi(t, \lambda) - \varphi(t, \lambda_0)}{\lambda - \lambda_0} \right| \leqslant \int_{t_0}^{t} \left(A \left| \frac{\varphi(t, \lambda) - \varphi(t, \lambda_0)}{\lambda - \lambda_0} \right| + B \right) ds.$$

根据 Gronwall 不等式得

$$\left| \frac{\varphi(t, \lambda) - \varphi(t, \lambda_0)}{\lambda - \lambda_0} \right| \leqslant \frac{B}{A} (e^{A(t - t_0)} - 1).$$

显然, $\varphi(t, \lambda)$ 关于 λ 在 $\lambda = \lambda_0$ 处连续.

以下设 $u(t, \lambda)$ 为变分方程(3.3.2), 即

$$\begin{cases} \dfrac{du}{dt} = \dfrac{\partial f(t, \varphi(t, \lambda), \lambda)}{\partial x} u + \dfrac{\partial f(t, \varphi(t, \lambda), \lambda)}{\partial \lambda}, \\ u(t_0) = 0 \end{cases}$$

的解. 于是,

$$u(t, \lambda) = \int_{t_0}^{t} \left[\frac{\partial f(s, \varphi(s, \lambda), \lambda)}{\partial x} u(s, \lambda) + \frac{\partial f(s, \varphi(s, \lambda), \lambda)}{\partial \lambda} \right] ds.$$

从而

$$\left| \frac{\varphi(t,\lambda) - \varphi(t,\lambda_0)}{\lambda - \lambda_0} - u(t,\lambda_0) \right|$$

$$\leqslant \int_{t_0}^{t} \left[\left| \frac{\partial f(s,\varphi^*,\lambda^*)}{\partial x} \right| \cdot \left| \frac{\varphi(s,\lambda) - \varphi(s,\lambda_0)}{\lambda - \lambda_0} - u(s,\lambda_0) \right| \right.$$

$$+ \left| \frac{\partial f(s,\varphi^*,\lambda^*)}{\partial x} - \frac{\partial f(s,\varphi(s,\lambda_0),\lambda_0)}{\partial x} \right| |u(s,\lambda_0)|$$

$$\left. + \left| \frac{\partial f(s,\varphi^*,\lambda^*)}{\partial x} - \frac{\partial f(s,\varphi(s,\lambda_0),\lambda_0)}{\partial x} \right| \right] ds.$$

由于 $\dfrac{\partial f}{\partial x}, \dfrac{\partial f}{\partial \lambda}$ 之连续性及 $u(t,\lambda)$ 的有界性, 当 $|\lambda - \lambda_0|$ 足够小时, 可知上面积分号下函数的后两项之和小于 ε, 当 $t \in [a,b]$ 时, 令 $\max \left| \dfrac{\partial f(t,\varphi^*,\lambda^*)}{\partial x} \right| = A_1$. 同样由 Gronwall 不等式得

$$\left| \frac{\varphi(t,\lambda) - \varphi(t,\lambda_0)}{\lambda - \lambda_0} - u(t,\lambda_0) \right| \leqslant \frac{\varepsilon}{A_1}(e^{A_1(b-t_0)} - 1) \to 0.$$

当 $|\lambda - \lambda_0| \to 0$ 时, 即有

$$\frac{\partial \varphi(t,\lambda_0)}{\partial \lambda} = u(t,\lambda_0). \qquad \qquad \square$$

注意以下事实是有益的, 对于 λ 固定时, 对 $(3.1.1)_\lambda$ 的解 $x = x(t,t_0,x_0)$ 作函数及自变量的变换

$$z = x(t,t_0,x_0) - x_0, \quad \tau = t - t_0.$$

于是, 初值 $t = t_0, x = x_0$ 对于固定的初值 $\tau = 0, z = 0$. 函数 $z = x(\tau+t_0,t_0,x_0) - x_0$. 系统 $(3.3.1)_\lambda$ 化为

$$\frac{dz}{d\tau} = f(\tau + t_0, z + x_0), \tag{3.3.3}$$

即研究 $(3.3.1)_\lambda$ 的解 $x = \varphi(t,t_0,x_0)$ 关于初值 t_0, x_0 的连续可微性可化为讨论(3.3.3)关于参数 t_0, x_0 的连续可微性问题, 故由定理 3.3.1, 我们可得

定理 3.3.2　设 $(3.3.1)_\lambda$ 满足定理 3.3.1 的条件, (t_0, x_0, λ_0) 为 G 内一点, 则在该点近旁, $(3.3.1)_\lambda$ 的解 $\varphi(t,t_0,x_0,\lambda)$ 关于初值 t_0, x_0 存在连续偏导数 $\dfrac{\partial \varphi}{\partial t_0}, \dfrac{\partial \varphi}{\partial x_0}$, 且分别满足关于时间 t 的线性方程

$$\frac{d}{dt}\left(\frac{\partial \varphi(t,t_0,x_0,\lambda)}{\partial t_0} \right) = \frac{\partial f(t,\varphi(t,t_0,x_0,\lambda),\lambda)}{\partial x} \cdot \left(\frac{\partial \varphi(t,t_0,x_0,\lambda)}{\partial t_0} \right),$$

$$\frac{\partial \varphi(t,t_0,x_0,\lambda)}{\partial t_0}\bigg|_{t=t_0} = -f(t_0,x_0,\lambda). \tag{3.3.4}$$

$$\frac{d}{dt}\left(\frac{\partial\varphi(t,t_0,x_0,\lambda)}{\partial x_0}\right) = \frac{\partial f(t,\varphi(t,t_0,x_0,\lambda),\lambda)}{\partial x} \cdot \left(\frac{\partial\varphi(t,t_0,x_0,\lambda)}{\partial x_0}\right),$$

$$\left.\frac{\partial\varphi(t,t_0,x_0,\lambda)}{\partial x_0}\right|_{t=t_0} = 1. \tag{3.3.5}$$

由上述微分方程可得

$$\frac{\partial\varphi(t,t_0,x_0,\lambda)}{\partial t_0} = -f(t_0,x_0,\lambda)\exp\left(\int_{t_0}^t f_x(s,\varphi(s,t_0,x_0,\lambda),\lambda)ds\right). \tag{3.3.6}$$

$$\frac{\partial\varphi(t,t_0,x_0,\lambda)}{\partial x_0} = \exp\left(\int_{t_0}^t f_x(s,\varphi(s,t_0,x_0,\lambda),\lambda)ds\right). \tag{3.3.7}$$

反复应用上面的公式, 我们可以得到解 $x = \varphi(t,t_0,x_0,\lambda)$ 关于初值及参数高阶可微性定理. 若对 $f(t,x,\lambda)$ 要求它有对三个变元直到 $r \geqslant 1$ 阶连续导数, 则 φ 关于 t_0,x_0,λ 有 r 阶连续导数, 且关于 t 为 $r+1$ 阶连续可微.

在微分方程近似解的研究中, 常将参数 λ 记为 ε. 即考虑系统

$$\frac{dx}{dt} = f(t,x,\varepsilon). \tag{3.3.1$_\varepsilon$}$$

设 $x = \varphi_0(t,t_0,x_0,0)$ 为 $(3.3.1)_{\varepsilon=0}$ 的满足条件 $x(t_0) = x_0$ 的解, 其中时间区间是有限的: $t_0 \leqslant t \leqslant T$. 于是, 上面的讨论可总结为另一形式的下述解关于参数的可微性定理.

定理 3.3.3　设 $(3.3.1)_\varepsilon$ 的右端函数对于所有的变元在区域 G 内有直到 $r \geqslant 1$ 阶的连续偏导数, 则对于足够小的 ε, $(3.3.1)_\varepsilon$ 的解 $\varphi(t,\varepsilon)$ 可表示为

$$\varphi(t,\varepsilon) = \varphi_0(t) + \varepsilon\varphi_1(t) + \cdots + \varepsilon^{m-1}\varphi_{m-1}(t) + R_m(t,\varepsilon), \tag{3.3.8}$$

其中当 $\varepsilon \to 0$ 时, 作为 ε 的 m 阶无穷小量 $R_m(t,\varepsilon) \to 0$ 在整个区间 $t_0 \leqslant t \leqslant T$ 上是一致的.

注意上述定理仅在有限时间区间上成立, 在无限区间上不一定正确, 甚至有时解不可能在无穷时间区间上有定义.

例 3.3.1　考虑方程

$$\frac{dx}{dt} = (x+\varepsilon)^2. \tag{3.3.9}$$

当 $\varepsilon = 0$ 时化为

$$\frac{dx}{dt} = x^2. \tag{3.3.10}$$

(3.3.10)当 t_0 有零初值解 $x = \varphi_0(t) \equiv 0, \quad 0 \leqslant t < \infty$. 但(3.3.9)有同样初值的解

$$x = \varphi(t, \varepsilon) = \frac{\varepsilon}{1 - \varepsilon t} - \varepsilon.$$

这个解仅在 $0 \leqslant t < \dfrac{1}{\varepsilon}$ 上有定义.

3.4　具有解析右端的 Cauchy 定理

本节叙述而不证明下述的 Cauchy 定理.

定理 3.4.1 (Cauchy)　若函数 $f(t, x)$ 在域

$$|t - t_0| < \alpha, \quad |x - x_0| < \beta \quad (\alpha, \beta > 0)$$

内解析, 则方程

$$\frac{dx}{dt} = f(t, x) \tag{3.4.1}$$

在 $t = t_0$ 附近有唯一的解析解 $x = \varphi(t)$, 满足初始条件 $x(t_0) = x_0$.

若 (3.4.1) 右端含函数参数 ε, 且 $f(t, x, \varepsilon)$ 关于 ε 解析, 则有

定理 3.4.2 (Poincaré)　设系统

$$\frac{dx}{dt} = f(t, x, \varepsilon) \tag{3.4.1$_\varepsilon$}$$

的右端在域 G 内对所有变元解析, 则对充分小的 ε, (3.4.1)$_\varepsilon$ 的解可表为

$$\varphi(t, \varepsilon) = \varphi_0(t) + \sum_{m=1}^{\infty} \varepsilon^m \varphi_m(t), \tag{3.4.2}$$

其中 $\varphi_0(t)$ 为 (3.4.1)$_{\varepsilon=0}$ 满足 $\varphi_0(t_0) = x_0$ 的解.

习　题　3

1. 设(3.1.2)的右端 $f(t, x)$ 在某区域 G 上连续, 则对任意点 $(t_0, x_0) \in G$, 初值问题(3.1.2), (3.1.3)都至少有一个解在 t_0 的某邻域内存在, 试证之.

2. 用证明引理 3.2.1的推论 3.2.1及推论 3.2.2.

3. 用压缩映像原理证明定理 3.2.1.

4. 设在积分方程 $x(t) = f(t) + \lambda \displaystyle\int_a^t k(t, s)x(s)ds$ 中, $f(t)$ 在 $a \leqslant t \leqslant b$ 上连续, $k(t, s)$ 在 $a \leqslant t \leqslant b, \quad a \leqslant s \leqslant b$ 上连续, 试证: 当 λ 充分小时, 此方程在 $a \leqslant t \leqslant b$ 上必存在唯一的连续解.

5. 试证: 若把本章定理 3.1.1 中的 ε-逼近解作如下修正

$$\begin{cases} \varphi_\varepsilon(t_0) = x_0, \\ \varphi_\varepsilon(t) = x_0 + f(t_0, x_0)(t - t_0), \qquad t_0 < t \leqslant t_1, \\ \varphi_\varepsilon(t) = \varphi_\varepsilon(t_{k-1}) + \dfrac{f(t_{k-2}), \varphi_\varepsilon(t_{k-2}) + f(t_{k-1}), \varphi_\varepsilon(t_{k-1})}{2} \cdot (t - t_{k-1}), \\ t_{k-1} \leqslant t \leqslant t_k, \ k = 2, 3, \cdots, l. \end{cases}$$

则该定理仍然成立.

6. 试求出下列方程的当 $t = t_0$ 时取值 x_0 的解, 并由此讨论解对初始值的连续性.

(1) $\dfrac{dx}{dt} - 3x = e^t$. 　　　　　　　　　　(2) $\dfrac{dx}{dt} = 3t^2 e^x$.

7. 设 $\varphi(t, u)$ 是下列方程的解, 适合初始条件 $\varphi(0, u) = 0$, 试分别从 φ 的表达式及变分方程求出 $\left. \dfrac{\partial \varphi}{\partial u} \right|_{u=0}$:

(1) $\dfrac{dx}{dt} + ux = 1$. 　　　　　　　　　　(2) $\dfrac{dx}{dt} = (1 + x)\sqrt{1 - u^2 x^2}$.

8. 设 $\varphi(t, t_0, x_0)$ 是方程 $\dot{x} = f(t, x)$ 以 t_0, x_0 为初始值的解. 试证

$$\frac{\partial \varphi(t, t_0, x_0)}{\partial t_0} + f(t_0, x_0) \frac{\partial \varphi(t, t_0, x_0)}{\partial x_0} \equiv 0.$$

第 4 章　定性理论初步

4.1　自治系统的基本性质

4.1.1　自治系统

"动力系统"这个名词, 由 Poincaré 研究多体问题——质点组动力学问题而产生. 后来被发扬光大, 沿用下来, 在数学上具有确定的含义. 我们考虑定义在 Euclid 空间 $\mathbb{R}^n$ 上的微分方程组.

定义 4.1.1　自变量 t 不明显出现的常微分方程组

$$\frac{dx_i}{dt} = f_i(x_1, x_2, \cdots, x_n) \quad (i = 1, 2, \cdots, n), \tag{4.1.1}$$

或向量形式

$$\frac{d\vec{x}}{dt} = \vec{f}(\vec{x}), \tag{4.1.2}$$

称为自治系统.

方程的初始条件为 $\vec{x}(0) = \vec{x}_0$. 设 $\vec{f} \in C^1(\mathbb{R}^n, \mathbb{R}^n)$, $\vec{x}_0 \in \mathbb{R}^n$, 则(4.1.2) 的初值问题解 $\vec{x} = \phi(t, \vec{x}_0)$ 局部存在唯一. 再对 $\vec{f}$ 增加解整体存在唯一的条件, 即对于一切的 $t \in \mathbb{R}$, $\vec{x}_0 \in \mathbb{R}^n$, 设解 $\vec{x} = \phi(t, x_0)$ 整体存在唯一.

例如, 三维空间中运动质点的坐标设为 (x_1, x_2, x_3), 动能 $T = \dfrac{m}{2}(\dot{x}_1^2 + \dot{x}_2^2 + \dot{x}_3^2)$, 位能是位置 (x_1, x_2, x_3) 的函数 $V = f(x_1, x_2, x_3)$ 而沿 x_i 方向所受力为 $F_{x_i} = -\dfrac{\partial V}{\partial x_i}$, 由 Newton 第二运动定律得

$$m\ddot{x}_i = -\frac{\partial V}{\partial x_i}.$$

又动量在 x_i 方向的分量为

$$p_i = -\frac{\partial T}{\partial \dot{x}_i} = m\dot{x}_i.$$

对 t 求导得

$$\frac{d}{dt}\left(\frac{\partial T}{\partial \dot{x}_i}\right) = -\frac{\partial V}{\partial x_i}.$$

因 $V = f(x_1, x_2, x_3)$, 故 $\left(\dfrac{\partial V}{\partial \dot{x}_i} \equiv 0\right)$, 而 T 仅为 x_i 的函数, $\dfrac{\partial T}{\partial \dot{x}_i} = 0$, 于是

$$\frac{d}{dt}\left(\frac{\partial (T-V)}{\partial \dot{x}_i}\right) = -\frac{\partial(T-V)}{\partial x_i} \quad (i = 1, 2, 3).$$

引入 Lagrange 函数 $L = T - V$, 即得

$$\frac{d}{dt}\left(\frac{\partial L}{\partial \dot{x}_i}\right) = -\frac{\partial L}{\partial x_i} \quad (i = 1, 2, 3).$$

此为分析力学中的 Lagrange 方程.

再引入 Hamilton 函数

$$H = \sum_{i=1}^{3} p_i \dot{x}_i - L,$$

则得 Hamilton 系统

$$\frac{dx_i}{dt} = \frac{\partial}{\partial p_i} H(p_1,\ p_2,\ p_3,\ x_1,\ x_2,\ x_3) \quad (i = 1, 2, 3),$$

$$\frac{dp_i}{dt} = -\frac{\partial}{\partial x_i} H(p_1,\ p_2,\ p_3,\ x_1,\ x_2,\ x_3).$$

这就是一个自治系统.

在 Hamilton 方程中, p_1, p_2, p_3, x_1, x_2, x_3 表示系统的运动状态, 称为相. 而点 $(p_1,\ p_2,\ p_3,\ x_1,\ x_2,\ x_3)$ 的全体构成的集合称为相空间.

4.1.2 自治系统的动力学性质

设方程组 (4.1.1) 满足解的存在唯一性条件.

性质 4.1.1 若 $\vec{x} = \vec{\varphi}(t)$ 是方程组 (4.1.1) 的解, 则 $\vec{x} = \vec{\varphi}(t+\tau)$ 也是 (4.1.1) 的解, 其中 $\tau = \mathrm{const}$.

证 记 $\vec{\varphi}^*(t) = \vec{\varphi}(t+\tau)$, 则

$$\frac{d\vec{\varphi}^*(t)}{dt} = \frac{d\vec{\varphi}(t+\tau)}{d(t+\tau)} = \vec{f}(\vec{\varphi}(t+\tau)) = \vec{f}(\vec{\varphi}^*(t)),$$

故 $\vec{\varphi}^*(t) = \vec{\varphi}(t+\tau)$ 也满足方程组 (4.1.1). $\quad\square$

注 非自治系统没有这个性质.

对于一阶方程组 (4.1.1) 而言, 它的积分曲线是 $n+1$ 维空间 $(t, \vec{x})$ 中的曲线, 称为空间积分曲线. 但如在 n 维空间 X 中考察, $(x_1, x_2, \cdots, x_n)$ 表示力学系统的一个状态, 如把 t 看成参数, t 改变时, 在 n 维空间描出一条轨线, 称为相轨线. 相轨线上每个点的切线方向和 $\vec{f}$ 一致, $\vec{f}$ 定义了相空间中的一个方向场, $\left\| \vec{f} \right\|$ 表示该点的相变化的速率.

性质 4.1.2 若 $\vec{x} = \vec{\varphi}(t)$, $\vec{x} = \vec{\psi}(t)$ 是 (4.1.1) 的两个解, 若其对应的轨线 l_1, l_2 在相空间内相交, 则 l_1, l_2 必重合, 此时 $\vec{\varphi}(t) = \vec{\psi}(t+\tau)$.

证 设 l_1, l_2 相交于点 $\vec{x_0}$, 则有 t_1, t_2 使得

$$\vec{x_0} = \vec{\varphi}(t_1) = \vec{\psi}(t_2).$$

令 $\tau = t_2 - t_1$, 根据性质 4.1.1, $\vec{\psi}^*(t) = \vec{\psi}(t+\tau)$ 也是 (4.1.1) 的解, 但又有

$$\vec{\psi}^*(t_1) = \vec{\psi}(t_1+\tau) = \vec{\psi}(t_2) = \vec{\varphi}(t_1),$$

即 $\vec{\varphi}$ 与 $\vec{\psi}^*$ 有同样的初始条件, 由唯一性定理有

$$\vec{\psi}^*(t) \equiv \vec{\varphi}(t).$$

但 $\vec{x} = \vec{\psi}(t)$ 与 $\vec{x} = \vec{\psi}(t+\tau)$ 在相空间中表示同一条相轨线, 故 $\vec{x} = \vec{\varphi}(t)$, $\vec{x} = \vec{\psi}(t)$ 所对应的相轨线 l_1, l_2 相重合, 且 $\vec{\varphi}(t) = \vec{\psi}(t+\tau)$. □

性质 4.1.2 也可以改述为: 过相空间中任一点的相轨线是唯一的.

如果我们记初值为零的解 $\vec{\phi}(t) = \vec{\phi}(t, 0, \vec{x_0}) = \vec{\phi}(t, \vec{x_0})$. 则因 $\vec{\phi}(t_1, \vec{\phi}(t_1, \vec{x_0}))$ 与 $\vec{\phi}(t+t_1, \vec{x_0})$ 为同一个解, 当 $t=0$ 时有共同的初值 $\vec{\phi}(t_1, \vec{x_0})$, 从而 $\vec{\phi}(t_2, \vec{\phi}(t_1, \vec{x_0})) \equiv \vec{\phi}(t_1+t_2, \vec{x_0})$.

下面我们省去 "→" 符号, 由上述讨论可知, 函数 $\phi(t, x_0)$ 具有以下的性质.

(i) 确定性 (变换群性质): 对于一切 $s, t \in \mathbb{R}$, $x \in \mathbb{R}^n$, 有

$$\phi(0, x) = x; \quad \phi(s+t, x) = \phi(s, \phi(t, x)).$$

(ii) 连续性: $\phi(t, x)$ 关于变元 t, x 在 $\mathbb{R} \times \mathbb{R}^n$ 连续.

满足这两个性质的映射 $\phi : \mathbb{R} \times \mathbb{R}^n \to \mathbb{R}^n$ 构成以 t 为参数的从 $\mathbb{R}^n$ 到 $\mathbb{R}^n$ 的单参数连续变换群. 我们称 ϕ 为 $\mathbb{R}^n$ 中定义的连续动力系统或流.

4.1.3 奇点 (平衡位置) 与闭轨线

若 $\vec{x} = \vec{a}$ 为 (4.1.1) 的常数解, 即

$$f_i(a_1, a_2, \cdots, a_n) = 0 \quad (i = 1, 2, \cdots, n),$$

称 $\vec{x} = \vec{a}$ 为 (4.1.1) 的平衡位置或奇点. 因为在平衡位置, 相空间中画不出方向, 由 $(f_1, f_2, \cdots, f_n)$ 决定的向量场在该点有奇性, 如果 $\vec{x} = \vec{a}$ 不是 (4.1.1) 的常数解, 称 $\vec{x} = \vec{a}$ 是 (4.1.1) 的常点.

性质 4.1.3　设 $\vec{x} = \vec{\varphi}(t)$ 为 (4.1.1) 的相轨线且 $\lim\limits_{t \to \infty} \vec{\varphi}(t) = \vec{a}$, 而 $\vec{a} = \text{const}$, 则 $\vec{a}$ 必为平衡点 (奇点).

证　若 $\vec{a}$ 为常点, 则至少有一个 $f_i(\vec{a}) \neq 0$, 由于 f_i 连续, 故 $\lim\limits_{t \to \infty} f_i(\vec{\varphi}(t)) = f_i(\vec{a})$, 即 $\forall \varepsilon > 0$, 存在 T, 当 $t > T$ 时, $|f_i(\vec{x}) - f_i(\vec{a})| < \varepsilon$ 或 $|f_i(\vec{a})| - |f_i(\vec{x})| \leqslant |f_i(\vec{x}) - f_i(\vec{a})| < \varepsilon$, 故有 $|f_i(\vec{x})| > |f_i(\vec{a})| - \varepsilon$, 取 $\varepsilon = \dfrac{|f_i(\vec{a})|}{2}$, 即

$$|f_i(\vec{x})| \geqslant \frac{1}{2}|f_i(\vec{a})| > 0,$$

或

$$|f_i(\vec{x})| < -\frac{1}{2}|f_i(\vec{a})| < 0.$$

积分得

$$\varphi_i(t) - \varphi_i(T) \geqslant \frac{1}{2}|f_i(\vec{a})|(t - T) \quad (t \geqslant T),$$

或

$$\varphi_i(t) - \varphi_i(T) \leqslant -\frac{1}{2}|f_i(\vec{a})|(t - T) \quad (t \leqslant T),$$

令 $t \to +\infty$, 得 $\lim\limits_{t \to \infty} |\vec{\varphi}(t)| = +\infty$. 这与假设相矛盾. 故 $\vec{a}$ 必为平衡位置 (奇点). □

但是, 这个性质的逆并不成立.

性质 4.1.4　相轨线 $\vec{x} = \vec{\varphi}(t)$ 过平衡点位置仅当 $t \to \pm\infty$ 时才有可能, 证略. 由性质 4.1.2 可知, 两条不同的轨线不相交, 而同一条轨线本身有以下可能:

(i) 解在整个存在区间不自交, $t_1 \neq t_2$ 时, $\vec{\varphi}(t_1) \neq \vec{\varphi}(t_2)$;

(ii) 存在 $t_1 \neq t_2$, 使 $\vec{\varphi}(t_1) = \vec{\varphi}(t_2)$, 记 $T = t_2 - t_1$, 则 $\vec{\varphi}(t) = \vec{\varphi}(t + T)$. 故 T 为 $\vec{\varphi}(t)$ 的一个周期. 此时, 如果有最小正周期, 则 $\vec{x} = \vec{\varphi}(t)$ 是周期解 (闭轨线), 若没有最小正周期, $\vec{x}$ 必为平衡点.

性质 4.1.5　只有三种轨线:

(i) 平衡点位置 (退缩为一点);

(ii) 封闭的周期轨线;

(iii) 不自相交的轨线.

4.2　二阶线性系统

4.2.1　二维自治系统的变分方程组

考虑二维自治系统

$$\frac{dx}{dt} = P(x, y), \quad \frac{dy}{dt} = Q(x, y). \tag{4.2.1}$$

设 P, Q 存在一阶以上的连续偏导数, 并设 (x_0, y_0) 为 (4.2.1) 的奇点, 将 P, Q 在 (x_0, y_0) 点展成 Taylor 级数

$$P(x, y) = a(x - x_0) + b(y - y_0) + P_2(x - x_0, y - y_0),$$

$$Q(x, y) = c(x - x_0) + d(y - y_0) + Q_2(x - x_0, y - y_0),$$

其中 $P_2(x - x_0, y - y_0)$ 和 $Q_2(x - x_0, y - y_0)$ 分别是 $P(x, y)$ 和 $Q(x, y)$ 的展开式中不低于二次幂项的全体. 作变换

$$\tilde{x} = x - x_0, \quad \tilde{y} = y - y_0,$$

即得方程 (仍用原记号)

$$\begin{aligned}
\frac{dx}{dt} &= ax + by + P_2(x, y), \\
\frac{dy}{dt} &= cx + dy + Q_2(x, y).
\end{aligned} \tag{4.2.2}$$

(4.2.2) 称为 (4.2.1) 的变分方程组, 其中

$$a = \left.\frac{\partial P}{\partial x}\right|_{(x_0, y_0)}, \qquad b = \left.\frac{\partial P}{\partial y}\right|_{(x_0, y_0)}.$$

$$c = \left.\frac{\partial Q}{\partial x}\right|_{(x_0, y_0)}, \qquad d = \left.\frac{\partial Q}{\partial y}\right|_{(x_0, y_0)}.$$

下面先讨论 $P_2 = Q_2 \equiv 0$ 的情况.

考察线性系统

$$\frac{dx}{dt} = ax + by, \qquad \frac{dy}{dt} = cx + dy. \tag{4.2.3}$$

前面讨论过, 为解 (4.2.3) 型的方程组, 可以通过线性变换

$$\begin{cases} \xi = \alpha x + \beta y, \\ \eta = \gamma x + \delta y \end{cases} \quad (\alpha\delta - \beta\gamma \neq 0),$$

将 (4.2.3) 的系数矩阵化为 Jordan 型, 即将 (4.2.3) 化为

$$\begin{cases} \dfrac{d\xi}{dt} = \lambda_1 \xi, \\ \dfrac{d\eta}{dt} = \lambda_2 \eta, \end{cases} \quad \text{或} \quad \begin{cases} \dfrac{d\xi}{dt} = \lambda_1 \xi + \eta, \\ \dfrac{dy}{dt} = \lambda_1 \eta \end{cases}$$

的形式. 为说明积分曲线 (相轨线) 在变换下的性质, 我们注意在线性变换下有以下性质.

1. (x, y) 平面上 $(0, 0) \to (\xi, \eta)$ 平面上 $(0, 0)$;

2. 直线: $ax + by = 0 \to a'\xi + b'\eta = 0$;

3. 椭圆: $\dfrac{x^2}{a^2} + \dfrac{y^2}{b^2} = 1 \to \dfrac{\xi^2}{a'^2} + \dfrac{\eta^2}{b'^2} + c\xi\eta = 1$, 闭曲线 $\to$ 闭曲线;

4. 若 $\lim\limits_{t \to \infty} \dfrac{\eta(t)}{\xi(t)} = k \to \lim\limits_{t \to \infty} \dfrac{y(t)}{x(t)} = \lim\limits_{t \to \infty} \dfrac{\gamma\xi + \delta\eta}{\alpha\xi + \beta\eta} = \dfrac{\gamma + \delta k}{\alpha + \beta k}$. 即 (x, y) 平面上曲线 C 在某点与直线 l 相切, 则在 (ξ, η) 平面上对应曲线 C' 在对应点与对应直线 l' 相切.

由 2, 4 推出, 经线性变换, (x, y) 平面上交于原点的曲线族仍变为 (ξ, η) 平面上交于原点的曲线族, 且曲线间的相对位置不变.

5. 渐近线: 若 $\lim\limits_{t \to \infty} (\eta(t) - k\xi(t)) = 0 \to \lim\limits_{t \to \infty} \left(y(t) - \dfrac{\gamma + \delta k}{\alpha + \beta k} x(t) \right) = 0$, 即 (ξ, η) 平面上曲线 C' 有渐近线 $\eta = k\xi$, 对应 (x, y) 平面上曲线 C 有渐近线 $y = \dfrac{\gamma + \delta k}{\alpha + \beta k} x$;

6. 若在 (x, y) 平面上, 一曲线绕坐标原点无限盘旋逼近于坐标原点, 它必与过原点的每一射线相交无穷多次, 且这些交点趋于坐标原点, 经线性变换后, 同样得到 (ξ, η) 平面上无限盘旋逼近坐标原点的曲线;

7. 在线性变换下, 两点间的距离及二曲线交角一般要改变.

4.2.2 线性系统的奇点判定

前面讲过, 微分方程 (4.2.3) 的特征方程为

$$\lambda^2 - (a + d)\lambda + (ad - bc) = 0. \tag{4.2.4}$$

令 $p = -(a + d), q = ad - bc$, (4.2.4) 可化为

$$\lambda^2 + p\lambda + q = 0. \tag{4.2.5}$$

(4.2.5) 的根有各种不同的情况, 下面分别就 a, b, c, d 的不同情况来讨论方程组 (4.2.3) 的奇点类型.

如果 $q \neq 0$, $\lambda_1 \neq \lambda_2$, 可作如下线性变换:

当 $b \neq 0$ 时,

$$\begin{cases} \xi = (d - \lambda_1)x - by, \\ \eta = (d - \lambda_2)x - by. \end{cases}$$

当 $c \neq 0$ 时,

$$\begin{cases} \xi = -cx + (a - \lambda_1)y, \\ \eta = -cx + (a - \lambda_2)y. \end{cases} \tag{4.2.6}$$

(若 $b = c = 0$, 则 (4.2.3) 已是标准形式, 不需做变换), 经变换 (4.2.6) 将方程组 (4.2.3) 化为

$$\frac{d\xi}{dt} = \lambda_1\xi, \quad \frac{d\eta}{dt} = \lambda_2\eta. \tag{4.2.7}$$

于是积分曲线的性质由 λ_1, λ_2 之性质确定.

根据特征方程 (4.2.5) 的根 λ_1, λ_2 的不同情形, 方程 (4.2.3) 的奇点 $(0,0)$ 附近的轨线分布可分作以下几类.

1. $q < 0, \lambda_1, \lambda_2$ 为异号实根.

经变换 (4.2.6) 后, (4.2.3) 化为 (4.2.7), 其解为

$$\xi = \xi_0 e^{\lambda_1(t-t_0)}, \quad \eta = \eta_0 e^{\lambda_2(t-t_0)}. \tag{4.2.8}$$

不妨设 $\lambda_2 < 0 < \lambda_1$. 当 $t \to +\infty$ 时, $|\xi| \to +\infty, \eta \to 0$. 消去 t 后得

$$\eta = C \mid \xi \mid^{\lambda_2/\lambda_1} \quad (C = \eta_0/|\xi_0|^{\lambda_2/\lambda_1}, \lambda_2/\lambda_1 < 0).$$

$\xi = 0$, $\eta = 0$ 是相轨线, 其余轨线 $(\xi_0 \neq 0, \eta_0 \neq 0)$ 不进入原点, 这时奇点 $(0,0)$ 称为鞍点. $(0,0)$ 附近的轨线分布如图 4.2.1.

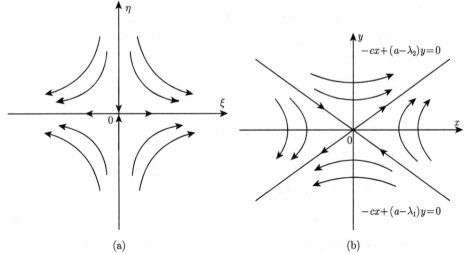

(a)   (b)

图 4.2.1   在 (ξ, η)-平面与 (x, y)-平面, 鞍点邻域的轨线图

2. $q > 0$, $p > 0$, $p^2 - 4q > 0$, λ_1, λ_2 为两负实根, 这时方程组 (4.2.7) 的解 (4.2.8) 满足, $t \to +\infty$ 时, $\xi \to 0$, $\eta \to 0$, 消去参数 t 后得

$$\eta = c|\xi|^{\frac{\lambda_2}{\lambda_1}} \quad (c = \eta_0/|\xi_0|^{\lambda_2/\lambda_1}, \ \lambda_2/\lambda_1 > 0).$$

$\xi = 0, \eta = 0$ 也是相轨线, 其余轨线当 $t \to \infty$ 时, 趋于原点, 且由于 $\eta'_\xi = c\frac{\lambda_2}{\lambda_1}\xi^{\frac{\lambda_2}{\lambda_1}-1}$, 若 $\frac{\lambda_2}{\lambda_1} > 1$, 除 η 轴外所有轨线沿 ξ 轴趋于原点; 若 $\frac{\lambda_2}{\lambda_1} < 1$, 则除 ξ

轴外, 所有沿 η 轴趋于原点. 原点称为稳定结点, 在 (ξ, η) 平面上轨线分布如图 4.2.2.

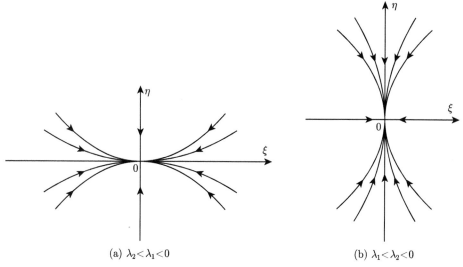

(a) $\lambda_2 < \lambda_1 < 0$　　　　　　　　　(b) $\lambda_1 < \lambda_2 < 0$

图 4.2.2　稳定结点邻域的轨线图

3. $q > 0, p < 0, p^2 - 4q > 0$, λ_1, λ_2 为两正实根, 此时, 与情况 2 不同的是轨线的指向相反, 原点称为不稳定结点.

4. $q > 0, p > 0, p^2 - 4q < 0, \lambda_1$, λ_2 为一对共轭复根, 且实部为负, 化为方程组 (4.2.7) 后, 不便在实平面上讨论, 再作如下变换: 如果 $q \neq 0$, $\lambda_1 \neq \lambda_2$, 可作如下线性变换:

当 $c \neq 0$ 时,
$$
\begin{cases}
\bar{x} = -cx + \left(a + \dfrac{p}{2}\right) y, \\
\bar{y} = -\dfrac{1}{2}\sqrt{4q - p^2}\, y.
\end{cases}
$$

当 $b \neq 0$ 时,
$$
\begin{cases}
\bar{x} = \left(d + \dfrac{2}{p}\right) - by, \\
\bar{y} = -\dfrac{1}{2}\sqrt{4q - p^2}\, x.
\end{cases}
\tag{4.2.9}
$$

设 $\lambda_{1,2} = \mu_1 \pm \mathrm{i}\mu_2$, 其中 $\mu_1 = -\dfrac{p}{2}$, $\mu_2 = \dfrac{1}{2}\sqrt{4q - p^2}$, 于是 (4.2.3) 化为

$$
\frac{d\bar{x}}{dt} = \mu_1\bar{x} - \mu_2\bar{y}, \quad \frac{d\bar{y}}{dt} = \mu_2\bar{x} + \mu_1\bar{y}.
\tag{4.2.10}
$$

再令 $\bar{x} = r\cos\theta, \bar{y} = r\sin\theta$. 因为

$$\begin{cases} d\bar{x} = \cos\theta dr - r\sin\theta d\theta, \\ d\bar{y} = \sin\theta dr + r\cos\theta d\theta, \end{cases}$$

或

$$\begin{cases} dr = \cos\theta d\bar{x} + \sin\theta d\bar{y}, \\ d\theta = \dfrac{1}{r}(-\sin\theta d\bar{x} + \cos\theta d\bar{y}). \end{cases}$$

(4.2.10) 化为 $\dfrac{dr}{dt} = \mu_1 r$, $\dfrac{d\theta}{dt} = \mu_2 r$, 积分得: $r = r_0 e^{\mu_1(t-t_0)}$, $\theta = \theta_0 + \mu_2(t-t_0)$. 消去 t 后得 $r = r_0 e^{\frac{\mu_1}{\mu_2}(\theta-\theta_0)}$.

当 $t \to +\infty$ 时, $\theta \to +\infty$, $r \to 0$, 故轨线为螺旋线.

当 t 增大时, 逆时针旋转, 趋于原点. 如图 4.2.3, 原点称为稳定焦点.

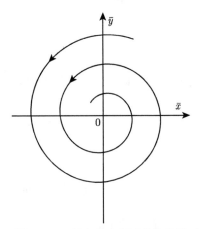

图 4.2.3   稳定焦点邻域的轨线图

回到 (x, y) 平面, 轨线仍是绕原点的螺线, 但 $t \to +\infty$ 时, 轨线的旋转方向未必和 $(\bar{x}, \bar{y})$ 平面相同, 由数学分析知道, (4.2.9) 的变换行列式 $(c \neq 0)$

$$\frac{D(\bar{x}, \bar{y})}{D(x, y)} = \begin{vmatrix} -c & a + \dfrac{p}{2} \\ 0 & -\dfrac{1}{2}\sqrt{4q - p^2} \end{vmatrix} = \frac{c}{2}\sqrt{4q - p^2}.$$

故当 $c > 0$ 时, (x, y) 平面上的螺旋线与 $(\bar{x}, \bar{y})$ 平面上的转向相同, $c < 0$ 时, 转向相反.

5. $q > 0$, $p < 0$, $p^2 - 4q < 0$, λ_1, λ_2 为具有正实部的共轭复根, 情况与 4 不同的是, 当 $t \to +\infty$ 时, 反时针方向离开原点, 原点称不稳定焦点.

6. $q > 0$, $p = 0$(显然$p^2 - 4q < 0$),$\lambda_{1,\,2} = \pm\sqrt{q}i$ 为一对共轭复根. 此时通过变换 (4.2.9), 方程 (4.2.3) 化为

$$\frac{d\bar{x}}{dt} = -\sqrt{q}\,\bar{y}, \qquad \frac{d\bar{y}}{dt} = \sqrt{q}\,\bar{x}.$$

上述方程组有初积分 $\bar{x}^2 + \bar{y}^2 = C(C > 0$ 为任意常数), 相轨线为闭轨线 (圆), 原点称为中心. 如图 4.2.4.

7. $q > 0$, $p > 0$, $p^2 - 4q = 0$, 此时$\lambda_1 = \lambda_2 = -\dfrac{1}{2}p < 0$, 为二重负实根. 分两种情况讨论.

1° $b = c = 0$, 此时因$p^2 - 4q = (a - d)^2 + 4bc = 0$, 得$\lambda = d$且$a = d < 0$. 方程组(4.2.3) 化为

$$\frac{dx}{dt} = ax, \qquad \frac{dy}{dt} = dy.$$

此方程有积分

$$x = x_0 e^{a(t-t_0)}, \qquad y = y_0 e^{d(t-t_0)}.$$

当 $t \to +\infty$ 时, $x \to 0, y \to 0$, 消去 t 得 $y = Cx$, 即过原点的任一射线都是方程的解, 原点 $(0,0)$ 称稳定临界结点, 如图 4.2.5.

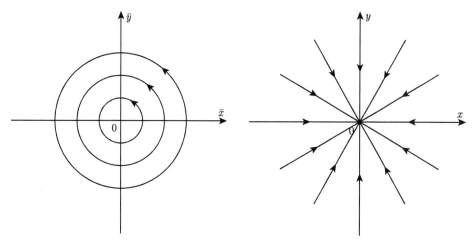

图 4.2.4　中心邻域的轨线图　　图 4.2.5　稳定临界结点邻域的轨线图

2° $b^2 + c^2 \neq 0$, 此时 (4.2.3) 的系数矩阵是亏损的, 通过线性变换

$$\xi = -cx + (a - \lambda)y, \quad \eta = y \quad (\text{当}c \neq 0\text{时}),$$

或

$$\tag{4.2.11}$$

$$\xi = (d - \lambda)x - by, \quad \eta = x \quad (\text{当}b \neq 0\text{时}).$$

(4.2.3) 可化为

$$\frac{d\xi}{dt} = \lambda\xi, \quad \frac{d\eta}{dt} = -\xi + \lambda\eta. \tag{4.2.12}$$

方程组 (4.2.12) 有积分

$$\xi = \xi_0 e^{\lambda(t-t_0)}, \quad \eta = e^{\lambda(t-t_0)}[\eta_0 - \xi_0(t-t_0)].$$

当 $t \to \infty$ 时, $\xi \to 0$, $\eta \to 0$, 故轨线趋于原点. 消去 t 得

$$\eta = \xi\left(\frac{\eta_0}{\xi_0} - \frac{1}{\lambda}\ln\frac{\xi}{\xi_0}\right).$$

对 ξ 求导得

$$\eta'_\xi = \left(\frac{\eta_0}{\xi_0} - \frac{1}{\lambda}\ln\frac{\xi}{\xi_0}\right) - \frac{1}{\lambda}.$$

因为 $\lambda < 0$, 当 $\xi \to 0$ 时, $\xi'_\xi \to -\infty$. 因此轨线趋于原点时, 切于 η 轴.

当 ξ 在 $(0, +\infty)$ 内改变时, $\ln\frac{\xi}{\xi_0}$ 在 $(-\infty, +\infty)$ 内连续变化. 因此, 若 $\xi_0 > 0$, 过 (ξ_0, η_0) 之轨线必穿过 ξ 轴. 又因为 $\frac{d\eta}{d\xi} = \frac{-\xi + \lambda\eta}{\lambda\xi}$, 以 $-\xi$, $-\eta$ 代 ξ, η, 方向场不变, 即方向场关于原点对称, 原点 $(0,0)$ 称为稳定退化结点. 如图 4.2.6.

8. $q > 0, p < 0, p^2 - 4q = 0$, 此时 $\lambda_1 = \lambda_2 = -\frac{1}{2}p > 0$ 为二重正实根, 与情形 7 类似处理, 有以下结果:

1° 当 $b = c = 0$ 时, 原点为不稳定临界结点. 如图 4.2.5, 只需改变箭头的指向.

2° 当 $b^2 + c^2 \neq 0$ 时, 经过同样变换 (4.2.11), 得到 (4.2.12), 首次积分形式也相同, 只是由于 $\lambda > 0$, 故当 $t \to +\infty$ 时, $|\xi|$, $|\eta| \to +\infty$, 当 $t \to -\infty$ 时, ξ, $\eta \to 0$, 且 $\lim_{\xi \to 0}\eta'_\xi = +\infty$. 因此, 原点为不稳定退化结点. 如图 4.2.7.

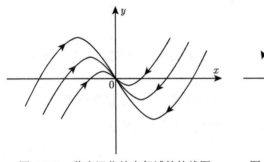 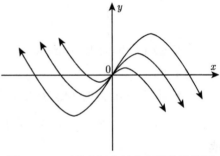

图 4.2.6　稳定退化结点邻域的轨线图　　图 4.2.7　不稳定退化结点邻域的轨线图

9. $q = 0$, λ_1, λ_2 中有一个为 0. 因此, 分三种情况进行讨论:

1° $a = b = c = d = 0$. 平面上点为奇点, 方程组无实际意义.

2° $a = b = 0$, $c^2 + d^2 \neq 0$ (或 $c = d = 0$. $a^2 + b^2 \neq 0$). 讨论前一种情形, 此时 $cx + dy = 0$ 上点都是奇点, 其余轨线为 $x = \text{const}$.

当 $d > 0$ 时, $t \to +\infty$, $cx + dy = 0$ 两侧的轨线远离 $cx + dy = 0$. 当 $d < 0$ 时, 与此相反. 当 $d = 0$ 时, y 轴为奇直线. 其余轨线平行于 y 轴. 如图 4.2.8(a),(b),(c).

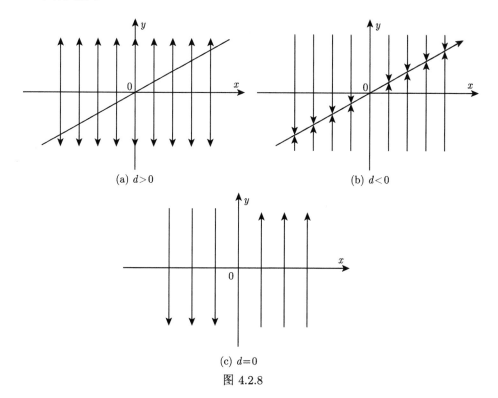

(a) $d > 0$　　　　　(b) $d < 0$

(c) $d = 0$

图 4.2.8

3° $a^2 + b^2 \neq 0$, $c^2 + d^2 \neq 0$, 此时由于 $q = 0$, 故直线 $ax + by = 0$ 与直线 $cx + dy = 0$ 重合. $ax + by = 0$ 上的点全是奇点, 若 $ac \neq 0$, 或 $bd \neq 0$.设 $ac \neq 0$, 其余轨线为直线族 $ay = cx + c_1$.当 $t \to \infty$ 时, 轨线或离开或趋近于直线 $ax + by = 0$. 如图 4.2.9.

综上所述, 线性系统 (4.2.3) 的奇点可由参数 p, q 的变化分为以下 9 种情况:

1. $q < 0$, 鞍点;

2. $q > 0$, $p > 0$, $p^2 - 4q > 0$, 稳定结点;

3. $q > 0$, $p < 0$, $p^2 - 4q > 0$, 不稳定结点;

4. $q > 0$, $p > 0$, $p^2 - 4q < 0$, 稳定焦点;

5. $q > 0$, $p < 0$, $p^2 - 4q < 0$, 不稳定焦点;

6. $q > 0$, $p = 0$, 中心;

7. $q > 0$, $p > 0$, $p^2 - 4q = 0$, 稳定临界结点或稳定退化结点;

8. $q > 0$, $p < 0$, $p^2 - 4q = 0$, 不稳定临界结点或不稳定退化结点;

9. $q = 0$, 奇点组成奇直线.

在 (p, q)-参数平面上, 存在参数曲线: $p = 0$ $(q > 0)$; $q = \frac{1}{4}p^2$; $q = 0$. 它们将 (p, q)-平面分割 5 个区域, 如图 4.2.10所示. 当 (4.2.3) 的系数属于区域内点时, 系数作微小改变, 奇点的拓扑性质不变, (4.2.3) 称结构稳定的系统. 如果 (4.2.3) 的系数属于某条参数曲线, 系数作微小的改变, 奇点的拓扑性质将改变, 轨线的全局结构也改变, 此时线性系统称为结构不稳定的.

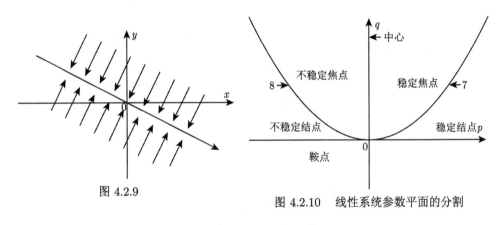

图 4.2.9

图 4.2.10   线性系统参数平面的分割

4.3   非线性系统的奇点

4.3.1   小扰动下的一次奇点、线性化条件

本节讨论二阶非线性系统

$$\begin{aligned}
\frac{dx}{dt} &= ax + by = p(x, y), \\
\frac{dy}{dt} &= cx + dy + q(x, y),
\end{aligned} \tag{4.3.1}$$

其中 a, b, c, d 为实数, $p(0, 0) = q(0, 0) = 0$. $p(x, y)$, $q(x, y)$ 最低次为二次. 我们要问: 在什么条件下, 加了非线性项之后, 积分曲线的拓扑性质与未加非线性项时情况相似?

对于 (4.3.1), 若 $q = ad - bc \neq 0$ 时, 则可以证明, 原点 $(0,0)$ 是 (4.3.1) 的孤立奇点, 即存在以 $(0,0)$ 为中心的一个区域, 在其内无 (4.3.1) 的奇点.

可以证明, 对于方程组 (4.3.1) 有下述结论.

1. 若原点为 (4.3.1) 对应的线性方程组的普通结点 (开结点)、鞍点和焦点, 而 $p(x,y)$, $q(x,y) \in C^1$, 即关于 x, y 有一阶连续偏导数, 又 $p(x,y) = o(r)$, $q(x,y) = o(r)$, 即 $\lim\limits_{x^2+y^2 \to 0} \dfrac{p(x,y)}{\sqrt{x^2+y^2}} = 0$, $\lim\limits_{x^2+y^2 \to 0} \dfrac{q(x,y)}{\sqrt{x^2+y^2}} = 0$, 则原点是 (4.3.1) 的普通结点 (开结点)、鞍点和焦点.

2. 如果原点是 (4.3.1) 的对应线性方程组的退化结点, 又 $p(x,y)$, $q(x,y) \in C^1$, $p(x,y) = o\left(r \left/ \ln\left(\dfrac{1}{r}\right)^2 \right. \right)$, $q(x,y) = o\left(r \left/ \ln\left(\dfrac{1}{r}\right)^2 \right. \right)$, 或 $p(x,y)$, $q(x,y)$ 解析, 则原点也是 (4.3.1) 的退化结点. 条件 $p, q = o\left(r \left/ \ln\left(\dfrac{1}{r}\right)^2 \right. \right)$ 比 $p, q = o(r)$ 强, 比 $p, q = o(r^{1+\sigma})$ 弱, 当然也比 $p, q = o(r^2)$ 弱.

3. 如果原点是 (4.3.1) 的对应线性方程组的临界结点, 又 $p(x,y)$, $q(x,y)$ 解析, 或 $p(x,y) = o(r^{1+\sigma})$, $q(x,y) = o(r^{1+\sigma})$, $p, q \in C^1$, $0 < \sigma < 1$, 则原点也是 (4.3.1) 的临界结点.

4. 若原点是 (4.3.1) 的对应线性方程组的中心, 又 $p(x,y)$, $q(x,y)$ 解析, 且 (4.3.1) 有解析的不依赖于 t 的通积分, 则 (4.3.1) 的原点也是中心.

一般而言, 4 的条件不满足, 原点不一定是中心.

上述条件中, $p(x,y)$, $q(x,y)$ 解析时, p, q 与 r^2 相比为同阶无穷小, 即 $\lim\limits_{t \to 0} \dfrac{p}{r^2} = $ const, $\lim\limits_{t \to 0} \dfrac{q}{r^2} = $ const, 故解析条件是相当强的, 所以 p, q 解析时, 自然必满足 $o(r^{1+\delta})$, $0 < \delta < 1$.

上面的条件不满足, 都有反例说明, 非线性方程组的情况和线性方程组的情况不一样.

4.3.2　高次奇点的简单讨论

对于一般的非线性系统

$$\begin{aligned}
\frac{dx}{dt} &= X_m(x,y) + p(x,y), \\
\frac{dy}{dt} &= Y_n(x,y) + q(x,y),
\end{aligned} \tag{4.3.2}$$

其中 X_m, Y_n 分别为 x, y 的 m 次, n 齐次函数, $p(x,y)$, $q(x,y) \in C^1$, $p = o(r^m)$, $q = o(r^n)$. 为了研究 (4.3.2) 原点附近积分曲线的性质, 首先得考虑积分曲线是否进入原点, 并且进入原点时, 是否与过原点的某直线相切. 设过原点的某直

线为 $y = kx$, 若积分曲线与 $y = kx$ 相切, 则

$$\lim_{\sqrt{x^2+y^2}\to 0}\left(\frac{dy}{dx} - k\right) = \lim_{r\to 0}\left(\frac{Y_m + q}{X_m + p} - \frac{y}{x}\right) = 0.$$

令 $x = r\cos\theta$, $y = r\sin\theta$, 代入上式后化为

$$\frac{r^n Y_n(\cos\theta, \sin\theta) + q(r\cos\theta, r\sin\theta)}{r^m X_m(\cos\theta, \sin\theta) + p(r\cos\theta, r\sin\theta)} - \frac{\sin\theta}{\cos\theta} \to 0 \quad (r \to 0).$$

将上式通分, 分子的低次项为

$$r^n Y_n(\cos\theta, \sin\theta)\cos\theta - r^m X_m(\cos\theta, \sin\theta)\sin\theta.$$

为了找到积分曲线进入奇点 $(0,0)$ 时的切线方向, 必须考察下面的特征方程.

定义 4.3.1 下述 $G(\theta) = 0$ 称为 (4.3.2) 的特征方程:

$$G(\theta) = \begin{cases} \cos\theta Y_n(\cos\theta, \sin\theta), & \text{当}m > n\text{时}, \\ -\sin\theta X_m(\cos\theta, \sin\theta), & \text{当}m < n\text{时}, \\ \cos\theta Y_n(\cos\theta, \sin\theta) - \sin\theta X_m(\cos\theta, \sin\theta), & \text{当}m = n\text{时}. \end{cases} \quad (4.3.3)$$

如果 θ_i 满足 $G(\theta_i) = 0$, 则射线 θ_i 称为一个特殊方向.

定理 4.3.1 任取一顶点为原点的扇形: $\theta_0 \leqslant \theta \leqslant \theta_1$, $0 \leqslant r \leqslant r_1$, 如果在扇形内不含特殊方向, 则当 $p = o(r^m)$, $q = o(r^n)$ 时, 在此扇形内没有积分曲线趋于原点, 轨线从扇形一边到达另一边.

证 经极坐标变换以后, (4.3.2) 化为

$$\frac{1}{r}\frac{dr}{d\theta} = \frac{\cos\theta[X_m(\cos\theta, \sin\theta)r^m + p] + \sin\theta[Y_n(\cos\theta, \sin\theta)r^n + q]}{-\sin\theta[X_m(\cos\theta, \sin\theta)r^m + p] + \cos\theta[Y_n(\cos\theta, \sin\theta)r^n + q]}.$$

因为 $(0,0)$ 为 (4.3.2) 的奇点, 故上式可化为 (用 $r^n(m > n)$ 或 $r^m(m < n)$ 除分子分母)

$$\frac{1}{r}\frac{dr}{d\theta} = \frac{A(r,\theta)}{G(\theta) + O(1)}, \quad r \to 0, \quad (4.3.4)$$

其中 $A(r,0)$ 为有界函数, $O(1)$ 为与 r 同阶的有界量. 因为扇形 $\theta_0 \leqslant \theta \leqslant \theta_1$, $0 \leqslant r \leqslant r_1$ 中, $G(\theta)$ 连续且 $G(\theta) \neq 0$, 故 $G(\theta)$ 有正的下界

$$m = \min_{\theta_0 \leqslant \theta \leqslant \theta_1} |G(\theta)| > 0.$$

因此取 r_1 充分小, 使 $O(1) < \dfrac{m}{2}$, 当 $0 \leqslant r \leqslant r_1$ 时,

$$|G(\theta) + O(1)| \geqslant |G(\theta)| - |O(1)| \geqslant m - \frac{m}{2} = \frac{1}{2}m.$$

所以

$$\left|\frac{1}{r}\frac{dr}{d\theta}\right| = \left|\frac{A(r,\theta)}{G(\theta) + O(1)}\right| \leqslant \frac{2}{m}|A(r,\theta)| \leqslant M.$$

设积分曲线过扇形内一点 $(\tilde{r}, \tilde{\theta})$, 上面式子两边积分得

$$\left|\int_{\tilde{r}}^{r}\frac{dr}{r}\right| \leqslant M\left|\int_{\tilde{\theta}}^{\theta}d\theta\right|.$$

即得

$$|\ln r| \leqslant |\ln \tilde{r}| + M|\theta_1 - \theta_0|.$$

故 r 不可能趋于零, 即积分曲线不会趋于原点. 参看图 4.3.1.

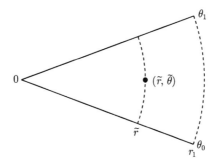

图 4.3.1　原点的扇形邻域　　　　□

由这个定理可知, 若积分曲线沿某方向进入原点, 该方向必为特殊方向. 但反过来, 特殊方向未必有积分曲线沿它进入原点.

例 4.3.1　考虑方程组

$$\frac{dx}{dt} = -2y, \quad \frac{dy}{dt} = 4x^3.$$

经过计算知道有特殊方向 $\theta = 0$, 但轨线为圆族 $x^4 + y^2 = c$.

定理 4.3.2 (Bendixson)　若 $G(\theta) \not\equiv 0$, $p = o(r^m)$, $q = o(r^n)$, 则 (4.3.2) 的轨线 $\Gamma: x = x(t)$, $y = y(t)$, 当 $t \to +\infty$ 趋于原点时, Γ 不是螺旋般地趋于原点, 就是在原点与一特殊方向相切.

证　设 $m \leqslant n$, 引入极坐标, 方程 (4.3.2) 化为

$$\begin{cases} \dfrac{1}{r^m}\dfrac{dr}{dt} = f(\theta) + f_{m+1}(\theta), \\[2mm] \dfrac{1}{r^{m-1}}\dfrac{d\theta}{dt} = G(\theta) + g_{m+1}(\theta). \end{cases} \tag{4.3.5}$$

轨线 $\Gamma : r = r(t)$, $\theta = \theta(t)$.

1. 当 $t \to \infty$ 时, $\theta(t)$ 无界, 此时, 对每个 $\theta = \theta_0$ 必存在 $\{t_n\}$, 使 $\theta(t_n) \to \theta_0$, 故 Γ 螺旋地进入原点, 即原点为焦点.

2. $t \to \infty$, $\theta(t)$ 有界. 此时分两种情况:

1° 当 $t \to \infty$ 时, $\theta(t)$ 有极限 θ_0, 这时 Γ 在原点附近切于 $\theta = \theta_0$ (特殊方向);

2° 当 $t \to \infty$ 时, $\theta(t)$ 无确定极限. 因为 $\theta(t)$ 有界, 故存在扇形 $\theta_1 \leqslant \theta \leqslant \theta_2$, 当 $t > T$ 时, $\theta(t)$ 在此扇形内来回振动.

兹证情况 2° 不可能. 事实上, 由于 $G(\theta) \neq 0$ 并且是 $\cos\theta$, $\sin\theta$ 的 $m+1$ 次多项式, 故在 $0 \leqslant \theta \leqslant 2\pi$ 中最多有 $2 \times (m+1)$ 个不同的 θ_0 使 $G(\theta_0) = 0$. 因此, 在 $\theta_1 \leqslant \theta \leqslant \theta_2$ 中必可找到不含特殊方向的小扇形. 在其内 $G(\theta) \neq 0$, 不妨设 $G(\theta) > 0$, 由 (4.3.5) 可见, 因 $\lim\limits_{t \to \infty} r(t) = 0$; 当 $r(t)$ 充分小时, $\dfrac{d\theta}{dt}$ 与 $G(\theta)$ 同号, 于是 Γ 不可能无限振动, 这与假设相矛盾. □

推论 4.3.1　在定理 4.3.2 的条件下, 若 $G(\theta) = 0$ 无实根, 则每条趋于原点的积分曲线是螺线.

推论 4.3.2　在定理 4.3.2 的条件下, 若有一条积分曲线沿某方向进入原点, 则一切趋于原点的积分曲线都沿一定的特殊方向趋于原点.

考虑沿特殊方向进入原点的积分曲线. 此时可以考察两个特殊方向之间的区域:

1° 椭圆型轨线及椭圆域; 当 $t \to +\infty$, $t \to -\infty$ 时, 轨线均进入原点;

2° 抛物型轨线及抛物域; $t \to +\infty$ ($t \to -\infty$) 时, 轨线进入原点, 当 $t \to -\infty$ ($t \to +\infty$) 时, 轨线都离开原点;

3° 双曲型轨线及双曲线: $t \to +\infty$, $t \to -\infty$ 时, 轨线都离开原点, 参看图 4.3.2.

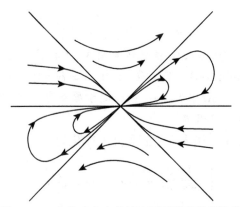

图 4.3.2　高次奇点小邻域内不同类型的相轨线

为了深入研究方程组 (4.3.1) 的奇点邻域内积分曲线的性质, 根据定理 4.3.1 和定理 4.3.2, 我们需要首先研究特征方程. 一般而言, 按特征方程 $G(\theta) = 0$ 有有限个特殊方向, 没有特殊方向或每个方向都是特殊方向三种情况进行, 更深入的讨论, 请读者参阅有关文献.

例 4.3.2　设 $c = 0$, 讨论以下非线性微分方程的相图.

$$\ddot{x} + c\dot{x} + f(x) = 0, \tag{4.3.6}$$

其中 $f(x) = \alpha x + \beta x^3$.

解　对于不同的参数 c, α, β 这个方程具有不同的平面积分曲线, 将 (4.3.6) 化为对应方程组

$$\begin{cases} \dfrac{dx}{dt} = y, \\ \dfrac{dy}{dt} = -\alpha x - cy - \beta x^3. \end{cases} \tag{4.3.7}$$

设 $c = 0$. 这时, (4.3.6) 是无阻尼的具有非线恢复力的自由振动系统.

1°　$\alpha > 0$, $\beta > 0$ 时, (4.3.7) 只有原点为孤立奇点. $p = -(a+d) = 0$, $q > 0$, 原点为 (4.3.7) 对应的线性方程组的中心, 又因为 (4.3.7) 存在不依赖于 t 的实解析积分

$$y^2 + \alpha x^2 + \frac{1}{2}\beta x^4 = h,$$

故非线性方程组 (4.3.7) 仍以原点为中心.

2°　$\alpha > 0$, $\beta < 0$ 时, (4.3.7) 有三个奇点:

$$(0,\,0), \left(-\sqrt{-\frac{\alpha}{\beta}},\, 0\right), \left(\sqrt{-\frac{\alpha}{\beta}},\, 0\right).$$

此时 $(0,0)$ 仍为中心, 另外两个奇点为鞍点, 求出 $\left(\dfrac{\partial P}{\partial x}, \dfrac{\partial P}{\partial y}, \dfrac{\partial Q}{\partial x}, \dfrac{\partial Q}{\partial y}\right)$ 决定 q 的符号即可. 参看图 4.3.3(a).

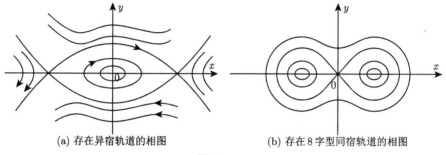

(a) 存在异宿轨道的相图　　　　　(b) 存在 8 字型同宿轨道的相图

图 4.3.3

3° 当 $\alpha < 0$, $\beta < 0$ 时, 原点为鞍点.

4° $\alpha < 0$, $\beta > 0$ 时, 原点为鞍点, 另外两个奇点为中心, 参看图 4.3.3(b).

4.4　相平面上轨线性状的一般讨论

前面我们研究了相平面上孤立奇点邻域内积分曲线的分布, 自然提出这样的问题: 轨线走出奇点邻域后有什么性质? 在全平面上轨线是如何分布的? 本节较为简略地讨论这些问题.

4.4.1　轨线的极限集合、截线及其性质

考虑二阶自治系统

$$\frac{dx}{dt} = X(x, y), \quad \frac{dy}{dt} = Y(x, y). \tag{4.4.1}$$

设 $X(x, y)$, $Y(x, y)$ 在平面区域 G 内满足解的存在唯一性定理条件, 过平面上一点 $P(x_0, y_0)$ 的轨线记为 $f(P, t)$, 设初始时刻为 t_0, $t > 0$ 的轨线称正半轨, 记为 L_+; $t < 0$ 的轨线称负半轨, 记为 L_-.

定义 4.4.1　$\forall \varepsilon > 0, T > 0$, 存在 $t > T$ (或 $t < -T$), 使与 t 值对应的 $L_+(L_-)$ 上的点 $(x(t), y(t))$ 属于平面上一点的 M 的 ε 邻域, 则称 M 为 $L_+(L_-)$ 极限点, L_+ 的极限点称为 ω 极限点, ω 极限点的集合称为 ω 极限集, 记为 ΩL_+. L_- 的极限点称为 α 极限点, α 极限点的集合称为 α 极限集, 记为 ΩL_-.

定义 4.4.2　若线段 AB 满足

(i) 在 AB 上没有 (4.4.1) 的奇点;

(ii) 在 AB 上每个点处 AB 都不与 (4.4.1) 的轨线相切, 则称 AB 为 (4.4.1) 的截线 (无切线段).

无切线段是平面定性理论的基本工具之一, 它有如下的性质, 但略去证明.

性质 4.4.1　在过 G 内任一常点的无切线段上, (4.4.1) 的向量场都 "同向" (即轨线从同一方向穿过它).

性质 4.4.2　设 $M(x_0, y_0)$ 为常点, $S(M, \varepsilon)$ 为 M 的 ε 邻域, 设 NN' 为过 M 的轨线之截线, 其长为 2ε, 则存在 $\delta > 0$, 使自 $S(M, \varepsilon)$ 内出发的轨线当 t 增加或减少时, 在未走出 $S(M, \varepsilon)$ 前必和截线 NN' 相交.

性质 4.4.3　任一正半轨和截线 NN' 的交点, 在 NN' 上的排列次序和时间增加的次序一致, 见图 4.4.1.

引理 4.4.1　半轨 L_+ 的极限点的集合 ΩL_+ 由整条轨线组成 (证略).

引理 4.4.2　若半轨 L_+ 含自己的 ω 极限点, 则 L 或本身是奇点, 或本身是闭轨线.

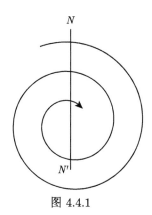

图 4.4.1

证　设 P 为 L_+ 的 ω 极限点, 且 $P \in L_+$, 则 P 有两种可能, 或是奇点, 或是常点, P 为奇点, 则 $L \equiv P$.

如果 P 为常点, 因 $p \in \Omega L_+$, 故过 P 的 L_+ 在 P 的截线上必相交无穷多个点, 设 P 之后 L_+ 与截线 NN' 的第一个交点为 Q(图 4.4.2), 若 L_+ 非闭轨 $(P \neq Q)$, 则 L_+ 与截线 NN' 围成闭域 $PMQP$. (4.4.1) 的轨线必按同一方向穿过 NN', 但 L_+ 走出这个闭域后, 永远不可能再进入该域内 (否则与唯一性相矛盾). 于是 L_+ 不可能进入 P 的充分小的邻域. 故与 P 为 L_+ 的极限点相矛盾. 所以 $P \equiv Q$, 即 L 为闭轨线.　　　　　　　　　　　　　　　　□

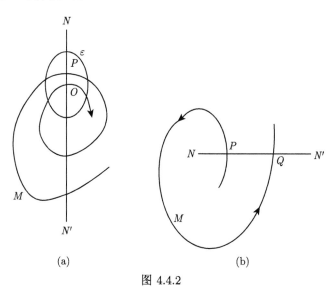

(a)　　　　　　　　　　(b)

图 4.4.2

4.4.2　平面有界闭域内的半轨线及其极限集合的可能类型

定理 4.4.1 (Poincaré Bendixson)　若半轨线 L_+ 恒停留于有界闭域 $\overline{G}$ 内, 且

ω 极限集 ΩL 中不含奇点, 则 L_+ 或为闭轨线, 或无限盘旋逼近于一闭轨线.

证 设 $P \in \Omega L$, 因 $L_+ \subset \overline{G}$, 故 L_+ 必有 ω 极限点集 ΩL, 且为常点集.

若 $P \in L_+$, 则 L_+ 本身为闭轨线.

若 $P \bar{\in} L_+$, 过 P 作 (4.4.1) 轨线 L_+^p, 于是 L_+^p 为闭轨线. 事实上, 由引理 4.4.1 知, $L_+^p \subset \Omega L$, 又 $L_+^p \subset \overline{G}$, L_+^p 也有 ω 极限点, 设为 Q, Q 必为常点 (因为 Q 也是 L_+ 的 ω 极限点, 已设 ΩL 中无奇点). 若 $Q \in L_+^p$, 则由引理 4.4.2, L_+^p 必为闭轨线.

若 $Q \bar{\in} L_+^p$, 兹证这不可能, 即我们设 $Q \bar{\in} L_+^p$ 要导出矛盾. 过 Q 作 (4.4.1) 的截线 NN', 使在邻域 $S(Q, \varepsilon)$ 内满足截线性质 2. 因为 Q 为 L_+^p 的 ω 极限点, L_+^p 与 NN' 有无穷多个交点, 选取三个相邻点 P_k, P_{k+1}, P_{k+2}, 分别对应于时间 t_k, t_{k+1}, t_{k+2}, 由性质 3, 三点必按 $t_k < t_{k+1} < t_{k+2}$ 的次序排列于 NN' 上 (图 4.4.3(a). 又三点都属于 L_+^p, 都是 L_+ 的 ω 极限点, 但 P_{k+1} 显然不可能为 L_+ 的 ω 极限点. 因为 L_+ 只能与线段 $P_k P_{k+1}$, $P_{k+1} P_{k+2}$ 各相交一次, 这个矛盾是由 $Q \bar{\in} L_+^p$ 引起的 (即 L_+^p 不闭). 从而 L_+^p 为闭轨线.

因 L_+^p 上每点都是常点, 又是 L_+ 的 ω 极限点, L_+^p 又是闭轨线. 故 L_+ 必盘旋逼近于 L_+^p (图 4.4.3). □

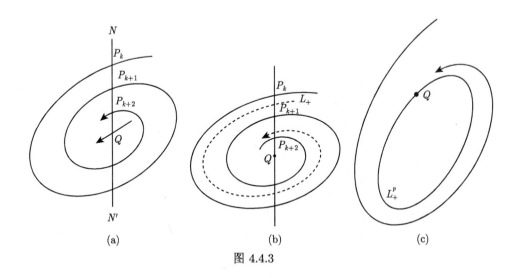

图 4.4.3

引理 4.4.3 若半轨 L_+ 非闭轨线, 且至少有一条异于奇点的极限轨线, 那么它不可能是任一轨线的极限轨线.

证 设 L^* 之极限轨线, L^* 不是奇点. 用反证法, 设 L_+ 又为某轨线 $\widetilde{L_+}$ 之极限轨线, 在 L^* 上任取一常点 P, 过 P 作截线 NN', 因 P 为半轨线 L_+ 的 ω 极限

点, 故必有 L_+ 上之点 P_k, P_{k+1}, P_{k+2}. 如图 4.4.4 排列, 但 L_+ 又为 $\widetilde{L_+}$ 之极限轨线, 故 P_{k+1} 也应为 $\widetilde{L_+}$ 之极限点, 但由截线性质 2, $\widetilde{L_+}$ 只能过 P_kP_{k+1}, $P_{k+1}P_{k+2}$ 各一次, 这与 P_{k+1} 的 ω 极限点相矛盾.

$\square$

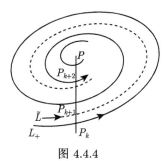

图 4.4.4

推论 4.4.1 非闭轨线不可能以自己作为极限集.

定理 4.4.2 (Poincaré Bendixson) 若半轨线 L_+ 恒停留在有界闭域 $\overline{G}$ 内, 则 L_+ 只可能为下列五种类型之一:

1) 奇点;

2) 闭轨线;

3) 趋于奇点的半轨线;

4) 无限盘旋逼近于一个闭轨线的半轨线;

5) 趋于只以奇点为极限点的非闭轨线 (例如从鞍点到鞍点的分界线) 的半轨线 (图 4.4.5).

证明略去.

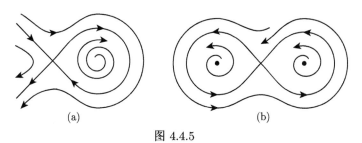

图 4.4.5

4.4.3 轨道稳定性与奇轨线

设方程组 (4.4.1) 的轨线位于平面有界 G 内, L_+^M 是过 M 点的正半轨, 以下研究在 L_+^M 的 ε 邻域内, 其他轨线与它的关系.

定义 4.4.3 对于任给的 $\xi > 0$, 存在 $\sigma > 0$, 设 M' 为 M 的 σ 邻域内一定点, 当 $t = t_0$ 时, $L_+^{M'}$ 在 M' 处取值, 若对 $t > t_0$, 恒有

$$\sup_{P \in L_+^{M'}} \text{dist}(P, L_+^{M'}) < \varepsilon,$$

称 L_+^M 是 ω 轨道稳定的, 否则将 L_+^M 轨道不稳定.

类似地可以定义 α 轨道稳定性.

定义 4.4.4　若从轨线 L 上任取的正半轨都 ω 轨道稳定 (α 轨道稳定性), 则称 L 为 $t \to +\infty (t \to -\infty)$ 轨道稳定的.

定义 4.4.5　轨线 L 当 $t \to +\infty$ 和 $t \to -\infty$ 时, 都是轨道稳定的, 称 L 为轨道稳定的 (非奇) 的轨线, 否则称不稳定轨线.

例如: 1. 结点、焦点是 $t \to +\infty$ 或 $t \to -\infty$ 稳定的, 但不可能两个方向都同时轨道稳定;

2. 趋于焦点或结点的任何半轨线都是两边轨道稳定的;

3. 孤立的周期解 (孤立环) 是 $t \to +\infty$ 或 $t \to -\infty$ 轨道稳定的;

4. 鞍点是 $t \to \pm\infty$ 都轨道不稳定;

5. 趋于鞍点的任何半轨线都是轨道不稳定的.

定义 4.4.6　任何不是轨道稳定的轨线, 称为奇轨线.

例如: 奇点 (结点、焦点、鞍点), 极限环及趋于鞍点的半轨线都是奇轨线.

定理 4.4.3　任一奇轨线必属以下类型之一:

1) 平衡状态 (中心轨道稳定, 也归入此列);

2) 极限环;

3) 至少有一个半轨线是某平衡状态之分界线的非闭轨线.

在 (4.4.1) 右端解析的条件下, 可以证明奇轨线有限, 因此奇轨线将区域 G 分成子区域, 这区域内的点以奇轨线作为边界, 内点属于非奇轨线.

可以证明, 每一子域内非奇轨线的性状相同.

于是, 研究平面轨线的分布, 只要集中力量寻找奇轨线, 并决定子域之性质即可.

4.5　极　限　环

4.5.1　基本概念和例子

讨论微分方程

$$\frac{dx}{dt} = X(x, y), \quad \frac{dy}{dt} = Y(x, y) \tag{4.5.1}$$

的轨线, 设 X, Y 在某平面区域内满足解的存在唯一性条件.

定义 4.5.1　相平面上孤立的闭轨线, 称为极限环.

定义 4.5.2 若从极限环 L 的充分小的邻域内出发的轨线以 L 为 ω 极限集合 (α 极限集合), 称 L 为稳定 (不稳定) 极限环. 若在 L 一侧之轨线以 L 为 ω 极限集, 另一侧的轨线以 L 为 α 极限集, 则称 L 为半稳定极限环.

例 4.5.1

$$\begin{cases} \dfrac{dx}{dt} = -y - x(x^2 + y^2 - 1), \\ \dfrac{dy}{dt} = x - y(x^2 + y^2 - 1). \end{cases}$$

引入极坐标 $x = r\cos\theta, y = r\sin\theta$, 方程组化为

$$\frac{dr}{dt} = -r(r^2 - 1), \quad \frac{d\theta}{dt} = 1.$$

该方程组有两个特解 $r = 0, r = 1$.

当 $0 < r < 1$ 时, $\dfrac{dr}{dt} = -r(r^2 - 1) > 0, \dfrac{d\theta}{dt} = 1 > 0$;

当 $r > 1$ 时, $\dfrac{dr}{dt} < 0, \dfrac{d\theta}{dt} > 0$. 即当 $t \to +\infty$ 时, θ 增加, $r = 1$ 两侧之轨线趋于 $r = 1$, 故 $r = 1$, 即 $x^2 + y^2 = 1$ 为一个稳定极限环.

又如, 方程组

$$\begin{cases} \dfrac{dx}{dt} = y + x(x^2 + y^2 - 1), \\ \dfrac{dy}{dt} = -x + y(x^2 + y^2 - 1) \end{cases}$$

以 $r = 1$ 为半稳定极限环.

上述例子是人为地造出的 "模型", 实际问题是非常复杂的, 非线性系统往往无法积分, 如何判断一个微分系统有无极限环呢?

4.5.2 判别周期解与极限环存在的几个准则

一、Poincaré-Bendixson 环域定理

定理 4.5.1 设 Ω 为两条简单闭曲线 C_1, C_2 所构成的环域, 且 $C_1 \subset C_2$, 满足:

$1°$ Ω 内不含系统 (4.5.1) 的任何奇点;

$2°$ 在 Ω 的边界 C_1, C_2 上, 系统 (4.5.1) 所决定的向量场的向量全部指向 Ω 的内 (外) 部 (图4.5.1). 则在环域 Ω 内, (4.5.1) 至少存在一 (包围内边界C_1的) 闭轨线.

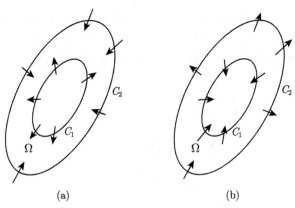

(a)　　　　　　　　　　(b)

图 4.5.1　Poincaré-Bendixson 环域

证　由 4.4 节定理 4.4.1 知, 在定理的条件下, $L_+(L_-)$ 进入 Ω 后, 将永远停留于 Ω 中, 且只可能盘旋地逼近一条闭轨线, 又因为 Ω 内不含奇点, 故闭轨线的内部不可能完全含于 Ω 内, 只可能包含 C_1.　　　　　　□

注 1　环域 Ω 的内边界 C_1 可缩为一点, 只要在该点充分小邻域内出发的轨线, 当 t 增加时都离开 (走向) 它, 定理结论仍正确;

注 2　环域 Ω 的内边界 C_1, C_2 也可以由若干段积分曲线弧及若干段截线段组成 (图 4.5.2).

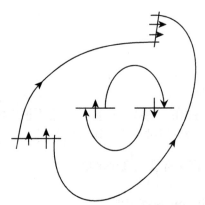

图 4.5.2　广义的 Poincaré-Bendixson 环域

定理 4.5.1 仅说明了 Ω 内存在周期解, 但这些周期解是怎样分布的呢? 可能有以下情形:

1. 通过 C_1 进入 Ω 内的轨线逼近于一条闭轨线 L_1, 通过 C_2 进入 Ω 内的轨线逼近于另一条闭轨线 L_2, 如果 L_1, L_2 重合, 此时 Ω 内有唯一稳定极限环;

2. L_1, L_2 之间充满一族闭轨线;

3. L_1, L_2 间有无穷多条闭轨线, 也有无穷多条非闭轨线 (此时, 极限环称为复合极限环);

4. L_1, L_2 间只有有限条闭轨线, 此时, 必有一条稳定极限环.

可以证明, 当系统 (4.5.1) 右边函数解析时, 不可能出现复合极限环的情形.

我们将在今后用例子来说明如何使用 Poincaré-Bendixson 环域定理. 判定沿 $C_i(i = 1, 2)$ 方向场的方向可用

$$\frac{dF_i}{dt} = \frac{\partial F_i}{\partial x}X(x,y) + \frac{\partial F_i}{\partial y}Y(x,y) > 0 \quad (< 0)$$

进行研究, 其中简单闭曲线 C_i 的方程组为 $C_i : F_i(x, y) = 0$.

二、对称原理

定理 4.5.2　设在系统 (4.5.1) 中有

$$X(-x,y) = X(x,y), \quad Y(-x,y) = -Y(x,y),$$

即 X 关于 x 为偶函数, 而 Y 关于 x 为奇函数, 并且原点为 y 轴上的唯一奇点. 若轨线 Γ 从正 y 轴出发后, 又到达负 y 轴, 则 Γ 一定是闭轨线; 又若原点附近的一切轨线都具有此性质, 则原点是中心.

证　设 Γ 在 I, IV 象限的方程消去 t 后, 化为 $x = f(y)$, 则

$$\frac{dx}{dy} = \frac{df(y)}{dy} = \frac{X(f(y),y)}{Y(f(y),y)}. \tag{$*$}$$

考虑 $f(y)$ 关于 y 轴的对称曲线 $x = -f(y)$, 则

$$\frac{d(-f(y))}{dy} = \frac{X(-f(y),y)}{Y(-f(y),y)} = -\frac{X(f(y),y)}{Y(f(y),y)}.$$

由 ($*$) 可知, $x = -f(y)$ 也满足方程. 故 (4.5.1) 存在闭轨线, 后一结论则是显然的.

此外, 若有 $X(x, -y) = -X(x, y)$, $Y(x, -y) = Y(x, y)$, 即 X 关于 y 为奇函数, Y 关于 y 为偶函数; 又原点是 x 轴上的唯一奇点. 轨线 Γ 从正 x 轴出发后又达到负 x 轴, 仍有定理的结论.　　　　$\square$

三、切性曲线法

设给定一族互不相交的闭曲线, 称为地形线族:

$$F(x, y) = c. \tag{4.5.2}$$

c 取不同的值, 得到不同的闭曲线. 这族闭曲线与 (4.5.1) 的积分曲线相切的轨迹是

$$\frac{Y(x,y)}{X(x,y)} = -\frac{\dfrac{\partial F}{\partial x}}{\dfrac{\partial F}{\partial y}},$$

或

$$X(x,y)\frac{\partial F}{\partial x} + Y(x,y)\frac{\partial F}{\partial y} = 0. \tag{4.5.3}$$

(4.5.3) 称为 (4.5.1) 对曲线族 $F(x,y) = C$ 的切性曲线.

根据切性曲线的性质, 可以得到判定 (4.5.1) 是否存在周期解的两个准则.

定理 4.5.3 $1°$ 若切性曲线的某个实分枝 (孤立的) Γ 是 $F(x,y) = c$ 的一条闭曲线, 且在上面无 (4.5.1) 的奇点, 则这条闭曲线是一个极限环;

$2°$ 若切性曲线在某个区域内没有实分枝, 则在该域内无周期解.

证 $1°$ 由于 Γ 处处的切线与 (4.5.1) 的向量场一致, 其上又无奇点, 故 Γ 为 (4.5.1) 的周期解. 在其附近的闭曲线 $F(x,y) = c$ 上有

$$X\frac{\partial F}{\partial x} + Y\frac{\partial F}{\partial y} \neq 0.$$

故 $F(x,y) = c$ 为 (4.5.1) 的无切环线, 所以 Γ 为孤立的周期解, 因而是极限环.

$2°$ 若 (4.5.3) 在某区域 G 内无实分枝, 则在该域内

$$X\frac{\partial F}{\partial x} + Y\frac{\partial F}{\partial y} \neq 0.$$

(4.5.1) 的轨线恒穿过这闭曲线族 $F(x,y) = c$ 一次, 不可能再回到原位置, 即在该域内无周期解.   □

例 4.5.2 讨论微分方程组

$$\frac{dx}{dt} = x(x^2 + y^2 - 1)(x^2 + y^2 - 9) - y(x^2 + y^2 - 2x - 8),$$

$$\frac{dy}{dt} = y(x^2 + y^2 - 1)(x^2 + y^2 - 9) + x(x^2 + y^2 - 2x - 8)$$

有无极限环.

解 取地形线族 $x^2 + y^2 = c$, 则切性曲线为

$$X(x,y)\frac{\partial F}{\partial x} + Y(x,y)\frac{\partial F}{\partial y}$$

$$= 2x[x(x^2 + y^2 - 1)(x^2 + y^2 - 9) - y(x^2 + y^2 - 2x - 8)]$$

$$\quad + 2y[y(x^2 + y^2 - 1)(x^2 + y^2 - 9) - x(x^2 + y^2 - 2x - 8)]$$

$$= (x^2 + y^2)(x^2 + y^2 - 1)(x^2 + y^2 - 9) = 0.$$

故切性曲线有三个实分枝:

$$x^2 + y^2 = 0; \quad x^2 + y^2 = 1; \quad x^2 + y^2 = 9.$$

$x^2 + y^2 = 0$ 表示原点 (奇点), 其余两支为地形线族中的曲线, 故它们是方程组之解.

首先考虑这两支上是否有奇点. 显然, 方程组有奇点: $O(0,0), A\left(\frac{1}{2}, \frac{1}{2}\sqrt{35}\right)$, $B\left(\frac{1}{2}, -\frac{1}{2}\sqrt{35}\right)$, 从而 A, B 在曲线 $x^2 + y^2 = 9$ 上. 由此可见, $x^2 + y^2 = 1$ 为极限环. 而 $x^2 + y^2 = 9$ 不是极限环, 它由两奇点 A, B 及两条连结 A, B 的轨线组成. 在 $0 < x^2 + y^2 < 1$ 中, $X\frac{\partial F}{\partial x} + Y\frac{\partial F}{\partial y} > 0$; 在 $1 < x^2 + y^2 < 9$ 中, $X\frac{\partial F}{\partial x} + Y\frac{\partial F}{\partial y} < 0$; 在 $x^2 + y^2 > 9$ 中, $X\frac{\partial F}{\partial x} + Y\frac{\partial F}{\partial y} > 0$; 所以, $x^2 + y^2 = 1$ 是方程组的唯一稳定极限环.

注　定理 4.5.3 对于否定周期解的存在十分有用. 切性曲线实分枝若非地形线族中的曲线, 则它不是方程组的解, 周期解是否存在, 得不出一般的结论.

4.5.3　周期解和极限环不存在的几个准则

一、Bendixson 法则及其推广

定理 4.5.4　若在单连通域 G 中, 系统 (4.5.1) 的发散量 $\frac{\partial X}{\partial x} + \frac{\partial Y}{\partial y}$ 保持常号, 且不在任何子区域中恒等于 0, 则系统 (4.5.1) 不存在完全位于 G 中的闭轨线.

证　设定理的结论不成立, 即存在闭轨线 Γ, 连同它的内部区域 S 一起位于 G 中. 由于 G 为单连通域, 由 Green 公式得

$$\oint_{\Gamma} Xdy - Ydx = \iint_{S} \left(\frac{\partial X}{\partial x} + \frac{\partial Y}{\partial y}\right) dxdy.$$

因为 Γ 为 (4.5.1) 之闭轨线. 故沿 Γ 处处有 $Xdy = Ydx$, 即上式左边等于零, 而右边按定理所设, 被积函数在 S 中保持常号且不恒等于零, 故二重积分不等于零, 这是一个矛盾.　　　　　　　　　　　　　　□

此定理有不少推广, 这里不详细讨论, 可参考有关文献.

定理 4.5.5 (Dulac)　若在单连通域 G 中存在一次可微函数 $B(x,y)$, 使

$$\frac{\partial}{\partial x}(BX) + \frac{\partial}{\partial y}(BY)$$

保持常号, 且不在任何子域中恒等于零, 则方程组 (4.5.1) 不存在全部位于 G 中的闭轨线与奇异闭轨线.

证　在定理 4.5.4 中, 用 BX, BY 分别代替 X, Y 即可. 　　　　□

定理 4.5.6 (Dulac)　若在定理 4.5.5 或定理 4.5.4 中, 改区域 G 为 n 连通, 其他条件不变, 则方程组 (4.5.1) 最多有 $n-1$ 条全部位于 G 中的闭轨线.

定理的证明略去, 可以参看《极限环论》(叶彦谦等著, 上海科学技术出版社, 1984 年).

例 4.5.3　方程组

$$\frac{dx}{dt} = -y + x\left(1 - x^2 - \frac{3}{2}y^2\right) = -y + xf_1(x, y),$$

$$\frac{dy}{dt} = x + y\left(1 - x^2 - \frac{1}{2}y^2\right) = x + yf_2(x, y)$$

存在唯一的包围原点的极限环.

证　取地形线族 $F(x, y) = \dfrac{1}{2}x^2 + \dfrac{1}{2}y^2 = c$, 得

$$\frac{dF}{dt} = x\frac{dx}{dt} + y\frac{dy}{dt} = x^2 f_1(x, y) + y^2 f_2(x, y).$$

在 $f_i(x, y) = 0$ 的内部公共区域内, $\dfrac{dF}{dt} > 0$; 在 $f_i(x, y) = 0$ 的外部公共区域内 $\dfrac{dF}{dt} < 0$. 故存在 Poincaré-Bendixson 环域, 所以方程组存在极限环.

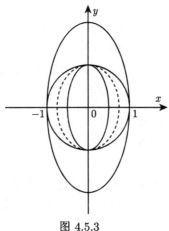

图 4.5.3

下面考虑唯一性, 因为

$$\frac{\partial X}{\partial x} + \frac{\partial Y}{\partial y} = 2 - 4x^2 - 3y^2.$$

显然, 椭圆 $2 - 4x^2 - 3y^2 = 0$ 含于 $f_i(x, y) = 0$ 之内部公共区域内. 如图 4.5.3.

椭圆方程可化为

$$\frac{x^2}{\left(\dfrac{1}{\sqrt{2}}\right)^2} + \frac{y^2}{\left(\sqrt{\dfrac{2}{3}}\right)^2} = 1.$$

但方程组的周期解必然在圆 $x^2 + y^2 = \left(\sqrt{\dfrac{2}{3}}\right)^2$ 之外. 故此周期解完全包含椭圆

$2 - 4x^2 - 3y^2 = 0$, 因此, 它是二连通域内唯一的周期解 (因为在二连通域内 $\dfrac{\partial X}{\partial x} + \dfrac{\partial Y}{\partial y}$ 保持常号). □

二、全微分方程无极限环

定理 4.5.7　若 $\dfrac{\partial X}{\partial x} + \dfrac{\partial Y}{\partial y} \equiv 0$, 即

$$X(x, y)dy - Y(x, y)dx = 0 \tag{4.5.4}$$

是全微分方程, 则 (4.5.1) 无极限环, 即使是单侧极限环也没有.

证　设 (4.5.4) 之通积分为

$$\Phi(x, y) = c.$$

它代表系统 (4.5.4) 之轨线族方程沿着每条轨线 $\Phi(x, y)$ 取常数, 沿着不同轨线 (无论多么邻近), $\Phi(x, y)$ 应取不同的常数值, 若系统 (4.5.1) 存在极限环 Γ, 则在 Γ 的小邻域中, 每条轨线都以 Γ 为 ω 或 α 极限集. 这样, 由于 $\Phi(x, y)$ 的连续性, 在此邻域内每条轨线 $\Phi(x, y)$ 又应取一个常数, 这与前面所述相矛盾. □

4.6　非线性振动型方程的周期解与极限环

4.6.1　定义和分类

1926 年, Van der Pol 研究了方程

$$\ddot{x} + \mu(x^2 - 1)\dot{x} + x = 0 \quad (\mu > 0) \tag{4.6.1}$$

并证明了它存在稳定极限环, 此后, 他的结果不断被许多物理和数学工作者推广. 迄今为止, 广泛研究的方程有两类, 即

$$\ddot{x} + f(x)\dot{x} + g(x) = 0 \tag{4.6.2}$$

和

$$\ddot{x} + f(x, \dot{x})\dot{x} + g(x) = 0. \tag{4.6.3}$$

对于方程 (4.6.2) 一般假设

$$xg(x) > 0, \quad \text{当} x \neq 0 \text{时}, \ f(0) < 0. \tag{4.6.4}$$

对于方程 (4.6.3) 则假设

$$xg(x) > 0, \quad \text{当} x \neq 0 \text{时}, \ f(0,0) < 0. \tag{4.6.5}$$

在振动理论中, 这些条件的意义是: 恢复力和位移方向相反, 平衡位置附近有负阻尼, 称满足条件 (4.6.5) 的方程 (4.6.3) 为 Van der Pol 型方程. 这是 Liénard 在 1928 年首先开始研究的.

4.6.2 Van der Pol 型方程的一个周期解存在定理

定理 4.6.1 *微分方程*

$$\ddot{x} + f(x, \dot{x})\dot{x} + g(x) = 0,$$

或方程组

$$\begin{cases} \dot{x} = y, \\ \dot{y} = -f(x,y)y - g(x), \end{cases} \tag{4.6.6}$$

若满足以下条件:

1° $f(x,y)$, $g(x)$ 连续;

2° 存在 $\alpha > 0$, 使当 $\sqrt{x^2 + y^2} > \alpha$ 时, $f(x,y) > 0$;

3° $f(0,0) < 0$;

4° $xg(x) > 0$, 且 $g(x)$ 为奇函数;

5° $G(x) = \int_0^x g(u)du \to \infty$, 当 $x \to \infty$.

则方程 (4.6.3) 或方程组 (4.6.6) 至少存在一个周期解.

证 条件 4° 说明 $(0,0)$ 为方程组 (4.6.6) 的唯一奇点. 取地形线

$$V(x,y) = \frac{1}{2}y^2 + G(x) = c. \tag{4.6.7}$$

首先指出 (4.6.7) 为一族闭曲线, 事实上

$$\frac{dx}{dt} = y, \quad \frac{dy}{dt} = -g(x)$$

的通积分为 $\frac{1}{2}y^2 + G(x) = c$.

又因为 $X(-x,y) = X(x,y)$, $Y(-x,y) = -Y(x,y)$, 故轨线族为闭轨线. 由条件 5° 知, $G(0) = 0$, $G(X) > 0$(当 $x \neq 0$ 时), 且 $G(x)$ 当 x 增加时单增到 ∞. 当

$x \neq 0$, $y \neq 0$ 时, $V(x,y) > 0$. 故 $V(x,y) > 0$ 当 $|x|$, $|y|$ 增加时, 也增至无穷. 考察

$$\frac{dV}{dt} = \frac{\partial V}{\partial x} \cdot \frac{dx}{dt} + \frac{\partial V}{\partial y} \cdot \frac{dy}{dt} = yg(x) + y[-g(x) - f(x,y)y] = -y^2 f(x,y).$$

由条件 1° 和 2° 可取 C_1 充分小, 使 $V(x,y) = C_2$ 完全含于 $f(x,y) < 0$ 的域内. 又可取 C_2 充分大, 使 $V(x,y) = C_2$ 完全含于 $f(x,y) > 0$ 的域内. 于是

$$\left.\frac{dV}{dt}\right|_{V=C_1} > 0, \qquad \left.\frac{dV}{dt}\right|_{V=C_2} < 0$$

在 $V(x,y) = C_1$, $V(x,y) = C_2$ 所构成的环域内, (4.6.6) 至少有一个周期解.　□

4.6.3　Liénard 方程的中心存在定理

定理 4.6.2　设给定方程

$$\ddot{x} + f(x)\dot{x} + g(x) = 0,$$

或方程组

$$\begin{cases} \dot{x} = y, \\ \dot{y} = -g(x) - f(x)y. \end{cases} \tag{4.6.8}$$

若 $f(x)$, $g(x)$ 在原点的邻域内连续, 并且满足条件:

1°　$f(x)$ 为奇函数, $xf(x) > 0$, $F(x) = \displaystyle\int_0^x f(u)du$;

2°　$xg(x) > 0, g(x)$ 为奇函数;　$G(x) = \displaystyle\int_0^x g(u)du, x \cdot G(x) \to \infty$(当 $x \to \infty$ 时);

3°　存在 $x > 0$, 与 $\varepsilon > 0$, 使得对 $0 < x < x_1$ 有

$$g(x) \geqslant \left(\frac{1}{4} + \varepsilon\right) f(x)F(x),$$

则方程组 (4.6.8) 以原点为中心.

证　类似于定理 4.6.1 的证明, 取绕原点的单闭曲线族

$$V(x,y) = \frac{1}{2}y^2 + G(x) = c$$

作为地形线, 则

$$\frac{dV}{dt} = -g(x)y + y[-f(x)y + g(x)] = -y^2 f(x). \tag{4.6.9}$$

我们的目的是要证明, 原点由一族闭轨线包围. 首先注意, 方程 (4.6.8) 满足

$$X(-x, y) = X(x, y), \quad Y(-x, y) = -Y(x, y).$$

因此, 由对称原理只需证明轨线能从正 y 轴上一点出发而到达负 y 轴上一点, 于是即有负轨线包含原点.

在正 y 轴上取一点 $A(0, y_0)$. 如图 4.6.1所示, $y_0^2 < x_1$, 此时地形线族中 $V(0, y_0) = c_0$. 由于 $x > 0$, $f(x) > 0$. 故在第一象限内恒有

$$\frac{dV}{dt} = -y^2 f(x) < 0.$$

即方程组 (4.6.8) 过 A 点的轨线 L 一定包含在曲线 $V(x, y) = c_0$ 之内. 因为 $V(0, y_0) = \frac{1}{2} y_0^2$, 故 L 必定与 x 轴相交于某点 $B(\xi, 0)$, 且在这点处, $V(\xi, 0) = G(\xi) < \frac{1}{2} y_0^2 < \frac{1}{2} x_1$.

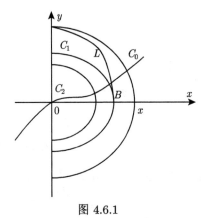

图 4.6.1

下面考察轨线在第四象限的变化情况. 注意在该象限内仍然有 $\frac{dV}{dt} < 0$, 故 L 上之相点 R 将在地形线 $V(x, y) = c_1 = G(\xi) < \frac{1}{2} y_0^2$ 所限定的区域内.

现在为了完成定理的证明, 只要证明在 $V(x, y) = G(\xi)$ 所界的域内, 轨线 L 不可能进入原点.

对于 $y < 0$ 和 $0 < x < x_1$, 有 $\frac{-g(x)}{y} > 0$, 故有

$$\frac{dy}{dx} = -f(x) - \frac{g(x)}{y} \geqslant -f(x) - \frac{1}{y} \left(\frac{1}{4} + \varepsilon \right) f(x) \cdot F(x)$$

$$= -\frac{f(x)}{y} \left[y + \frac{1}{4} F(x) + \varepsilon F(x) \right].$$

但

$$\frac{d}{dx}\left(\frac{y(x)}{F(x)}\right) = \frac{y'F - yF'}{F^2} \geqslant \frac{1}{F^2}\left[-\frac{f}{y}\left(y + \frac{1}{4}F + \varepsilon F\right) - yf\right]$$

$$= -\frac{1}{yF^2}\left[\left(y + \frac{F}{2}\right)^2 + \varepsilon F^2\right] > 0.$$

因为 $y < 0$, 而 $f > 0(x > 0)$, 当 $x \to 0$ 时 $\frac{y(x)}{F(x)}$ 单调减少, 故存在极限 $\lim\limits_{x \to 0}\frac{y}{F} = -\beta < 0$. 于是选取 x_0, 使得对于 $0 < x \leqslant x_0$, 有 $-\beta < \frac{y}{F} < -\beta + \frac{\varepsilon}{2}$, $y(x) > -\beta F(x)$, 从而

$$\frac{dy}{dx} = -f(x) - \frac{g(x)}{y} \geqslant -f(x) + \frac{\left(\frac{1}{4} + \varepsilon\right) + F}{\beta F} - f(x)\left(1 - \frac{\frac{1}{4} + \varepsilon}{\beta}\right).$$

若 L 进入原点, 则有

$$y(x_0) = \int_0^{x_0}\frac{dy}{dx}dx \geqslant -\left(1 - \frac{\frac{1}{4} + \varepsilon}{\beta}\right)\int_0^{x_0}f(x)dx = -\left(1 - \frac{\frac{1}{4} + \varepsilon}{\beta}\right)F(x_0).$$

即

$$\frac{y(x_0)}{F(x_0)} \geqslant -\left(1 - \frac{\frac{1}{4} + \varepsilon}{\beta}\right).$$

所以

$$-\beta + \frac{\varepsilon}{2} > \frac{y}{F} > -\left(1 - \frac{\frac{1}{4} + \varepsilon}{\beta}\right).$$

即 $-\beta^2 + \frac{\varepsilon}{2}\beta + \beta - \frac{1}{4} - \varepsilon \geqslant 0$. 配方后化为 $-\left[\beta - \left(\frac{\varepsilon}{2}\right)\frac{1}{2}\right]^2 + \frac{\varepsilon^2}{16} - \frac{3}{4}\varepsilon \geqslant 0$. 这是不可能的. 故 L 应回到负 y 轴, 即 L 为闭轨线. $\qquad\square$

4.7 平面自治系统的分枝

4.7.1 分枝的概念

很多力学、物理与生化系统的数学模型的方程组中含有物理参数, 这些参数可以在某些特定集合中的变化, 了解这些参数变化时对系统的定性性质的影响是

重要的. 一个设计得好的系统, 要求参数关于某原设计值变动一个小量时, 系统的定性性质基本不改变. 而定性性质的改变可能意味着原系统稳定性的变化, 导致系统出现不同于原来设计的状态. 粗略地讲, 这种变化发生时的参数值称为分枝参数值. 为了完全把握所研究系统的动力学性质, 对分枝参数值的理解是重要的.

考察含一个参数的方程组

$$\frac{dx}{dt} = P(x, y, \lambda), \quad \frac{dy}{dt} = Q(x, y, \lambda). \tag{4.7.1}$$

为简单起见, 设 P, Q 关于 x, y, λ 都解析. $x, y \in \boldsymbol{W}$, $\boldsymbol{W} \subset \mathbb{R}^2$ 为某开集, $\lambda \in (\lambda_1, \lambda_2)$. $\Omega \in \boldsymbol{W}$ 为某开域, $\Gamma = \partial\Omega(\Omega$ 的边界), $\overline{\Omega} = \Omega \cup \Gamma$. 用 $\boldsymbol{X}_\lambda = (P(x, y, \lambda), Q(x, y, \lambda))$ 表示 (4.7.1) 右端所定义的向量场, 其轨线都横截曲面 Γ.

若在 $\overline{\Omega}$ 上存在一个同胚映射, 将 $\boldsymbol{X}_{\lambda 1}$ 的轨线映到 $\boldsymbol{X}_{\lambda 2}$ 的轨线, 并保持时间方向, 称向量场 $\boldsymbol{X}_{\lambda 1}$ 与 $\boldsymbol{X}_{\lambda 2}$ 等价, 记为 $\boldsymbol{X}_{\lambda 1} \sim \boldsymbol{X}_{\lambda 2}$. 若当 $|\lambda - \lambda_1| < \delta$ 时 $\boldsymbol{X}_\lambda \sim \boldsymbol{X}_{\lambda 1}$, 称向量场 $\boldsymbol{X}_{\lambda 1}$ 为结构稳定的. 若 $\boldsymbol{X}_{\lambda 1}$ 不是结构稳定的, 则称 λ_1 是一个参数分枝值, 而向量场 $\boldsymbol{X}_{\lambda 1}$ 称为向量场空间中的一个分枝点.

可以证明, $\boldsymbol{X}_\lambda$ 结构稳定的充分必要条件是每个奇点, 周期轨道都是双曲的 (即无高次奇点及多重极限环), 并且无连结鞍点间的轨线. 结构稳定的系统称为粗系统.

例 4.7.1 系统

$$\dot{x} = y, \quad \dot{y} = x - x^2 + \lambda y$$

当 $\lambda = 0$ 时是图 4.7.1 轨线的一个参数分枝值. 平衡点 $(1, 0)$ 的稳定性当 λ 从负到正时发生改变.

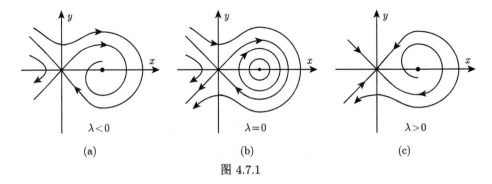

图 4.7.1

4.7.2 Hopf 分枝定理

定理 4.7.1 设参数 $\lambda = 0$ 时, 系统 $(4.7.1)_{\lambda=0}$ 以 $(0,0)$ 为中心型稳定 (不稳定) 焦点, 参数 $\lambda > 0$ 时, 系统 $(4.7.1)_\lambda$ 以 $(0,0)$ 为不稳定 (稳定) 焦点, 则对充分小的 $\lambda > 0$, 系统 $(4.7.1)_\lambda$ 在 $(0,0)$ 附近至少有一个稳定 (不稳定) 的极限环.

证　因为 $(0,0)$ 是 $(4.7.1)_{\lambda=0}$, 故存在线性变换

$$x = au + bv, \quad y = cu + dv,$$

将 $(4.7.1)_{\lambda=0}$ 化为

$$\frac{du}{dt} = -v + U_2(u,v) = U(u,v,0),$$

$$\frac{dv}{dt} = u + V_2(u,v) = V(u,v,o).$$

经过同样的线性变换, $(4.7.1)_{\lambda}$ 化为

$$\frac{du}{dt} = U(u,v,\lambda), \quad \frac{dv}{dt} = V(u,v,\lambda). \tag{4.7.2$_\lambda$}$$

以下对 $(4.7.2)_{\lambda}$ 证明定理的结论, 并且只证括号外的结论.

由于 $(0,0)$ 是 $(4.7.1)_{\lambda=0}$ 的中心型稳定焦点, 从而也使 $(4.7.2)_{\lambda}$ 的中心型稳定焦点. 根据经典的判定中心与焦点的 Poincaré 程序, 可求得一个函数

$$F(u,v) = u^2 + v^2 + F_3(u,v) + \cdots + F_{2k}(u,v),$$

使得沿着 $(4.7.2)_{\lambda=0}$ 的轨线有

$$\left.\frac{dF}{dt}\right|_{(4.7.2)_{\lambda=0}} = -c_0(u^2 + v^2)^k + (u\text{的高于 } 2k \text{ 次的项}),$$

其中常数 $c_0 > 0$, 将上式改写为

$$\left.\frac{dF}{dt}\right|_{(4.7.2)_{\lambda=0}} = -\frac{1}{2}c_0(u^2 + v^2)^k + (u^2 + v^2)^k\left[-\frac{c_0}{2} + o(\sqrt{u^2 + v^2})\right].$$

显然, 存在 $r_0 \geqslant 0$, 使得当 $u^2 + v^2 \leqslant r_0^2$ 时, 以上等式右端的方括号为负. 在区域 $u^2 + v^2 \leqslant r_0^2$ 内取函数 $F(u,v)$ 的一条等位线 $F(u,v) = \alpha_0$, 再在此等位线内部取圆 $u^2 + v^2 = r_1^2$, 则在环域 $r_1^2 \leqslant u^2 + v^2 \leqslant r_0^2$ 内沿着 $(4.7.2)_{\lambda}$ 的轨线有

$$\left.\frac{dF}{dt}\right|_{(4.7.2)_{\lambda}} = \frac{\partial F}{\partial u}U(u,v,\lambda) + \frac{\partial F}{\partial v}V(u,v,\lambda)$$

$$= \frac{\partial F}{\partial u}U(u,v,0) + \frac{F}{\partial v}V(u,v,0)$$

$$+ \left\{\frac{\partial F}{\partial u}[U(u,v,\lambda) - U(u,v,0)]\right.$$

$$+\frac{\partial F}{\partial v}[V(u,v,\lambda)-V(u,v,0)]\Big\}$$
$$=-\frac{c_0}{2}(u^2+v^2)^k+(u^2+v^2)^k\left[-\frac{c_0}{2}+o(\sqrt{u^2+v^2})\right]$$
$$+\left[\frac{dF}{dt}\Big|_{(4.7.2)_\lambda}-\frac{dF}{dt}\Big|_{(4.7.2)_{\lambda=0}}\right].$$

由于 $\dfrac{\partial F}{\partial u}$, $\dfrac{\partial F}{\partial v}$ 在此环域上有界, 又 u,v 对 λ 连续, 且在环域上关于 u,v 一致连续, 故存在充分小的 $\lambda_0>0$, 使得当 $0\leqslant\lambda\leqslant\lambda_0$ 时, 有

$$\frac{dF}{dt}\Big|_{(4.7.2)_\lambda}-\frac{dF}{dt}\Big|_{(4.7.2)_{\lambda=0}}<\frac{c_0}{2}r_1^{2k}.$$

从而当 $0\leqslant\lambda\leqslant\lambda_0$ 时, 在环域 $r_1^2\leqslant u^2+v^2\leqslant r_0^2$ 内,

$$\frac{dF}{dt}\Big|_{(4.7.2)_\lambda}<0.$$

故当参数 λ 满足 $0<\lambda\leqslant\lambda_0$ 时, 系统 $(4.7.2)_\lambda$ 的轨线过曲线 $F(u,v)=\alpha_0$ 时由外向内. 同时曲线 $F(u,v)=\alpha_0$ 所围成的区域 Ω 内只有不稳定焦点, 故由 Poincaré-Bendixson 定理, 在区域 Ω 内至少有一个稳定的极限环. 注意 Ω 的边界 $F(u,v)=\alpha_0$ 收缩到原点时, $r_1\to0,\lambda_0\to0$, 故对充分小的 λ, (4.7.2) 在原点附近有稳定的极限环. $\square$

从定理的证明可以看出, 这些极限环是这样产生的: 既然向量场 P,Q 关于 x,y,λ 有解析性, 那么它在某曲线 $F(x,y)=\alpha_0$ 上由外向内的性质就不能因为 λ 从零变为非零而突然全部改变, 但 λ 从零变为非零时, 平衡点 $(0,0)$ 由稳定变成不稳定, 在 $(0,0)$ 附近, 由外向内的性质突然变成由内向外. 这样就在曲线 $F(x,y)=\alpha_0$ 所围成的区域内, 产生了从平衡点 $(0,0)$ "冒出" 的极限环.

例 4.7.2   考虑系统

$$\frac{dx}{dt}=y,\quad\frac{dy}{dt}=-x+\lambda y-x^2y.$$

该系统对一切参数 λ, 以 $(0,0)$ 为奇点, 对应线性系统有系数矩阵

$$\begin{pmatrix}0&1\\-1&\lambda\end{pmatrix},$$

其特征值为

$$\frac{1}{2}(\lambda\pm\sqrt{\lambda^2-4})=\frac{1}{2}\lambda\pm\mathrm{i}\sqrt{1-\frac{1}{4}\lambda^2}\quad(|\lambda|<2).$$

故当 $\lambda > 0$ 时, $(0,0)$ 是不稳定焦点. 当 $\lambda = 0$ 时, 考虑 Lyapnov 函数 (将在第 5 章讨论) $F(x,y) = x^2 + y^2$, 显然有

$$\frac{dF}{dt} = 2x\dot{x} + 2y\dot{y} = 2xy + 2y(-x - x^2 y) = -2x^2 y^2 \leqslant 0.$$

而 $x = 0$ 或 $y = 0$ 不是整条轨线, 故 $(0,0)$ 为稳定焦点. 由定理 4.7.1, 对于充分小的 $\lambda > 0$, 所讨论的系统在 $(0,0)$ 附近至少存在一个稳定的极限环.

4.7.3　Poincaré 分枝与同宿、异宿分枝

设 $H(x,y)$ 是实 n 次多项式, P 和 Q 是关于 x,y 的实 m 次多项式, 考虑以下形式的扰动 Hamilton 系统

$$\frac{dx}{dt} = \frac{\partial H}{\partial y} + \varepsilon P(x,y,\lambda), \quad \frac{dy}{dt} = -\frac{\partial H}{\partial x} + \varepsilon Q(x,y,\lambda), \qquad (E_H)$$

其中 $0 < \varepsilon \ll 1$, 设 Hamilton 系统 $(E_H)_{\varepsilon=0}$ 的水平曲线

$$H(x,y) = h, \quad h \in (h_1, h_2)$$

至少存在一族闭轨 Γ_h.

考虑 Abel 积分

$$I(h) = \int_{\Gamma_h} (P(x,y)dx - Q(x,y)dy) = \int\int_{H \leqslant h} \left(\frac{\partial P(x,y)}{\partial x} + \frac{\partial Q(x,y)}{\partial y} \right) dxdy.$$

Poincaré-Pontrjagin-Andronov 全局中心分枝定理

(i) 如果 $I(h^*) = 0$ 和 $I'(h^*) \neq 0$, 那么, 存在系统 (E_H) 的一个双曲极限环 L_{h^*}, 使得当 $\varepsilon \to 0$ 时, $L_{h^*} \to \Gamma_{h^*}$. 反之, 如果系统 (E_H) 存在一个双曲极限环 L_{h^*}, 使得当 $\varepsilon \to 0$ 时, $L_{h^*} \to \Gamma_{h^*}$, 则 $I(h^*) = 0$, 其中 $h^* \in (h_1, h_2)$.

(ii) 如果 $I(h^*) = I'(h^*) = I''(h^*) = \cdots = I^{(k-1)}(h^*) = 0$, 但 $I^{(k)}(h^*) \neq 0$, 那么, 系统 (E_H) 当 ε 充分小时在 Γ_{h^*} 近旁至多存在 k 个极限环.

(iii) Abel 积分的所有孤立零点的个数 (按重次计) 是系统 (E_H) 从 Hamilton 系统 $(E_H)_{\varepsilon=0}$ 的周期解分枝出极限环个数的上界.

满足上述定理中 (i) 的闭轨 Γ_{h^*} 称为生成环. 数学家 Arnold 在 1977 年提出的弱化的 Hilbert 第 16 个问题, 即要求确定 $n-1$ 次 Hamilton 系统在 m 次扰动下从一个周期环域分枝出的极限环个数的上界 $N(n,m) = N(n,m,H,P,Q)$. 由于这个问题仅考虑近似可积系统 (多项式系统的一类子系统) 的极限环个数, 故称它为弱化的 Hilbert 第 16 个问题. 而完全的 Hilbert 第 16 个问题的第二部分是问 n 次平面多项式系统可能产生的极限环最大个数与分布如何.

为证明 Poincaré-Pontrjagin-Andronov 全局中心分枝定理, 必须研究 Poincaré 回归映射. 将问题归结为计算下面的距离函数的零点个数:

$$d(h,\varepsilon) = \varepsilon M_1(h) + \varepsilon^2 M_2(h) + \cdots + \varepsilon^k M_k(h) + \cdots,$$

其中, $d(h,\varepsilon)$ 定义在流的一条截线上, 由 Hamilton 量 h 所参数化. $I(h)$ 正好等于 $M_1(h)$. 函数 $M_k(h)$ 称为 k-阶 Melnikov 函数. 如果 $I(h) = M_1(h) \equiv 0$, 需要估计高阶 Melnikov 函数的零点个数. 第一个非零 Melnikov 函数 $M_k(h)$ 的零点个数决定了系统 (E_H) 从系统 $(E_H)_\varepsilon$ 的周期轨道分枝出的极限环个数.

为了更方便地应用上述的 Poincaré-Pontrjagin-Andronov 全局中心分枝定理并综合地考虑同宿与异宿轨道的分枝, 以下介绍我们提出的判定函数方法. 考虑依赖于两个参数的系统

$$\frac{dx}{dt} = \frac{\partial H}{\partial y} - \mu x(p(x,y) - \lambda), \qquad \frac{dy}{dt} = -\frac{\partial H}{\partial x} - \mu y(q(x,y) - \lambda), \qquad (4.7.1)_\mu$$

其中 $H(x,y)$, $p(x,y)$, $q(x,y)$ 关于 x, y 解析, $p(0,0) = q(0,0) = 0$, $0 < \mu < l$. 原点 $(0,0)$ 是 $(4.7.1)_0$ 的奇点之一.

当 $\mu = 0$ 时, $(4.7.1)_0$ 是可积的全微分系统, 又称 Hamilton 系统, 该系统有首次积分

$$H(x,y) = h. \qquad (4.7.2)$$

假设下面的条件成立:

条件 4.7.1   当 $h \in (h_1, h_2)$ 时, $(4.7.1)_0$ 的首次积分 (4.7.2) 所对应的轨道中存在包围一个或多个奇点一系闭分枝族 Γ^h, Γ^h 随 h 的增加而扩张, 关于时间参数有负定向.

研究系统 $(4.7.1)_\mu$ 当参数 $\mu \neq 0$ 时, 由闭轨线族产生极限环的问题, 称为 Poincaré 分枝.

用 D^h 表示闭轨 Γ^h 所包围的平面区域.

定义 4.7.1   函数

$$\lambda(h) = \frac{\displaystyle\iint_{D^h} f(x,y)dxdy}{2\displaystyle\iint_{D^h} dxdy} = \frac{\psi(h)}{\varphi(h)} \qquad (4.7.3)$$

称为 $(4.7.1)_\mu$ 所应于 Γ^h 的判定函数, 在 h-λ 平面上, 函数 $\lambda = \lambda(h)$ 的图形称为判定曲线, 其中

$$f(x,y) = x\frac{\partial p}{\partial x} + y\frac{\partial q}{\partial y} + p + q, \quad h \in (h_1, h_2). \qquad (4.7.4)$$

定理 4.7.2 (闭轨线分枝定理)　设 $0 < \mu \ll 1, \mu$ 固定, 条件 4.7.1 成立, 对于给定的参数值 $\lambda = \lambda_0$, 考虑 h-λ 平面上的直线 $\lambda = \lambda_0$ 与判定曲线 $\lambda = \lambda(h)$ 的交点集合 S. 于是

(i) 若 S 恰由一点 (h_0, λ_0) 组成, $\lambda'(h_0) > 0 (< 0)$, 则 $(4.7.1)_\mu$ 在 Γ^{h_0} 近旁存在唯一的稳定 (不稳定) 极限环.

(ii) 若 S 恰由两点 (h_0, λ_0), (h_1, λ_1) 组成, $h_1 > h_0$ 且 $\lambda'(h_1) > 0$, $\lambda'(h_0) < 0$, 则 $(4.7.1)_\mu$ 在 Γ^{h_1}, Γ^{h_0} 近旁分别有一个极限环, 在 Γ^{h_1} 近旁的稳定, Γ^{h_0} 近旁的不稳定.

(iii) 若 S 恰由一点 (h_0, λ_0) 组成, $\lambda'(h_0) = 0$, $\lambda''(h_0) \neq 0$, 则在 Γ^{h_0} 近旁 $(4.7.1)_\mu$ 存在唯一的半稳定极限环.

(iv) 若 S 包含点 (h_0, λ_0) 且 $\lambda'(h_0) = \lambda''(h_0) = \cdots = \lambda^{(k-1)}(h_0) = 0$, $\lambda^{(k)}(h_0) \neq 0$, 则 $(4.7.1)_\mu$ 在 Γ^{h_0} 的近旁不存在多于 k 个极限环.

(v) 若 S 为空集, 则在 Γ^{h_0} 近旁 $(h_0 \in (h_1, h_2))$ 不存在极限环.

注释 4.7.1　若条件 4.7.1 中 Γ^h 随 h 的增大而缩小, 则定理中极限环存在时, 其稳定性与所述情况相反.

注释 4.7.2　若 $H(x, y) = h$ 的对应曲线族含有多族闭分枝, 对每族都考虑与之对应的判定函数, 进行综合分析, 可得到多种形式的极限环分布和分枝曲线.

在平面定性理论中, 对连结一个鞍点的分解线环, 往往称为同宿 (homoclinic) 轨道, 而两个鞍点间的连结轨道则称为异宿 (heteroclinic) 轨道.

为了研究从鞍点分界线环产生的分枝, 以下再设

条件 4.7.2　当 $h \in (h_1, h_2)$ 时, 条件 4.7.1 成立, 当 $h \to h_2(h_1)$ 时, 曲线 $H(x, y) = h_2(h_1)$ 的全体或某分枝是包围着 $\{\Gamma^h\}$ (含于 $\{\Gamma^h\}$ 的内部) 的系统 $(4.7.1)_0$ 的同宿或异宿轨线, $(4.7.1)_\mu$ 所定义的方向场具有旋转 $\dfrac{2\pi}{k} (k = 1, 2, \cdots)$ 的不变性, $(4.7.1)_0$ 的所有鞍点都是双曲的, 判定函数中 $\psi(h) \neq 0$.

定理 4.7.3 (奇异闭轨线分枝定理)　设条件 4.7.1 与 4.7.2 成立, 则对足够小的 $\mu > 0$, 当 $\lambda = \lambda(h_2) + 0(\mu)$ (或 $\lambda = \lambda(h_1) + 0(\mu)$) 时, $(4.7.1)_\mu$ 存在同宿或异宿轨道.

以上两个定理的证明较长, 故略去.

对于 (4.7.3) 所定义的判断函数, 若 $\{\Gamma^h\}$ 当 $h \to h_1$ 时, 收缩到奇点 (中心), 其坐标为 (ξ, η), 则由二重积分关于区域求导的定理, 我们可得

定理 4.7.4 (Hopf 分枝值)　系统 $(4.7.1)_\mu$ 在奇点 (ξ, η) 的 Hopf 分枝参数值

$$\lambda = \frac{1}{2}f(\xi, \eta) + 0(\mu). \tag{4.7.5}$$

由定理 4.7.4 可见, 只要知道奇点的坐标, 就能确定这个参数值.

以下设 (x_0, y_0) 为 $(4.7.1)_\mu = 0$ 的双曲鞍点. 当 $(4.7.1)_0$ 经扰动后化为 $(4.7.1)_\mu$, 系统有发散量

$$\sigma(x, y) = \frac{\partial}{\partial x}\left(\frac{dx}{dt}\right) + \frac{\partial}{\partial y}\left(\frac{dy}{dt}\right) = -\mu[f(x, y) - 2\lambda]. \tag{4.7.6}$$

在平面动力系统的分枝理论中, 称 $\sigma(x_0, y_0)$ 为 $(4.7.1)_\mu$ 的鞍点量. 以下设 $(4.7.1)_0$ 的同宿轨道同宿到 (x_0, y_0), 当 $h \to h_2$ 时, Γ^h 趋于该同宿轨. 可以证明

定理 4.7.5 (同宿分枝的方向判定定理)　设对应于 $(4.7.1)_\mu$ 的鞍点 (x_0, y_0) 的鞍点量

$$\sigma(x_0, y_0) = -\mu[f(x_0, y_0) - 2\lambda(h_2)] > 0 \quad (< 0), \tag{4.7.7}$$

则对于 $(4.7.3)$ 所定义的判定函数, 其导数满足关系

$$\lim_{h \to h_2} \lambda'(h) \stackrel{\text{def}}{=} \lambda'(h_2) = -\infty \quad (+\infty). \tag{4.7.8}$$

定理 4.7.4 说明, 由鞍点量可以确定判定曲线在 $h = h_2$ 近旁是上升还是下降的, 从而确定了同宿分枝的分枝方向.

综合应用上面的四个定理, 可以系统地研究给定的具有对称性的 Hamilton 扰动系统的全局动力学性质. 注意, 对于同宿与异宿分枝, 对称性条件是非常重要的.

例 4.7.3　研究软弹簧非线性振动系统

$$\ddot{x} + \mu\dot{x}(a_{11}x^2 + a_{12}y^2 - \lambda) + x - x^3 = 0 \tag{4.7.9}$$

的分枝与相图.

解　系统 $(4.7.9)$ 等价于二维方程组

$$\frac{dx}{dt} = y, \quad \frac{dy}{dt} = -x + x^3 - \mu y(a_{11}x^2 + a_{22}y^2 - \lambda). \tag{4.7.10}$$

$(4.7.10)_0$ 有首次积分

$$H(x, y) = 2(x^2 + y^2) - x^4 = h. \tag{4.7.11}$$

于是, $y = \pm y(x) = \pm\dfrac{1}{\sqrt{2}}\sqrt{h - 2x^2 + x^4}$. 当 $h = 1$ 时, $(4.7.11)$ 为连结鞍点 $A(-1, 0)$, $B(1, 0)$ 包含原点 $0(0, 0)$ 于其内的异宿轨线.

令 $\beta^2 = 1 + \sqrt{1-h}$, $\alpha^2 = 1 - \sqrt{1-h}$, $0 < h < 1$, $k^2 = \dfrac{\alpha^2}{\beta^2} = \dfrac{1 - \sqrt{1-h}}{1 + \sqrt{1-h}}$. 当 $0 < h < 1$ 时, $(4.7.11)$ 存在一系包围原点 $0(0, 0)$ 的闭分枝族 $\{\Gamma^h\}$. 引入判定函数

$$\lambda(h) = \frac{\psi(h)}{\varphi(h)} = \frac{\int_{-\alpha}^{\alpha} dx \int_{-y(x)}^{y(x)} (a_{11}x^2 + 4a_{12}xy + 3a_{22}y^2 + 2a_{13}x + 4a_{23}y)dy}{2\sqrt{2}\int_0^{\alpha} \sqrt{h - 2x^2 + x^4}dx}.$$

(4.7.12)

计算 (4.7.12) 中的分子、分母分别得

$$\varphi(h) = \varphi(k(h)) = \frac{8}{3}(1 + k^2)^{-3/2}[(1 + k^2)E(k) - (1 - k^2)K(k)], \qquad (4.7.13)$$

$$\begin{aligned} \psi(h) =& \psi(k(h)) = \frac{16}{105(1 + k^2)^{7/2}} \left\{ 7a_{11}[2(1 + k^2)(1 - k^2 + k^4)E(k) \right. \\ & -(1 - k^4)(2 - k^2 K(k)] + 3a_{22}[2(-k^6 + 5k^4 + 5k^2 - 1)E(k) \\ & \left. +(1 - k^2)(-k^4 - 9k^2 + 2)K(k)] \right\}, \end{aligned}$$

(4.7.14)

其中 $K(k), E(k)$ 分别为第一、第二类完全椭圆积分:

$$E(k) = \int_0^{\frac{\pi}{2}} \sqrt{1 - k^2 \sin^2\theta}\, d\theta, \quad K(k) = \int_0^{\frac{\pi}{2}} \frac{d\theta}{\sqrt{1 - k^2 \sin^2\theta}}. \qquad (4.7.15)$$

利用完全椭圆积分的求导公式

$$\frac{dK}{dk} = K'(k) = \frac{E(k)}{k(1 - k^2)} - \frac{K(k)}{k}, \quad \frac{dE}{dk} = E'(k) = \frac{E(k) - K(k)}{k},$$

并且注意到 $\dfrac{dk}{dh} = \dfrac{1}{2k\sqrt{1 - h}(1 + \sqrt{1 - h})^2} = \dfrac{(1 + k^2)^3}{8(1 - k^2)k}$, 细致地计算可得

$$\frac{d\varphi}{dh} = \sqrt{1 + k^2}K(k). \qquad (4.7.16)$$

$$\frac{d^2\varphi}{dh^2} = \frac{(1 + k^2)^{5/2}[(1 + k^2)E(k) - (1 - k^2)K(k)]}{8k^2(1 - k^2)^2} = \frac{3(1 + k^2)^4}{64k^2(1 - k^2)^2}\varphi(h).$$

(4.7.17)

$$\frac{d\psi}{dh} = \frac{2a_{11}}{\sqrt{1 + k^2}}[K(k) - E(k)] + \frac{3}{4}a_{22}\varphi(h). \qquad (4.7.18)$$

$$\frac{d^2\psi}{dh^2} = \frac{a_{11}(1 + k^2)^{3/2}}{4(1 - k^2)^2}[2E(k) - (1 - k^2)K(k)] + \frac{3}{4}a_{22}\sqrt{1 + k^2}K(k). \qquad (4.7.19)$$

当 $h \to 1$ 时, $k \to 1$. 由 (4.7.3), (4.7.14) 得

$$\lim_{h \to 1} \lambda(h) = \frac{7a_{11} + 12a_{22}}{35}.$$

当 $h \to 0$ 时, $k \to 0$, $\lim\limits_{h\to 0} \lambda(h) = 0$. 故若设 $a_{11} > 0$, $a_{22} > 0$, $\lambda(h)$ 可取得 0 与 $\dfrac{7a_{11} + 12a_{22}}{35}$ 之间的一切中间值. 而 $\lambda(0) = 0 + O(\mu)$ 为 Hopf 分枝参数值.

由 (4.7.16), (4.7.18) 得到

$$\lambda'(h) = \frac{1}{\varphi(h)\sqrt{1+k^2}} \left[\frac{3}{4}\sqrt{1+k^2}\, a_{22}\varphi(h) - 2a_{11}E(k) + (2a_{11} - (1+k^2)\lambda)K(k) \right].$$
$$(4.7.20)$$

由于 $\lim\limits_{k\to 0} E(K) = \lim\limits_{k\to 0} K(k) = \dfrac{\pi}{2}$, $\lim\limits_{k\to 1} E(k) = 1$, $\lim\limits_{k\to 1} K(k) = +\infty$, 由 (4.7.20) 可见

$$\lim_{h\to 1} \lambda'(h) = \begin{cases} +\infty, & \text{当 } a_{11} > \dfrac{3}{7}a_{22}\text{时}, \\[2mm] -\infty, & \text{当 } a_{11} < \dfrac{3}{7}a_{22}\text{时}. \end{cases}$$

根据 $E(k)$, $K(k)$ 的幂级数展开式得

$$(1+k^2)E(k) - (1-k^2)K(k) = \frac{\pi}{2}\left[\frac{3}{2}k^2 + o(k^4) \right],$$

故

$$\lim_{h\to 0} \frac{d^2\varphi}{dh^2} = \lim_{k\to 0} \frac{(1+k^2)^{5/2}\pi}{16(1-k^2)^2}\left[\frac{2}{3} + o(k^2) \right] = \frac{3\pi}{32}.$$

又

$$\lim_{k\to 0} \frac{d^2\psi}{dh^2} = \frac{(2a_{11} + 3a_{22})}{8}, \quad \lim_{h\to 0} \frac{d\varphi}{dh} = \frac{\pi}{2}.$$

利用 L'Hospital 法则可得

$$\lim_{h\to 1} \lambda'(h) = \lim_{h\to 0} \frac{\psi'' - \lambda\varphi''}{2\varphi'} = \frac{(2a_{11} + 3a_{22})}{8}.$$

由上述讨论可见, 对于 $h \in (0,1)$, 在 $h = 0$ 的右邻域内, $\lambda'(h) > 0$, 故 $(4.7.10)_\mu$ 在 Γ^h 的近旁存在稳定极限环.

当 $a_{11} > \dfrac{3}{7}a_{22}$ 时, 计算 $\psi''\varphi' - \varphi''\psi'$, 可以证明 $\dfrac{d}{dh}\left(\dfrac{\varphi'}{\psi'} \right) > 0$, 又因为 $\varphi(0) = \psi(0) = 0$, $\varphi'(h) > 0$, $\psi'(h) > 0$, 且 $\lambda(h) = \dfrac{\psi(h)}{\varphi(h)}$ 单调增加, 因此在 $(4.7.10)_0$ 的闭轨线 Γ^h 近旁存在 $(4.7.10)_\mu$ 的两参数周期解, 当 $h \to 1$ 时, 趋于异宿轨线.

当 $a_{11} < \dfrac{3}{7}a_{22}$ 时, 由于 $\lambda'(h) = -\infty$, 故在 h-λ 平面上, 直线 $\lambda = \lambda(0) = \dfrac{7a_{11} + 12a_{22}}{35}$ 上必至少存在一个点 (h^*, λ^*) 使得当 $\lambda^* = \lambda(h^*)$ 时, $\psi'(h^*) -$

$\lambda^*\varphi'(h^*) = 0.$ 设 h 值使得 $\psi'(h) - \lambda\varphi'(h) = 0$, 其中 $\lambda = \lambda(h)$. 利用 (4.7.16)—(4.7.19) 可以证明 $\psi'' - \lambda\varphi'' < 0$, 因此 λ^* 是函数 $\lambda = \lambda(h)$ 的唯一的极大值. 由上述讨论可知, 当 $a_{11} < \dfrac{3}{7}a_{22}$ 时, 存在参数值 $\lambda = \lambda(h_1) = \lambda(h_2)$, 使得 $(4.7.10)_\mu$ 可能存在一个不稳定环, 一个稳定环.

综合上述讨论, 得到以下结论.

设 $(4.7.10)_\mu$ 中 $a_{11} > \dfrac{3}{7}a_{22} \geqslant 0$, 则在 $(4.7.10)_0$ 的闭轨线 Γ^h 近旁存在 $(4.7.10)_\mu$ 的唯一的依赖于两参数 λ, μ 的极限环; 当 $\lambda = \lambda_b = \dfrac{7a_{11} + 12a_{22}}{35} + 0(\mu)$ 时, $(4.7.10)_\mu$ 存在稳定的异宿轨线.

若设 $0 < a_{11} < \dfrac{3}{7}a_{22}$, 则存在 $\lambda = \lambda(h) > \lambda_b$, 使得 $(4.7.10)_\mu$ 恰有两个极限环, 靠近原点的一个稳定, 另一个不稳定. 当 $\lambda = \lambda_b + 0(\mu)$ 时, $(4.7.10)_\mu$ 的异宿轨线不稳定. 如图 4.7.2和图 4.7.3.

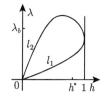

(1) l_1: 当$a_{11} > \dfrac{3}{7}a_{22}$时; (2) l_2: 当$a_{11} < \dfrac{3}{7}a_{22}$时

图 4.7.2　判定曲线图

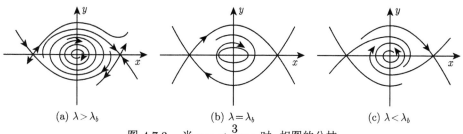

(a) $\lambda > \lambda_b$　　　　　(b) $\lambda = \lambda_b$　　　　　(c) $\lambda < \lambda_b$

图 4.7.3　当 $a_{11} < \dfrac{3}{7}a_{22}$ 时, 相图的分枝

习　题　4

1. 判定下列方程组奇点类型, 并画出奇点附近曲线分布图:

(1) $\dot{x} = -3x + 6y,\ \dot{y} = -2x;$

(2) $\dot{x} = 4y - x,\ \dot{y} = 3x + y;$

(3) $\dot{x} = 2x + y,\ \dot{y} = x + 2y;$

(4) $\dot{x} = -3x + y, \dot{y} = -x - y$;

(5) $\dot{x} = -x + 2y, \dot{y} = x + y$.

2. 讨论 $\dot{x} = ax + by, \quad \dot{y} = cy$ 的奇点类型, a, b, c 为常数且 $ac \neq 0$.

3. 证明: 若 $\dot{x} = mx + ny, \quad \dot{y} = -(ax + by)$ 的奇点为中心时, 方程 $(ax + by)dx + (mx + ny)dy = 0$ 为全微分方程, 但其逆不一定成立.

4. 有阻尼的弹性方程为 $m\ddot{x} + r\dot{x} + kx = 0$, 其中 $k > 0, r \geqslant 0, m > 0$ 分别表示振动系统的弹性系数、阻尼系数及质量. 讨论平衡位置 $x = 0$ 的稳定性.

5. 确定下列方程组的奇点类型并作相图:

(1) $\dot{x} = y, \quad \dot{y} = x(a^2 - x^2) + by \qquad (ab \neq 0)$;

(2) $\dot{x} = y, \quad \dot{y} = -ay - b\sin(x) \qquad (a \geqslant 0, b > 0)$;

(3) $\dot{x} = 9x - 6y + 4xy - 5x^2, \quad \dot{y} = 6x - 9y - 5xy + 4y^2$.

6. 讨论 Van der Pol 方程自激振荡系统 $\ddot{x} + \varepsilon(x^2 - 1)\dot{x} + x = 0$ 的奇点类型, 其中 $\varepsilon > 0$.

7. 试判定下列方程组极限环的类型:

(1) $\dot{x} = y, \quad \dot{y} = -x + y(x^2 + y^2 - 1)$;

(2) $\dot{x} = -y + x(y^2 + x^2 - 1)^2, \quad \dot{y} = x + y(y^2 + x^2 - 1)^2$;

(3) $\dot{x} = x(x^2 + y^2 - 1)(x^2 + y^2 - 9) - y(x^2 + y^2 - 4), \quad \dot{y} = y(x^2 + y^2 - 1)(x^2 + y^2 - 9) + x(x^2 + y^2 - 4)$.

8. 判定下列方程组有无极限环存在:

(1) $\dot{x} = -2x + y - 2xy^2, \quad \dot{y} = y + x^3 - x^2 y$;

(2) $\dot{x} = x + y + \dfrac{1}{3}x^3 - xy^2, \quad \dot{y} = -x + y + x^2 y + \dfrac{2}{3}y^3$.

9. 证明 $\ddot{x} + (a - \alpha x)x + (b - \beta\dot{x})\dot{x} = 0$ 不存在极限环, 其中 a, b, α, β 为常数且 $b \neq 0$.

10. 讨论方程组 $\dot{x} = y - (x^3 - \lambda x), \quad \dot{y} = -x$ 的极限环存在性, 其中 $\lambda > 0$.

第 5 章　稳定性理论的概念与方法

5.1　稳定性定义与 V 函数

5.1.1　问题的提出

考察向量微分方程

$$\frac{d\vec{x}}{dt} = \vec{f}(t, \vec{x}),\tag{5.1.1}$$

其中 $\vec{x} = (x_1, x_2, \cdots, x_n)^{\mathrm{T}}$, $\vec{f}(t, \vec{x}) = (f_1, f_2, \cdots, f_n)^{\mathrm{T}}$. 设 (5.1.1) 的右端 $\vec{f}(t, x)$ 在 $I \times \Omega$ 上有定义, 并满足初值问题解的存在与唯一性定理的条件, 其中 $I = [\tau, +\infty)$, Ω 为 $\mathbb{R}^n$ 中某区域.

(5.1.1) 代表某一物理系统的运动方程, t 表示时间, x 表示运动状态, 故对每个初值 $\vec{x}(t_0) = \vec{x}_0$, (5.1.1) 的唯一解称为一个运动.

由于微分方程本身是从物理等实际过程中抓住本质因素, 忽略次要因素而得到的数学模型, 次要因素一般称为干扰因素, 它们可能瞬时地起作用, 也可能持续地起作用. 在数学上, 前者引起初值变化, 后者引起微分方程本身变化. 于是就提出这样的问题: 初值条件或微分方程本身的微小变化, 是否只引起对应解的微小变化? 因此粗略地讲, 若系统在微小干扰下产生的运动状态, 与原状态相差不大, 就说系统是稳定的, 否则就称不稳定的.

本章的目的, 就是从数学上对稳定性概念作精确描述, 并介绍系统稳定性的判别的主要方法.

5.1.2　稳定性的定义

设 $x = \tilde{x}(t)$, $t \in I = (\tau, +\infty)$ 是系统 (5.1.1) 的一个特解 (为了方便, 省去向量符号 $\vec{}$). 按 Lyapunov 的说法, 称解 $x = \tilde{x}(t)$ 为未受干扰运动, 而其他解 $x = x(t, t_0, x_0)$ 称为受干扰运动, 称差值 $x(t, t_0, x_0) - \tilde{x}(t)$ 为扰动或干扰, 称 $x_0 - \tilde{x}(t_0)$ 为初始扰动或初始干扰.

定义 5.1.1 $\forall \varepsilon > 0$, 若存在 $\delta = \delta(\varepsilon, t_0) > 0$, 使得当

$$\|x_0 - \tilde{x}(t_0)\| < \delta(\varepsilon, t_0) \tag{5.1.2}$$

时, 解 $x = x(t, t_0, x_0)$ 都在 $t \geqslant t_0$ 有定义, 且当 $t \geqslant t_0$ 时, 有不等式

$$\|x(t, t_0, x_0) - \tilde{x}(t)\| < \varepsilon, \tag{5.1.3}$$

则称解 $x = \tilde{x}(t)$ 是稳定的 (Lyapunov 意义下的稳定性).

若 $x = \tilde{x}(t)$ 不是稳定的, 即若存在两个数 $\varepsilon > 0$ 与 $t_0 \in I$, 使得对任何 $\delta > 0$, 都至少有一个 x_0, 它满足 (5.1.2), 但对解 $x = x(t, t_0, x_0)$ 在 $t = \xi > t_0$ 处无定义, 或 (5.1.3) 不成立, 即

$$\|x(\xi, t_0, x_0) - \tilde{x}(\xi)\| \geqslant \varepsilon, \tag{5.1.4}$$

则称解 $x = \tilde{x}(t)$ 是不稳定的.

定义 5.1.2 若定义 5.1.1 中的 δ 与 t_0 无关, 则称解 $x = \tilde{x}(t)$ 是一致稳定或均匀稳定的.

定义 5.1.3 若对任意的 $t_0 \in I$, 总存在 $\eta(t_0) > 0$, 使得对于凡是满足 $\|x_0 - \tilde{x}(t_0)\| < \eta(t_0)$ 的一切 x_0, 都有

$$\lim_{t \to +\infty} [x(t, t_0, x_0) - \tilde{x}(t)] = 0, \tag{5.1.5}$$

则称解是吸引的.

特别, 若 (5.1.5) 关于 x_0 一致地成立, 即 $\forall \varepsilon > 0$, $t_0 \in I$, 总存在 $\eta(t_0) > 0$, $\sigma(\varepsilon, t_0) > 0$, 使得当 $\|x_0 - \tilde{x}(t_0)\| < \eta(t_0)$ 时, 对一切 $t \geqslant t_0 + \sigma(\varepsilon, t_0)$ 有

$$\|x(t, t_0, x_0) - \tilde{x}(t)\| < \varepsilon,$$

则称解 $x = \tilde{x}(t)$ 是同等吸引的.

进而, 若上述定义中 η 与 σ 与 t_0 无关, 则称解 $x = \tilde{x}(t)$ 是一致吸引的.

定义 5.1.4 对给定的 $t_0 \in I$, 集合

$$D(t_0) = \{x_0 \in \Omega : x(t, t_0, x_0) - \tilde{x}(t) \to 0, \ t \to +\infty\}$$

称为解 $x = \tilde{x}(t)$ 在 t_0 的吸引区域. 如果对于每个 $t_0 \in I$, $D(t_0) = \Omega = \mathbb{R}^n$, 则称解 $x = \tilde{x}$ 是全局吸引的.

定义 5.1.5 若解 $x = \tilde{x}(t)$ 是稳定的, 又是吸引的 (同等吸引、全局吸引), 则称解 $x = \tilde{x}(t)$ 是渐近稳定 (同等渐近稳定、全局渐近稳定) 的.

又若解 $x = \tilde{x}(t)$ 既一致稳定, 又一致吸引, 称解 $x = \tilde{x}(t)$ 一致渐近稳定.

定义 5.1.6 若存在 $\alpha > 0$, 且 $\forall \varepsilon > 0$, 存在 $\delta = \delta(\varepsilon) > 0$, 使得当 $\|x_0 - \tilde{x}(t_0)\| < \delta$ 时有

$$\|x(t,t_0,x_0) - \tilde{x}(t)\| < \varepsilon e^{-\alpha(t-t_0)}, \tag{5.1.6}$$

则称解 $x = \tilde{x}(t)$ 是指数渐近稳定的.

显然, 若 $x = \tilde{x}(t)$ 指数渐近稳定, 必一致渐近稳定.

注 1 若函数 $f(t,x)$ 满足唯一性条件, 根据解关于初值的连续性, 用另一 $t_0^* \in I$, 代替定义 5.1.1 中具有任意性的 t_0, 结果同原定义等价.

注 2 对于系统 (5.1.1), 特解 $x = \tilde{x}(t)$ 的稳定性问题, 可通过代换 $y = x - \tilde{x}(t)$, 化成关于 y 的方程组

$$\frac{dy}{dt} = \frac{dx}{dt} - \frac{d\tilde{x}(t)}{dt} = f(t,x) - f(t,\tilde{x}(t))$$
$$= f(t,y+\tilde{x}(t)) - f(t,\tilde{x}(t)) \equiv F(t,y) \tag{5.1.7}$$

的零解 $y = 0$ 的稳定性问题. 故对于零解 $\tilde{x} = 0$ 而言, 上述定义中的模符号 $\|\cdot\|$ 内的 $\tilde{x}(t)$ 都可换为 $\tilde{x} = 0$, 而使讨论简化. 区域 $\Omega \subset \mathbb{R}^n$ 就是原点 $x = 0$ 的某邻域. 今后我们都只讨论 (5.1.1) 零解的稳定性.

注 3 稳定性概念是一个局部的概念. 只涉及所考察的解 $x = \tilde{x}(t)$ 附近其他解的特征, 故上述定义中的 $\delta > 0$, $\eta > 0$ 都很小.

例 5.1.1 考虑一阶微分方程

$$\dot{x} = (6t\sin(t) - 2t)x.$$

它有零解 $x = 0$, 讨论零解的稳定性态.

解 方程可以直接积分得

$$x(t,t_0,x_0) = x_0 e^{\left(6\sin(t) - 6t\cos(t) - t^2 - 6\sin(t_0) + 6t_0\cos(t_0) + t_0^2\right)}.$$

当 $t \geqslant t_0 \geqslant 0$ 时有

$$|x(t,t_0,x_0)| \leqslant |x_0| e^{12 + (t+t_0)(6-t+t_0)}.$$

由于上式右端当 $t \to \infty$ 时趋于零. 由连续性可知对任意的 $t_0 \geqslant 0$ 和 $\varepsilon > 0$, 存在 $\delta = \delta(\varepsilon, t_0)$ 使得当 $t \geqslant t_0$ 时有

$$\delta e^{12 + (t+t_0)(6-t+t_0)} \leqslant \varepsilon.$$

因此对 $|x_0| < \delta$, $t \geqslant 0$ 有

$$|x(t,t_0,x_0)| \leqslant |x_0| e^{12 + (t+t_0)(6-t+t_0)} < \varepsilon,$$

于是方程的零解是稳定的.

但是, 对于 $t = 2n\pi$, $x_0 > 0$, 由解的表达式可以得到

$$
\begin{aligned}
& x\left((2n+1)\pi, x_0, 2n\pi\right) \\
&= x_0 \exp\left[6(2n+1)\pi - (2n+1)^2\pi^2 - 12n\pi + 4n^2\pi^2\right] \\
&= x_0 \exp\left[(4n+1)\pi(6-\pi)\right] \to \infty \quad (n \to \infty),
\end{aligned}
$$

因此零解不是一致稳定的, 更不可能是一致渐近稳定的.

不过, 如果令 $T > 6$, $t_0 \geqslant 0$, 则当 $t \geqslant t_0 + T$ 时有 $t + t_0 \geqslant T$, 得到

$$
\begin{aligned}
|x(t, t_0, x_0)| &\leqslant |x_0| \exp\left[12 + (t + t_0)(6 - T)\right] \\
&\leqslant |x_0| \exp\left[12 + T(6 - T)\right].
\end{aligned}
$$

这样对任意的 $\delta_0 > 0$ 与 $\varepsilon > 0$, 存在 $T = T(\varepsilon, \delta_0) > 6$, 使得 $\delta_0 \exp\left[12 + T(6 - T)\right]$ $\leqslant \varepsilon$, 从而对任意的 $|x_0| < \delta_0$, $t_0 \geqslant 0$, 当 $t \geqslant t_0 + T$ 时有

$$
\begin{aligned}
|x(t, t_0, x_0)| &\leqslant |x_0| \exp\left[12 + T(6 - T)\right] \\
&< \delta_0 \exp\left[12 + T(6 - T)\right] \leqslant \varepsilon.
\end{aligned}
$$

因此零解还是一致吸引的, 即零解是渐近稳定的.

例 5.1.2 考虑微分方程组

$$
\dot{x_1} = -x_2, \quad \dot{x_2} = x_1.
$$

容易求得方程的解为

$$
x_1(t) = x_{10}\cos(t - t_0) - x_{20}\sin(t - t_0),
$$

$$
x_2(t) = x_{10}\sin(t - t_0) - x_{20}\cos(t - t_0),
$$

其中 x_{10}, x_{20} 表示 $t = t_0$ 的初值, 于是我们有

$$
\|x(t)\| = \left[x_1^2(t) + x_2^2(t)\right]^{\frac{1}{2}} = \left[x_{10}^2 + x_{20}^2\right]^{\frac{1}{2}} = \|x_0\|.
$$

因此, 对于任意给定的 $\varepsilon > 0$, 只要 $\|x_0\| < \delta = \varepsilon$ 时, 就有 $\|x(t)\| < \varepsilon (t \geqslant t_0)$, 故原方程组的零解为稳定. 显然, 由于对任意的 $t_0 \geqslant 0$, 均有 $\|x(t)\| < \varepsilon (t \geqslant t_0)$, 故它还是一致稳定的. 但是, 方程组的零解不是渐近稳定的.

例 5.1.3 考虑方程

$$
\dot{x} = -\frac{x}{t + 1},
$$

容易求得通解

$$x = x(t, t_0, x_0) = x_0 \frac{t_0 + 1}{t + 1}.$$

于是有

$$|x(t, t_0, x_0)| \leqslant |x_0| \quad (t \geqslant t_0).$$

由此可见方程的零解一致稳定, 而且对于任何确定的 $x_0, t_0 \geqslant 0$ 都有

$$\lim_{t \to \infty} x(t, t_0, x_0) = \lim_{t \to \infty} x_0 \frac{t_0 + 1}{t + 1} = 0,$$

所以方程的零解是渐近稳定的. 但由于 $t = t_0 + T$ 时,

$$x(t, t_0, x_0) = \frac{x_0}{1 + \dfrac{T}{t_0 + 1}}.$$

于是当 $t_0 \to \infty$ 时, $x(t, t_0, x_0) \to x_0$. 因此, 方程的零解不是一致吸引的, 即不是一致渐近稳定的.

例 5.1.4　一阶常系数线性方程

$$\dot{x} = -ax \quad (a > 0)$$

有零解 $x = 0$, 且通解为

$$x(t, t_0, x_0) = x_0 e^{-a(t-t_0)}.$$

显然, 其零解是指数渐近稳定的.

但对一阶方程

$$\dot{x} = x^3$$

有零解 $x = 0$, 其通解为

$$x(t, t_0, x_0) = x_0 \left[1 + 2x_0^2 (t - t_0)\right]^{-\frac{1}{2}}.$$

易证它是一致渐近稳定的, 却不是指数渐近稳定的.

5.1.3　稳定性的研究方法阐述

上述例子中, 所给的方程都是可求解的, 但这种情形极少见. 因此, 有必要寻找其他方法而根据方程右端的函数直接判定其稳定性.

1892 年, Lyapunov 在他的博士论文《运动稳定性的一般问题》中提出了两类方法: 第一类方法, 把一般解表示成某种级数形式, 研究稳定性, 称 Lyapunov 第一方法; 第二类方法是寻找具有某性质的辅助函数 $V(t, x)$, 直接根据方程右端函数判定解的稳定性, 称 Lyapunov 第二方法或直接法.

第一类方法由于实用上的限制, 很少发展, 而第二类方法在 20 世纪得到迅速发展, 迄今仍然在复杂系统的稳定性理论中广泛应用. 正如 Lasall 在 20 世纪 60 年代初所述, "稳定性的理论在吸引着全世界数学家的注意, 而且 Lyapunov 直接法现在得到了工程师们的广泛赞赏""稳定性理论正迅速变成训练控制论方面工程师的一标准部分". 本章主要介绍 Lyapunov 第二方法的基本思想.

5.1.4 V 函数与 K 函数

所谓 Lyapunov V 函数, 是一类属于 C^1 的函数 $V(t, x)$, 它满足 $V(t, 0) = 0$, $t \in I' \subseteq I$, $x \in \Omega' \subseteq \Omega$.

定义 5.1.7 函数 $V(t, x)$ 沿系统 (5.1.1) 的轨线关于 t 的全导数, 是指

$$V'(t, x) = \frac{dV}{dt} = \frac{\partial V(t, x)}{\partial t} + \frac{\partial V(t, x)}{\partial x} \cdot f(t, x), \qquad (5.1.8)$$

其中 $\dfrac{\partial V(t, x)}{\partial x} = \left(\dfrac{\partial V}{\partial x_1}, \cdots, \dfrac{\partial V}{\partial x_n} \right)^{\mathrm{T}} = \mathrm{grad} V$, 记号 "·" 表示数量积.

1976 年, H. Hahn 引入所谓的 K 类函数, 是指一个实值函数 $\psi(r)$ (记为 $\psi(r) \in K$), 它在 $0 \leqslant r \leqslant r_0 \ (r_0 \leqslant +\infty)$ 上有定义、连续、严格单调, 且 $\psi(0) = 0$. 显然, 若 $\psi(r) \in K$, 必有 $\psi^{-1} \in K$. 引入 K 类函数可将 V 函数所建立的理论变得简洁与明了.

定义 5.1.8 若在某一区域 $I' \times \Omega'$ 上有 $V(t, x) \geqslant 0 \, (\leqslant 0)$, 则称 $V(t, x)$ 常正 (常负). 常正或常负函数称常号函数; 非常号函数称变号函数.

定义 5.1.9 若存在函数 $\psi \in K$, 使在 $I' \times \Omega'$ 上有

$$V(t, x) \geqslant \psi(\|x\|) \, (\leqslant -\psi(\|x\|)), \quad V(t, 0) = 0, \qquad (5.1.9)$$

则称 V 是定正 (定负) 的. 定正或定负的函数称为定号函数.

定义 5.1.10 若存在一个函数 $\psi \in K$, 使在 $I' \times \Omega'$ 上有

$$|V(t, x)| \leqslant \varphi(\|x\|), \qquad (5.1.10)$$

则称 V 是具有无穷小上界的.

根据上述定义易证

性质 5.1.1 函数 $V(t, x)$ 定正 (负) 的充要条件为存在区域 $I' \times \Omega'$ 及连续函数 $V^*: \Omega \to \mathbb{R}$, 满足

$$V^*(0) = 0, \quad V^*(x) > 0 \quad (x \in \Omega', \ x \neq 0)$$

且当 $(t, x) \in I' \times \Omega'$ 时有

$$V(t, 0) = 0, \quad V(t, x) \geqslant V^*(x) \quad (\leqslant -V^*(x)).$$

性质 5.1.2 任一不显含 t 的 Lyapunov 函数 $V(x)$ 都有无穷小上界.

例 5.1.5 $V(t, x_1, x_2) = x_1^2 + x_2^2 - 2x_1 x_2 \cos(t)$, 常正, 不定正.

例 5.1.6 $V(t, x_1, x_2) = t(x_1^2 + x_2^2) - 2x_1 x_2 \cos(t)$, 定正 $(t > 0)$.

例 5.1.7 $V(x_1, x_2) = x_1^2 + x_2^2$, 定正.

$V(x_1, x_2, x_3) = x_1^2 + x_2^2$, 常正, 不定正.

例 5.1.8 $V = (x_1 + \cdots + x_n) \sin(t)$ 具有无穷小上界.

例 5.1.9 $V = \sin[(x_1 + \cdots + x_n)t]$ 有界, 但不具有无穷小上界.

5.1.5 V 函数性质的判别法

通常采用二次型函数

$$V = x^{\mathrm{T}} B x, \quad B^{\mathrm{T}} = B, \tag{5.1.11}$$

其中矩阵 $B = (b_{ij})$ 为实对称矩阵. 由线性代数可知, 若特征方程 $\det(B - \lambda E) = 0$ 的一切根 $\lambda_i \geqslant 0 (\leqslant 0)$, 则 V 常正 (负), 若对一切 i, $\lambda_i > 0 (< 0)$ 则 V 定正 (负). 若 λ_i 中既有正又有负, 则 V 变号.

此外, 还有以下准则.

(i) 任何关于 x 的非零奇次型 $V(x)$ 都是变号函数;

(ii) 若 $V(x)$ 为定号 (变号) 的 m 次型, $W(x)$ 在原点附近满足

$$|W(x)| \leqslant A\|x\|^m \quad (A \text{为某正常数}),$$

则当 A 充分小时, 函数

$$U = V(x) + W(x)$$

为与 V 同号的定号 (变号) 函数;

(iii) 若某个齐次型加上任何一个与其同次的, 并有足够小系数的齐次型, 则其定号 (变号) 性不变;

(iv) 若 $V = V_m + V^*$, 其中 V_m 为关于 x 的 m 次型, V^* 为关于 x 的解析函数, 其展开式开始不低于 $m + 1$ 次, 则 V 与 V_m 有相同的定号性;

(v) Sylvester 准则: 二次型 (5.1.11) 定正的充要条件是它的系数行列式的各个主子式恒正, 即

$$b_{11} > 0, \quad \begin{vmatrix} b_{11} & b_{12} \\ b_{21} & b_{22} \end{vmatrix} > 0, \quad \cdots, \quad \begin{vmatrix} b_{11} & \ldots & b_{1n} \\ b_{21} & \ldots & b_{2n} \\ \vdots & & \vdots \\ b_{n1} & \ldots & b_{nn} \end{vmatrix} > 0. \tag{5.1.12}$$

5.1.6 定号函数的几何解释

设定号函数 V 与 t 无关, $V = V(x)$, 它在 Ω 内定正. 一般说来, 曲面 $V = c(c > 0)$ 可能非常复杂, 由不连通的若干支构成. 但可以证明, 当 c 足够小时, 曲面 $V(x) = c$ 存在一族包围原点的闭曲面. 若在二维情况, 则 $V(x, y) = c$ 存在包围原点的一族闭曲线.

5.2 Lyapunov 第二方法的基本定理

考虑系统

$$\frac{dx}{dt} = f(t, x), \tag{5.2.1}$$

其中 $f(t, x)$ 在 $I \times \Omega$ 上连续并满足初值问题解的唯一性条件. 又 $f(t, 0) = 0$, $t \in I$, 即 (5.2.1) 有零解 $x = 0$. 以下关于记号 $I, \Omega, V(t, x), V'(t, x)$ 的意义同 5.1 节. 记 $B_\delta = \{x \in \Omega, |x| < \delta\}$.

5.2.1 稳定性定理

定理 5.2.1 (Lyapunov, 1892) 对于系统 (5.2.1), 若存在 C^1 类函数 $V : I \times \Omega \to \mathbb{R}$, 与某个函数 $a \in K$, 使得当 $(t, x) \in I \times \Omega$ 时,

(1) $V(t, x) \geqslant a(\|x\|) (\leqslant -a(\|x\|))$, $V(t, 0) = 0$;

(2) V 通过 (5.2.1) 对 t 的全导数 $\dfrac{dV}{dt} \leqslant 0 (\geqslant 0)$, 则系统 (5.2.1) 的零解是稳定的.

证 对任给 $\varepsilon > 0 (\bar{B}_\varepsilon \subset \Omega)$ 与 $t_0 \in I$, 根据 V 的连续性及 $V(t, 0) = 0$, 必存在 $\delta = \delta(\varepsilon, t_0) > 0$, 使当 $x_0 \in B_\delta$ 时, $V(t_0, x_0) < a(\varepsilon)$. 由于 $\dfrac{dV}{dt} \leqslant 0$, 故当 $\|x_0\| < \delta$ 时对于 (5.2.1) 之解 $x(t, t_0, x_0)$ 有

$$V[t, x(t, t_0, x_0)] \leqslant V(t_0, x_0) < a(\varepsilon) \quad (\text{当} t \geqslant t_0).$$

但由定理的条件 (1) 得

$$a(\|x(t, t_0, x_0)\|) \leqslant V(t_0, x_0) < a(\varepsilon) \quad (\text{当} t \geqslant t_0).$$

由于 $a \in K$, a 严格单调, 故由上式推得 $\|x(t, t_0, x_0)\| < \varepsilon$ (对 $t \geqslant t_0$), 即 (5.2.1) 的零解稳定. □

定理 5.2.2 (Beliskii, 1933) 在定理 5.2.1 的条件下, 若 V 还具有无穷小上界, 即存在函数 $b \in K$, 使当 $(t, x) \in I \times \Omega$ 时有

$$V(t, x) \leqslant b(\|x\|) \quad (\leqslant -b(\|x\|)),$$

则系统 (5.2.1) 的零解是一致稳定的.

证　对任给 $\varepsilon > 0 (\bar{B}_\varepsilon \subset \Omega)$ 与 $t_0 \in I$, 根据函数 b 的连续性及 $b(0) = 0$, 必存在 $\delta(\varepsilon) > 0$(与 t_0 无关), 使得当 $x_0 \in B_\delta$ 时,

$$V(t_0, x_0) \leqslant b(\|x_0\|) < a(\varepsilon).$$

以下重复定理 5.2.1 的证明, 便得 (5.2.1) 的零解一致稳定的结论.　　　□

例 5.2.1　考察方程组

$$\dot{x} = -x + y, \quad \dot{y} = x\cos(t) - y, \quad t \in I, \ (x, y) \in \Omega, \tag{5.2.2}$$

其中 $I = [\tau, +\infty) \, (\tau \in \mathbb{R})$, $\Omega = \mathbb{R}^2$, 显然该方程组有零解 $x = y = 0$, 取定正函数

$$V = \frac{1}{2}\left(x^2 + y^2\right),$$

则它通过 (5.2.2) 对 t 的全导数为

$$\frac{dV}{dt} = x(-x + y) + y(x\cos(t) - y) = -x^2 - y^2 + 2xy\cos^2\left(\frac{t}{2}\right),$$

这是一常负函数. 根据定理 5.2.1 和定理 5.2.2, 零解不仅稳定而且一致稳定.

5.2.2　不稳定性定理

定理 5.2.3 (Chetaev, 1934)　若存在某个 $\varepsilon > 0$ 与 $t_0 \in I(B_\varepsilon \subset \Omega)$, 并存在一个开集 $\Psi \subset B_\varepsilon$ 与一个 C^1 类函数 $V : [t_0, +\infty) \times B_\varepsilon \to \mathbb{R}$, 使当 $(t, x) \in [t_0, +\infty) \times \Psi$ 时有

(1) $0 < V(t, x) \leqslant K < +\infty$ (K 为大于 0 的某常数);

(2) V 通过系统 (5.2.1) 对 t 的全导数 $\dfrac{dV}{dt} \geqslant a(V(t, x))$ ($a \in K$ 为某函数);

(3) Ψ 的边界 $\partial\Psi$ 包含原点 $x = 0$;

(4) $V(t, x) = 0$, 当 $(t, x) \in [t_0, +\infty) \times (\partial\Psi \cap B_\varepsilon)$.

则系统 (5.2.1) 的零解不稳定.

证　由条件 (1) 与 (3) 知, 对每个 $\delta > 0$, 必存在一个 $x_0 \in \Psi \cap B_\delta$, 使 $V(t_0, x_0) > 0$.

考察解 $x(t) \equiv x(t, t_0, x_0) \ (t \geqslant t_0)$. 兹证, 该解在某一时刻必离开 B_ε. 显然, 这一点一经证明, 则定理得证.

用反证法. 设对一切 $t \geqslant t_0$, 都有 $x(t) \subset \Psi \subset \bar{B}_\varepsilon \subset \Omega$. 但由条件 (1) 与 (2) 知, 我们有

$$K \geqslant V(t, x(t)) = V(t_0, x_0) + \int_{t_0}^{t}\left(\frac{dV(s, x(s))}{ds}\right)ds$$

$$\geqslant V(t_0, x_0) + a\left[V(t_0, x_0)(t - t_0)\right].$$

当 $t \geqslant t_0$ 足够大时, 上式不可能成立, 所得到的矛盾证明 $x(t)$ 必在某一时刻离开 Ψ.

其次由条件 (4) 知, $x(t)$ 不可能经过 $\partial\Psi \cap B_\varepsilon$ 离开 Ψ, 故 $x(t)$ 必在某一时刻离开 B_ε. □

推论 5.2.1 (Lyapunov, 1892)　若存在某个 $\varepsilon > 0$ 与 $t \in I(\bar{B}_\varepsilon \subset \Omega)$, 并存在开集 $\Psi \subset B_\varepsilon$ 与一个 C^1 的函数 $V : [t_0, +\infty) \times B_\varepsilon \to \mathbb{R}$, 使得当 $(t, x) \in [t_0, +\infty) \times \Psi$ 时有

(1) $0 < V(t, x) \leqslant b(|x|)$ ($b \in K$ 为某函数);

(2) V 通过 (5.2.1) 对 t 的全导数 $V'(t, x) \geqslant a(|x|)$ ($a \in K$ 为某函数);

(3) $\partial\Psi$ 包含原点 $x = 0$;

(4) $V(t, x) = 0$, 当 $(t, x) \in [t_0, +\infty) \times (\partial\Psi \cap B_\varepsilon)$.

则系统 (5.2.1) 的零解不稳定.

推论 5.2.2 (Lyapunov, 1892)　在上述推论中, 将条件 (2) 改为 (2′), $V'(t, x) = CV(t, x) + W(t, x)$, $(t, x) \in [t_0, +\infty) \times \Psi$, 其中 $C > 0$, 而 $W : [t_0, +\infty) \times \Psi \to \mathbb{R}$ 为一致连续函数, 并且 $W \geqslant 0$, 则推论 5.2.1 的结论仍成立.

注　若系统 (5.2.1) 为自治系统, 则在定理 5.2.3 中, 将 V 改为不含 t 的 C^1 类函数, 并将条件 (1) 和 (2) 改为: (1*) $V(x) > 0, x \in \Psi$; (2*) $\dfrac{dV}{dt} > 0, x \in \Psi$, 其结论仍成立.

例 5.2.2　研究系统

$$\begin{cases} \dfrac{dx}{dt} = tx + e^t y + x^2 y, \\ \dfrac{dy}{dt} = \dfrac{t+2}{t+1}x - ty + xy^2, \end{cases} \quad t \in I, \quad (x, y) \in \Omega,$$

其中 $I = [0, +\infty)$, $\Omega = \mathbb{R}^2$. 显然这个系统有零解 $x = y = 0$. 取变号函数 $V = xy$, 则它通过系统对 t 的全导数

$$\frac{dV}{dt} = \frac{t+2}{t+1}x^2 + e^t y^2 + 2x^2 y^2 > x^2 + y^2 + 2x^2 y^2,$$

故 V' 定正. 再取 $t_0 = 0$, $\varepsilon = 1$, $\Psi = \{(x, y) : xy > 0, \ x^2 + y^2 < 1\}$, 则 $t_0, \varepsilon, V, \Psi$ 满足推论 5.2.1 的全部条件, 故零解 $x = y = 0$ 不稳定.

例 5.2.3　考察系统

$$\dot{x} = y^3 + x^5, \quad \dot{y} = x^3 + y^5, \quad t \in I, \ (x, y) \in \Omega,$$

其中 $I = [\tau, +\infty)$, $\tau \in \mathbb{R}$, $\Omega = \mathbb{R}^2$. 该系统有零解 $x = y = 0$.

取一个变号函数 $V = x^4 - y^4$, 从而

$$\frac{dV}{dt} = 4(x^8 - y^8) = 4(x^4 + y^4) \cdot V.$$

再令 $\varepsilon = 1$, $\Psi = \{(x, y): x^2 - y^2 > 0,\ x^2 + y^2 < 1\}$, 则当 $(x, y) \in \Psi$ 时, V 将满足条件 (1^*), (2^*), (3), (4), 故零解不稳定.

5.2.3　渐近稳定定理

定理 5.2.4　若存在一个属于 C^1 类的函数 $V: I \times \Omega \to \mathbb{R}$ 与函数 $a, b, c \in K$, 使当 $(t, x) \in I \times \Omega$ 时, 有

(1) $a(\|x\|) \leqslant V(t, x) \leqslant b(\|x\|)$;

(2) V 通过 (5.2.1) 关于 t 的全导数 $\dfrac{dV}{dt} \leqslant -c(\|x\|)$, 又选取 $\alpha > 0$, 使 $\bar{B}_\alpha \subset \Omega$, 并对每个 $t \in I$, 令

$$V_{t,a}^{-1} = \{x \in \Omega:\ V(t, x) \leqslant a(\alpha)\},$$

则有

(i) 当 $t \to +\infty$ 时, 关于 $t_0 \in I$ 与 $x_0 \in V_{t,a}^{-1}$ 一致地有 $x(t) = x(t, t_0, x_0) \to 0$;

(ii) 系统 (5.2.1) 的零解一致渐近稳定.

显然, 定理的结论 (i) 给出了吸引区域的估计, 结论 (ii) 则是 Lyapunov 关于渐近稳定的一条定理.

证　(i) 根据 α 的选择, 注意到 $a(r)$ 的单调性, 由条件 (1) 知, 对每个 t, 必有

$$V_{t,a}^{-1} \subset \bar{B}_\varepsilon \subset \Omega.$$

又由条件 (2) 知, 对任意的 $t_0 \in I$ 与 $x_0 \in V_{t,a}^{-1}$ 有

$$V(t, x(t, t_0, x_0)) \leqslant V(t_0, x_0) \leqslant a(\alpha) \quad (t \geqslant t_0).$$

故 $x(t) \equiv x(t, t_0, x_0) \in V_{t,a}^{-1}$ $(t \geqslant t_0)$, 于是有 $x(t) \in \bar{B}_\alpha \subset \Omega$ $(t \geqslant t_0)$.

任给 $\varepsilon > 0$, 选取 $\eta > 0$, 使 $b(\eta) < a(\varepsilon)$, 进而选取 $\sigma > \dfrac{b(\alpha)}{c(\eta)} > 0$. 此时对于所有的 $t \in [t_0, t_0 + \sigma]$ 不可能有 $|x(t)| > \eta$, 因为否则, 当 $t = t_0 + \sigma$ 时有

$$V(t, x(t)) \leqslant V(t_0, x_0) - \int_{t_0}^{t} c(\|x(s)\|) ds \leqslant b(\alpha) - c(\eta)\sigma < 0.$$

(注意条件 (2) 及 $b, c \in K$ 的单调性) 这与条件 (1) 相矛盾. 因此必存在 $t_1 \in [t_0, t_0 + \sigma]$, 使 $\|x(t_1)\| < \eta$, 从而 $b(\|x(t_1)\|) \leqslant b(\eta) < a(\varepsilon)$. 又因 $V(t, x(t))$ 随 t 增加而减少, 故当 $t > t_0 + \sigma$ 有

$$a(\|x(t_1)\|) \leqslant V(t, x(t)) \leqslant V(t_1, x(t_1)) < b(\|x(t_1)\|) < a(\varepsilon).$$

从而当 $t > t_0 + \sigma$ 时, 有 $\|x(t)\| < \varepsilon$. 结论 (i) 得证.

(ii) 根据定理 5.2.2, (5.2.1) 的零解一致稳定, 其次若选取 $\delta > 0$, 使 $b(\delta) \leqslant a(\alpha)$, 则不难看出 $B_\delta \subset V_{t,a}^{-1}$. 于是根据结论 (i), 当 $t \to +\infty$ 时, 关于 $t_0 \in I$ 与 $x_0 \in B_\delta$ 也一致有 $x(t, t_0, x_0) \to 0$, 即零解是一致吸引的, 从而结论 (ii) 得证.   □

推论 5.2.3   若存在一个具有无穷小上界的定号函数 $V(t,x)$, 它通过 (5.2.1) 对 t 的全导数 V' 是与 V 反号的定号函数, 则 (5.2.1) 的零解一致渐近稳定.

注   若将上述定理中的条件减弱为: 存在一个属于 C^1 类的函数 $V(t,x)$ 与 $a, c \in K$, 使当 $(t,x) \in I \times \Omega$ 时有

$(1)''\ V(t,x) \geqslant a(\|x\|),\ V(t,0) = 0;$

$(2)''\ V'(t,x) \leqslant -c(\|x\|),$

则结论 (ii) 一般不成立. 有反例可说明, 甚至连零解的渐近稳定也未必成立. 但可以证明, 在上述条件下, (5.2.1) 的零解有弱吸引性, 即对任给的 $t_0 \in I$, 存在 $\eta > 0$, 使得对每个 $x_0 \in B_\eta$, 存在序列 $\{t_i\} \in [t_0, +\infty)$, 满足 $t_i \to +\infty$ 时, $x(t_i, t_0, x_0) \to 0\ (i \to \infty)$.

例 5.2.4   考察方程组

$$\begin{cases} \dot{x} = -x - 3y + 2z + yz, \\ \dot{y} = 3x - y - z + xz, \\ \dot{z} = -2x + y - z + xy. \end{cases}$$

显然方程组有零解 $x = y = z = 0$, 取 V 函数为

$$V = \frac{1}{2}(x^2 + y^2 + z^2).$$

求全导数得

$$\begin{aligned} V' &= x(-x - 3y + 2z + yz) + y(3x - y - z + xz) \\ &\quad + z(-2x + y - z + xy) \\ &= -(x^2 + y^2 + z^2) + xyz. \end{aligned}$$

在原点足够小的邻域内, V' 定负, V 是定正且无穷小上界的, 故零解一致渐近稳定.

5.3   自治系统的稳定性

5.2 节中介绍的定理, 都是用 V 函数来判定系统的稳定性. 这些定理并未给出如何寻找或建立所需函数的方法. 一般而言, 运用这些定理, 依赖于人们的经

验或技巧. 但对于一些系统, V 函数的存在性已有定论, 本节介绍其中最简单的情形.

5.3.1　常系数线性系统零解的稳定性

考察系统

$$\frac{dx}{dt} = Ax, \tag{5.3.1}$$

其中 A 为 $n \times n$ 常数矩阵, $x = (x_1, x_2, \cdots, x_n)^{\mathrm{T}}$.

(5.3.1) 的特征方程为

$$D(\lambda) = \det(A - \lambda E) = 0. \tag{5.3.2}$$

根据 (5.3.1) 的通解公式, 容易证明下面的定理.

定理 5.3.1　对于系统 (5.3.1), 以下结论成立:

(i) 零解稳定的充分必要条件是 (5.3.2) 的一切根的实部 $\leqslant 0$, 且实部为零的根所对应的几何重数与代数重数相等;

(ii) 零解渐近稳定的充分必要条件是 (5.3.2) 的一切根的实部是负的.

5.3.2　常系数线性系统的 V 函数的存在性

以下的定理仅作介绍而不作证明.

定理 5.3.2　若 (5.3.2) 的一切根之实部均是负的, 则对于任给的定号 m 次型 $U(x)$, 必存在一个和 U 反号的定号 m 次型 $V(X)$, 满足

$$\frac{\partial V}{\partial x} \cdot (Ax) = U. \tag{5.3.3}$$

定理 5.3.3　若 (5.3.2) 至少有一个实部为正的根, 又它的 n 个根不满足任何关系式

$$m_1\lambda_1 + m_2\lambda_2 + \cdots + m_n\lambda_n = 0, \tag{5.3.4}$$

其中 $m_1, m_2, \cdots, m_n$ 为任意非负整数, $m_1 + m_2 + \cdots + m_n = m$, 则对任给的定号 m 次型 $U(x)$, 必存在一个 m 次型 $V(x)$, 满足 (5.3.3) 式且 V 不是与 U 反号的常号函数.

定理 5.3.4　若 (5.3.2) 至少有一个实部为正的根, 则对于任给的 m 次型 U, 总存在一个常数 $\mu > 0$ 与 m 次型 $V(x)$, 使

$$\frac{\partial V}{\partial x} \cdot (Ax) = \mu V + U, \tag{5.3.5}$$

并且 V 不是与 U 反号的常号函数.

5.3.3　由一次近似决定的稳定性

以下考虑系统

$$\frac{dx}{dt} = Ax + p(t, x). \tag{5.3.6}$$

设 $p(t, x)$ 在 $t \geqslant \tau$, $\|x\| \leqslant H$ 上连续, 并满足

$$\|p(t, x)\| \leqslant \alpha \|x\|. \tag{5.3.7}$$

Lyapunov 证明了以下两个结果.

定理 5.3.5　若特征方程 (5.3.2) 的一切根的实部均为负, 且 $p(t, x)$ 满足不等式 (5.3.7), 其中 $\alpha > 0$ 适当小, 则系统 (5.3.6) 的零解渐近稳定.

证　根据定理 5.3.2, 对定正的二次型 $U(x) = x \cdot x$ 必存在一个定负的二次型 $V(x)$, 满足

$$\frac{\partial V}{\partial x} \cdot (Ax) = x \cdot x.$$

故 $V(x)$ 通过 (5.3.6) 对 t 的全导数为

$$\frac{dV}{dt} = \frac{\partial V}{\partial x} \cdot (Ax + p(t, x)) = x \cdot x + \frac{\partial V}{\partial x} \cdot p(t, x).$$

显然, 当 $\alpha > 0$ 适当小时, $\dfrac{dV}{dt}$ 定正, 又 V 定负, 且有无穷小上界 (因 V 不显含 t), 故由 5.2 节定理 5.2.4 知, (5.3.6) 的零解渐近稳定.　□

定理 5.3.6　若特征方程 (5.3.2) 至少有一个根之实部为正, 并且 $p(t, x)$ 满足不等式 (5.3.7), 其中 $\alpha > 0$ 适当小, 则系统 (5.3.6) 的零解不稳定.

证　根据定理 5.3.4, 对于定正二次型 $U(x) = x \cdot x$, 必存在常数 $\mu > 0$ 与一个二次型 $V(x)$, 它们满足

$$\frac{\partial V}{\partial x} \cdot (Ax) = \mu V + x \cdot x,$$

并且 V 不是常负的. 于是 V 通过 (5.3.6) 对 t 的全导数为

$$\frac{dV}{dt} = \frac{\partial V}{\partial x} \cdot (Ax + p(t, x)) = \mu V + W,$$

其中 $W = x \cdot x + \dfrac{\partial V}{\partial x} \cdot p(t, x)$.

显然, 当 $\alpha > 0$ 适当小时, W 定正. 又因 V 不是常负的, 故存在一个开集 $\Psi = \{x : V(x) > 0, \|x\| < 1\}$, 它的边界 $\partial \Psi$ 包含原点, 且当 $x \in \Psi$ 时, $V > 0$ 且有界, 而当 $x \in \partial \Psi$ 时, $V = 0$, 又因 $\mu > 0$, 故由 5.2 节的推论 5.2.2 知, (5.3.6) 的零解不稳定.　□

上述两个定理说明, 当条件 (5.3.7) 满足时, 若一次近似系统的特征方程 (5.3.2) 之一切根的实部为负或至少有一个实部为正的根时, 其零解的稳定性问题由一次近似系统来确定. 但当特征方程 (5.3.2) 存在实部为零的根, 但无实部为正的根时, 一般说来 (5.3.6) 的稳定性问题, 不能由其一次近似决定. 事实上, Lyapunov 已证明.

定理 5.3.7 若特征方程 (5.3.2) 没有实部为正的根, 而有实部为零的根, 则系统 (5.3.6) 的零解对某些 $p(t,x)$ 可以是稳定的, 对另一些 $p(t,x)$ 可以是不稳定的.

定理 5.3.7所述的情形, 称为临界情形, 由于情况较为复杂, 这里不再进行讨论, 可参考有关文献.

5.3.4 稳定多项式的 Routh-Harwitz 定理

由 5.3.3 节可见, 在一些情况下, 稳定性问题的解决取决于判定特征方程 (5.3.2), 即一个代数方程的根的符号性质.

定义 5.3.1 若实系数多项式

$$P_n(z) = a_0 z^n + a_1 z^{n-1} + \cdots + a_n \tag{5.3.8}$$

的所有根具有负实部 (即一切零点全在左半平面), 称 (5.3.8) 为稳定多项式.

定理 5.3.8 (Routh-Harwitz) 设 $a_0 > 0$, 多项式为稳定多项式的充分必要条件是下述之 Routh-Harwitz 矩阵

$$\begin{pmatrix} a_1 & a_0 & 0 & 0 & \ldots & 0 \\ a_3 & a_2 & a_1 & a_0 & \ldots & 0 \\ a_5 & a_4 & a_3 & a_2 & \ldots & 0 \\ \vdots & \vdots & \vdots & \vdots & & \vdots \\ a_{2n-1} & a_{2n-2} & a_{2n-3} & a_{2n-4} & \ldots & a_n \end{pmatrix}$$

的全部主子式为正, 即行列式

$$D_1 = a_1 > 0, \quad D_2 = \begin{vmatrix} a_1 & a_0 \\ a_3 & a_2 \end{vmatrix} > 0, \quad D_3 = \begin{vmatrix} a_1 & a_0 & 0 \\ a_3 & a_2 & a_1 \\ a_5 & a_4 & a_3 \end{vmatrix} > 0, \cdots,$$

$$D_n = \begin{vmatrix} a_1 & a_0 & \cdots & 0 \\ a_3 & a_2 & \cdots & 0 \\ \vdots & \vdots & & \vdots \\ a_{2n-1} & a_{2n-2} & \cdots & a_n \end{vmatrix} = a_n D_{n-1} > 0,$$

其中 $a_{n+1} = a_{n+2} = \cdots = a_{2n-1} = 0$, 即当 $i > n$ 时, $a_i = 0$. 这个定理的证明较长, 故略去. 近年来, 我国数学工作者又对这个定理作了推广, 详情可参考有关文献.

例 5.3.1　给定系统

$$
\begin{cases}
\dot{x} = -2x + y - z + x^2 e^x, \\
\dot{y} = x - y + x^3 y + z^2, \\
\dot{z} = x + y - z - e^x(y^2 + z^2),
\end{cases}
$$

对应的特征方程为

$$
D(\lambda) = \begin{vmatrix} -2-\lambda & 1 & -1 \\ 1 & -1-\lambda & 0 \\ 1 & 1 & a-1-\lambda \end{vmatrix} = 0,
$$

即

$$
\lambda^3 + 4\lambda^2 + 5\lambda + 3 = 0,
$$

并有 $a_0 = 1 > 0$, $D_1 = a_1 = 4$, $D_2 = \begin{vmatrix} 4 & 1 \\ 3 & 5 \end{vmatrix} = 17$, $D_3 = 51$. 由定理 5.3.8, 特征方程所有根的实部为负, 故所给的系统的零解渐近稳定.

例 5.3.2　给定方程组

$$
\dot{x} = -y + ax^3, \quad \dot{y} = x + ay^3,
$$

对应的特征方程为

$$
D(\lambda) = \begin{vmatrix} -\lambda & -1 \\ 1 & \lambda \end{vmatrix} = \lambda^2 + 1 = 0,
$$

即 $\lambda = \pm i$, 本节定理 5.3.8 不能应用. 但取 V 函数: $V = \dfrac{1}{2}(x^2 + y^2)$, 于是, 通过方程组对 t 的全导数为

$$
\frac{dV}{dt} = x(-y + ax^3) + y(x + ay^3) = a(x^4 + y^4),
$$

故有: 若 $a < 0$, V' 定负, $x = y = 0$ 渐近稳定;

若 $a > 0$, V' 定正, $x = y = 0$ 不稳定;

若 $a = 0$, $x = y = 0$ 稳定, 但不渐近稳定. 因为 $a = 0$ 时, $x = -y_0 \sin(t) + x_0 \cos(t)$, $y = y_0 \cos(t) + x_0 \sin(t)$.

5.4　周期系统的稳定性

5.4.1　周期线性系统

考虑周期系数的线性方程

$$\frac{dx}{dt} = A(t)x, \tag{5.4.1}$$

其中 $A(t) = A(t + \omega)$, 设 $A(t)$ 在 $[0, \omega]$ 上连续可微. 根据第 2 章的讨论, (5.4.1) 为可约系统. 故引入特征指数之后, 可得 (5.4.1) 的零解稳定性问题等价于常系数线性方程组的零解稳定性问题的一般性结果.

定理 5.4.1　系统 (5.4.1) 的零解在 Lyapunov 意义下渐近稳定的充分必要条件是其一切特征指数满足 $\mathrm{Re}(r_K) < 0$ $(k = 1, 2, \cdots, s)$ (即特征乘数 $|\lambda_K| < 1$); (5.4.1) 的零解稳定的充分必要条件是一切特征指数满足 $\mathrm{Re}(r_K) \leqslant 0$ (即 $|\lambda_K| \leqslant 1$), 且当 $r_K = 0$ (即 $|\lambda_K| = 1$) 时, r_K 的重数 (即 λ_K 的重数) 等于 $N(\lambda_K I - C)$ 的维数; 又若存在一个 r_K, 使得 $\mathrm{Re}(r_K) > 0$ (即 $|\lambda_K| > 1$), 则 (5.4.1) 的零解不稳定.

例 5.4.1　研究系统

$$\frac{d^2 x}{dt^2} + q(t)x = 0, \quad q(t + \omega) = q(t)$$

的零解的稳定性.

该系统等价于方程组

$$\frac{dx}{dt} = y, \quad \frac{dy}{dt} = -q(t)x,$$

$$A(t) = \begin{pmatrix} 0 & 1 \\ -q(t) & 0 \end{pmatrix}, \quad \mathrm{tr}A(t) \equiv 0.$$

故特征乘数

$$\lambda_1 \cdot \lambda_2 = \exp\left[\int_0^\omega \mathrm{tr}A(s)ds\right] = 1.$$

设根本矩阵

$$C = \begin{pmatrix} a & b \\ c & d \end{pmatrix},$$

其特征方程

$$\begin{vmatrix} a - \lambda & b \\ c & d - \lambda \end{vmatrix} = \lambda^2 - (a + d)\lambda + (ad - bc) = 0,$$

有 $\lambda_1\lambda_2 = ad - bc = 1$. 令 $\frac{1}{2}(a+d) = p$, 于是 $\lambda_1 = p + \sqrt{p^2-1}$, $\lambda_2 = p - \sqrt{p^2-1}$. 从而当 $|p| > 1$ 时, λ_1, λ_2 为实数, 且必有一个根的绝对值大于 1, 故 r_1, r_2 中必有一个实部为正, 这时该方程零解不稳定.

若 $|p| < 1$ 时, λ_1, λ_2 为共轭复根, 由于 $|\lambda_1| = |\lambda_2|$, $\lambda_1\lambda_2 = 1$, 得 $|\lambda_1| = |\lambda_2| = 1$, 且此时 λ_1, λ_2 的重数都是 1, 故方程的零解稳定.

当 $|p| = 1$ 时, $\lambda_1 = \lambda_2 = 1$ 或 -1, 这时方程至少有一个周期解.

5.4.2 一般周期系统

考虑系统

$$\frac{dx}{dt} = f(t, x), \quad f(t+\omega, x) = f(t, x). \tag{5.4.2}$$

设 $f(t, x)$ 满足初值问题解的存在唯一性条件, 以下介绍一个 V 函数判别稳定性的定理.

定理 5.4.2 (Klasovskii, 1959)   若存在一个属于 C^1 类的, 并且关于 t 是以 ω 为周期的函数 $V : I \times \Omega \to \mathbb{R}$ 与某一个函数 $a \in K$, 使当 $(t, x) \in I \times \Omega$ 时有:

(1) $V(t, x) \geqslant a(\|x\|)$, $V(t, 0) = 0$;

(2) $\dfrac{dV(t, x)}{dt} \leqslant 0$, 记 $M = \{(t, x) \in I \times \Omega : \dot{V}(t, x) = 0\}$;

(3) M 不包含 (5.4.2) 的任何非零正半轨, 又选取 $\alpha > 0$, 使 $\bar{B}_a \subset \Omega$, 并对每个 $t \in I$, 记

$$V_{t,a}^{-1} = \{x \in \Omega : V(t) \leqslant a(\alpha)\};$$

则

(i) 零解的吸引区域 $A(t_0) \supset V_{t_0,a}^{-1}$;

(ii) 零解是一致渐近稳定的.

若将条件 (1) 改为: (1') 存在 $\tilde{t}_0 \in I$, 使对任何 $\delta > 0$, 都有一个 $\tilde{x}_0 \in B_\delta$, 满足 $V(\tilde{t}_0, \tilde{x}_0) < 0$, $V(t, 0) = 0$, 则零解是不稳定的.

注   对一般非周期系统, 上述定理不真, 容易给出反例.

例 5.4.2   考虑系统

$$\begin{cases} \dot{x} = -(1 + \sin^2(t))x + (1 - \sin(t)\cos(t))y, \\ \dot{y} = -(1 + \sin(t)\cos(t))x - (1 - \cos^2(t))y, \end{cases}$$

其中 $\pi \leqslant t < +\infty$, $(x, y) \in \mathbb{R}^2$. 显然 $x = y = 0$ 为该系统之解. 取 $V = x^2 + y^2$, 则

$$\dot{V} = -2(x^2 + y^2) - 2(x\sin(t) + y\cos(t))^2$$

定负. 故 V 满足 5.2 节定理 5.2.3 全部条件, 零解一致渐近稳定.

这个例子中, V 函数满足的条件较强. 下一个例子即可用条件较弱的定理 5.4.2.

例 5.4.3　考虑系统

$$\begin{cases} \dot{x} = -y, \\ \dot{y} = x - y\sin^2(t), \end{cases} \quad \pi \leqslant t < +\infty, \quad (x,y) \in \mathbb{R}^2.$$

$x = y = 0$ 是系统之解. 取 $V = x^2 + y^2$, 则

$$\dot{V} = -2y^2\sin^2(t) \leqslant 0.$$

但使 $\dot{V} = 0$ 之集合 M 不含任何非零的正半轨线, 故由定理 5.4.2 知, 零解一致渐近稳定.

5.5　全局稳定性的概念及主要判定定理

考虑微分方程

$$\frac{dx}{dt} = f(t, x), \tag{5.5.1}$$

其中 $f(t, x)$ 在域

$$I \times \Omega_\infty = \{(t, x): \ t \geqslant 0, \ \|x\| < \infty\} \tag{5.5.2}$$

中定义且连续, 并且满足解的唯一性条件, 此外假设对一切 $t \geqslant 0$ 有 $f(t, 0) = 0$. 即方程组有零解 $x = 0$.

对于任何初值 x_0, 由初始条件 $x(t_0, t_0, x_0) = x_0$ 确定了方程组 (5.5.1) 的一个解

$$x = x(t, t_0, x_0). \tag{5.5.3}$$

记 Ω_∞ 为全 (相) 空间, 即 $\Omega_\infty = \{x: \ \|x\| < \infty\}$.

定义 5.5.1　方程 (5.5.1) 的零解 $x = 0$ 称为全局渐近稳定的, 如果它是 Lyapunov 意义下稳定的, 而且吸引域为全空间 Ω_∞.

显然, 如果方程组 (5.5.1) 的零解渐近稳定的, 则 (5.5.1) 除去原点 $x = 0$ 外, 没有其他的点 $x^* = 0$ 使 $f(t, x^*) = 0$(对 $t > 0$).

定义 5.5.2　方程组 (5.5.1) 的零解称为全局一致吸引的, 如果其一致吸引域为全空间 Ω_∞. 即对任意的 $r > 0$, $\varepsilon > 0$, 存在 $T = T(\varepsilon, r)$ 使得当 $\|x_0\| \leqslant r, t \geqslant t_0$ 时, 对任何的 $t \geqslant t_0 + T$ 均有

$$\|x(t, t_0, x_0)\| < \varepsilon.$$

定义 5.5.3　方程组 (5.5.1) 称为一致有界的, 如果对于任意 $r > 0$, 存在 $\sigma = \sigma(r) > 0$, 使得当 $\|x_0\| < r$, $t_0 \geqslant 0$ 时, 对任意的 $t \geqslant t_0$ 均有

$$\|x(t, t_0, x_0)\| < \sigma.$$

定义 5.5.4　方程组 (5.5.1) 的零解称为全局一致渐近稳定的, 如果其零解是一致稳定和全局一致吸引的, 而且其解是一致有界的.

零解 $x = 0$ 为全局渐近稳定在几何上意味着, 在相空间内任一点 (当 $t = t_0$) 开始的轨线当 $t \to \infty$ 均趋于坐标原点, 因而全局渐近稳定又被称为对任何初始扰动的渐近稳定. 它是 Lyapunov 意义下渐近稳定的局部性质的推广. 它们之间的根本区别在于前者要求吸引域为整个空间, 后者只要求存在任何一个吸引域就够了.

这样一来, 要求零解为全局渐近稳定而加以函数 $f(t, x)$ 的条件显然将要加强. 于是自然提出这样的问题, 如果在讨论的整个空间中, 有满足 Lyapunov 渐近稳定的基本定理的 V 函数存在, 即在域 $I \times \Omega_\infty$ 中有定正函数 $V(t, x)$, 具有无穷小上界, 且 $\dot{V}$ 定负时, 能否推得零为全局渐近稳定的结果? 一般说来, 这个问题的答案是否定的.

例 5.5.1　考虑微分方程组

$$\dot{x} = -\frac{2x}{(1+x^2)^2} + 2y, \quad \dot{y} = -\frac{2x}{(1+x^2)^2} - \frac{2y}{(1+x^2)^2}. \tag{5.5.4}$$

可取 V 函数为

$$V = y^2 + \frac{x^2}{1+x^2}.$$

事实上, V 显然是定正的, 具有无穷小上界, V 通过方程组 (5.5.4) 对 t 的全导数为

$$\dot{V} = -\frac{4x^2}{(1+x^2)^4} - \frac{4y^2}{(1+x^2)^2},$$

它是定负的. 因而根据 Lyapunov 基本定理, (5.5.4) 的零解, 在 Lyapunov 意义下是渐近稳定的.

但是可以证明, (5.5.4) 的零解不是全局渐近稳定的. 为此, 只需指出在 (x, y) 平面上存在不稳定区域就够了. 考虑曲线

$$\Gamma: \quad y = 2 + \frac{1}{1+x^2}$$

和在曲线 Γ 上的点由 (5.5.4) 所确定的方向场, 如图 5.5.1 所示. 为此目的, 以该曲线的表示式代入 (5.5.4) 得

$$\dot{x} = -\frac{2x}{(1+x^2)^2} + 4 + \frac{2}{1+x^2},$$

$$\dot{y} = -\frac{2}{(1+x^2)^2}\left[2 + \frac{1}{1+x^2} - \frac{x}{(1+x^2)^2}\right]. \tag{5.5.5}$$

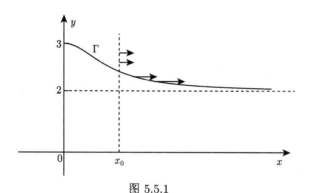

图 5.5.1

这表明在 Γ 的点上由 (5.5.4) 所确定的轨线的切线斜率为

$$\frac{dy}{dx} = -\frac{x}{2(1+x^2)^2} \cdot \frac{1 + \dfrac{1}{x}\left(2 + \dfrac{1}{1+x^2}\right)}{1 + \dfrac{1}{2(1+x^2)} - \dfrac{x}{2(1+x^2)^2}}.$$

容易看出, 当 $x \geqslant 0$ 时, $\dfrac{dy}{dx} < 0$, 且可以取 x_0 如此之大, 使当 $x \geqslant x_0$ 时有

$$\frac{dy}{dx} > -\frac{x}{(1+x^2)^2}.$$

另一方面, 曲线 Γ 在相应点上的切线斜率为

$$k = -\frac{2x}{(1+x^2)^2}.$$

于是, 当 $x \geqslant x_0 \geqslant 0$ 时, 满足不等式

$$0 > \frac{dy}{dx} > k,$$

即 (5.5.4) 的轨线在曲线 Γ 上是自上而下穿过 Γ 的.

又因为在曲线 Γ 上, 永远有 $\dfrac{dx}{dt} > 0$, 且有

$$\left|\frac{2x}{(1+x^2)^2}\right| = \left|\frac{2x}{1+x^2}\right| \cdot \frac{1}{1+x^2} \leqslant \frac{1}{1+x^2} \leqslant 1,$$

故当 $y \geqslant 2$ 时, 由 (5.5.5) 的第一式恒有 $\dfrac{dx}{dt} \geqslant 3$. 因此当 t 增加时, 方程组 (5.5.4)

的轨线通过直线 $x = x_0$ 中位于曲线 Γ 上方部分的任一点时, 都是自左向右与直线 $x = x_0$ 相交的.

现在考虑区域

$$D = \left\{ (x,y) : x \geqslant x_0, \ y \geqslant 2 + \frac{1}{1+x^2} \right\}.$$

从上面的分析知道, 显然不管在区域 D 的哪一点出发的轨线, 当 t 增加时, 都不能离开区域 D, 即不可能逼近坐标原点. 因而 (5.5.4) 的零解 $x = y = 0$ 不是全局渐近稳定的.

为了得到渐近稳定的有关条件, 先提出如下一些定义.

假设函数 $V(t,x), W(x)$ 分别在域 $I \times \Omega_\infty, \Omega_\infty$ 上定义, 连续且有连续的偏导数, 同时 $V(t,0) = 0$ (对 $t \geqslant 0$), $W(0) = 0$.

定义 5.5.5　函数 $V(t,x)$ 称为在全空间上定正 (定负), 如果存在 $a(r) \in K$, 使得在域 $I \times \Omega_\infty$ 上满足

$$V(t,x) \geqslant a(\|x\|) \quad (\leqslant -a(\|x\|)).$$

定义 5.5.6　函数 $V(t,x)$ 称为在全空间上具有无限小上界, 如果存在 $b(r) \in K$, 使得在域 $I \times \Omega_\infty$ 上满足

$$|V(t,x)| \leqslant b(\|x\|).$$

定义 5.5.7　函数 $V(t,x)$ 称为在全空间上具有无限大下界, 如果存在 $a(r) \in K, \lim\limits_{r \to \infty} a(r) = \infty$, 使得在域 $I \times \Omega_\infty$ 上满足

$$|V(t,x)| \geqslant a(\|x\|).$$

例 5.5.2　$V(x) = x^{\mathrm{T}} x$ 是无限大定正函数.

例 5.5.3　$V(t,x,y) = (2+t)(x^2+y^2) - 2xy\cos(t)$ 是无限大定正函数. 因为 $V(t,x,y) \geqslant x^2 + y^2$, 而 $W(x,y) = x^2 + y^2$ 是无限大定正函数.

例 5.5.4　$V(x,y) = y^2 + \dfrac{x^2}{1+x^2}$ 是定正函数, 但不是无限大定正函数.

下面是关于全局渐近稳定性的基本定理.

定理 5.5.1　对于方程组 (5.5.1), 如果在域 $I \times \Omega_\infty$ 上存在无限大定号函数 $V(t,x)$, 具有无限小上界, 且 $\dot{V}(t,x)$ 是与 V 反号的定号函数, 则 (5.5.1) 的零解是全局一致渐近稳定的.

证　不失一般性, 假设 V 定正, $\dot{V}$ 定负. 于是存在 $a,b,c \in K$, 在域 $I \times \Omega_\infty$ 上满足

$$a(\|x\|) \leqslant V(t,x) \leqslant b(\|x\|), \quad \dot{V}(t,x) \leqslant -c(\|x\|), \tag{5.5.6}$$

而且 $\lim\limits_{r\to\infty} a(r) = \infty$.

根据 5.2 节的定理, 方程组 (5.5.1) 的零解是一致稳定的. 现在证明它是全局一致吸引的. 对于任意的 $r > 0$, $\varepsilon > 0$, 取

$$T = T(\varepsilon, r) = \max(0, 1 + T^*),$$

$$T^* \triangleq \int_{a(\varepsilon)}^{b(r)} \frac{dv}{c(b^{-1}(v))}. \tag{5.5.7}$$

对于方程组 (5.5.1) 的解 (5.5.3), 当 $x_0 = 0$ 时, 显然有 $\|x(t, t_0, 0)\| = \|0\| = 0 < \varepsilon$; 当 $0 < \|x_0\| < r$ 时, $x(t) \triangleq x(t, t_0, x_0) \neq 0$, 于是由 (5.5.6) 有 $V(t) \triangleq V(t, x(t)) \neq 0$ 和 $\|x\| \geqslant b^{-1}(V)$. 因此,

$$\dot{V} = \frac{dV(t)}{dt} \leqslant -c(\|x\|) \leqslant -c(b^{-1}(V(t))) < 0,$$

得

$$\int_{V(t_0)}^{V(t)} \frac{dv}{c(b^{-1}(v))} \leqslant -\int_{t_0}^{t} dt = -(t - t_0),$$

即

$$\int_{V(t)}^{V(t_0)} \frac{dv}{c(b^{-1}(v))} \geqslant t - t_0. \tag{5.5.8}$$

利用

$$V(t_0) = V(t_0, x_0) \leqslant b(\|x_0\|) < b(r),$$
$$V(t) = V(t, x(t)) \geqslant a(\|x\|),$$

(5.5.8) 式可化为

$$\int_{a(\|x\|)}^{b(r)} \frac{dv}{c(b^{-1}(v))} \geqslant \int_{V(t)}^{V(t_0)} \frac{dv}{c(b^{-1}(v))} \geqslant t - t_0.$$

使用 (5.5.7) 式的记号 T^* 得

$$\int_{a(\|x\|)}^{b(r)} \frac{dv}{c(b^{-1}(v))} = \int_{a(\|x(t)\|)}^{a(\varepsilon)} \frac{dv}{c(b^{-1}(v))} + \int_{a(\varepsilon)}^{b(r)} \frac{dv}{c(b^{-1}(v))}$$

$$= \int_{a(\|x(t)\|)}^{a(\varepsilon)} \frac{dv}{c(b^{-1}(v))} + T^* \geqslant t - t_0.$$

因此, 当 $t \geqslant t_0 + T > t_0 + T^*$ 时有

$$\int_{a(\|x(t)\|)}^{a(\varepsilon)} \frac{dv}{c(b^{-1}(v))} \geqslant t - (t_0 + T^*) > 0.$$

由 $a(r) > 0$ 及 $c(b^{-1}(v)) > 0$ $(r > 0)$, 上式可推得 $a(\|x(t)\|) < a(\varepsilon)$. 再利用 a 的单调性便证明了, 当 $t \geqslant t_0 + T$ 时, $\|x(t)\| < \varepsilon$. 因为 $T = T(\varepsilon, r)$, 所以 (5.5.1) 的零解是一致吸引的.

最后证明 (5.5.1) 的解是一致有界的. 对任意的 $r > 0$, 只有取 $\sigma = a^{-1}(b(r))$, 则当 $\|x_0\| < r$, $t \geqslant t_0$ 时, 由 $\dot{V}(t) < 0$, 知道对 (5.5.1) 的解 (5.5.3) 有

$$a(\|x(t, t_0, x_0)\|) \leqslant V(t) \leqslant V(t_0) \leqslant b(\|x_0\|) \leqslant b(r),$$

即 $\|x(t, t_0, x_0)\| \leqslant a^{-1}(b(r)) = \sigma$, 证明了 (5.5.1) 的解是一致有界的. 根据定义 5.5.4, 方程组 (5.5.1) 的零解是一致渐近稳定的. □

考虑自治微分方程组

$$\dot{x} = f(x), \tag{5.5.9}$$

这里 $f(x)$ 在全 (相) 空间 Ω_∞ 内连续且满足局部 Lipschitz 条件, 并有 $f(0) = 0$.

由于与 t 无关的函数 $V(x)$ 必具有无穷小上界, 因此对于方程组 (5.5.9), 基本定理 5.5.1 有一个显然的结论.

推论 5.5.1　对于方程组 (5.5.9), 如果在域 Ω_∞ 上存在无限大定号函数 $V(x)$, 而 $\dot{V}(x)$ 是与 $V(x)$ 反号的定号函数, 则 (5.5.9) 之零解是全局一致渐近稳定的.

现给出关于全局渐近稳定基本定理 5.5.1 的一个重要推广. 但只作叙述略去证明.

定理 5.5.2　对于方程组 (5.5.9), 如果存在无限大定正函数 $V(x)$, 使得通过 (5.5.9) 对 t 的全导数 $\dot{V}$ 是常负的, 而且在集合 $M = \{x : \dot{V} = 0\}$ 上不含任何非平凡正半轨线, 则 (5.5.9) 的零解是全局渐近稳定的.

例 5.5.5　考虑 Liénard 方程

$$\ddot{x} + f(x)\dot{x} + g(x) = 0, \tag{5.5.10}$$

其中 $f(x)$, $g(x)$ 连续可微, 且 $g(0) = 0$, 记

$$F(x) = \int_0^x f(x)dx, \quad G(x) = \int_0^x g(x)dx. \tag{5.5.11}$$

假设当 $x \neq 0$ 时, 有 $xg(x) > 0$, 且当 $|x| \to \infty$ 时, $G(x) \to \infty$.

其等价的方程组为

$$\dot{x} = y, \quad \dot{y} = -g(x) - f(x)y. \tag{5.5.12}$$

$x = 0$, $y = 0$ 是方程组的零解, 下面讨论零解的全局稳定性.

当 $f = 0$ 时, 对应的方程组的总能量是 $\frac{1}{2}y^2 + G(x)$. 取 V 函数为这个总能量

$$V(x) = \frac{1}{2}y^2 + G(x) = \frac{1}{2}y^2 + \int_0^x g(x)dx. \tag{5.5.13}$$

由关于 $g(x)$ 的假设, $V(x)$ 是无限大定正函数, $V(x)$ 通过 (5.5.12) 对 t 的全导数为

$$\dot{V} = y(-g(x) - f(x)y) + g(x)y = -f(x)y^2. \tag{5.5.14}$$

如果补充假设当 $x \neq 0$ 时, $f(x) > 0$, 则 $\dot{V}(x)$ 是常负的. $\dot{V} = 0$ 之集合 M 为 $x = 0$ 及 $y = 0$ (如果 $f(0) = 0$), 当 $y = 0$ 或 $x = 0$ 时, 均不含非平凡正半轨线. 因此根据定理 5.5.2, 方程组 (5.5.12) 的零解 $x = y = 0$ 是全局渐近稳定的, 即是说方程 (5.5.10) 对 $x = \dot{x} = 0$ 是全局渐近稳定的.

例 5.5.6 同样考虑上例中的 Liénard 方程 (5.5.10), 取其等价方程组为

$$\dot{x} = y - F(x), \quad \dot{y} = -g(x). \tag{5.5.15}$$

取与上例同样的 V 函数 (5.5.13), 则其全导数为

$$\dot{V}(x) = -yg(x) + g(x)(y - F(x)) = -g(x)F(x). \tag{5.5.16}$$

如果补充条件 $g(x)F(x) > 0$ (当 $x \neq 0$ 时), 则 $\dot{V}$ 是常负的. $\dot{V} = 0$ 之集 M 为 $x = 0$, 它不含非平凡正半轨线. 故零解 $x = y = 0$ 是全局渐近稳定的.

例 5.5.7 考虑二阶微分方程

$$\ddot{x} + \phi(\dot{x}) + g(\dot{x})f(x) = 0, \tag{5.5.17}$$

其中 $f(x), g(x), \phi(x)$ 连续可微, $\phi(0) = f(0) = 0$. 其等价的方程组为

$$\dot{x} = y, \quad \dot{y} = -\phi(y) - g(y)f(x).$$

$x = y = 0$ 为方程的解. 下面讨论零解的全局稳定性.

取 V 函数为

$$V(x, y) = \int_0^x f(x)dx + \int_0^y \frac{y}{g(y)}dy,$$

其全导数是

$$\dot{V}(x, y) = f(x)y + \frac{y}{g(y)}(-\phi(y) - g(y)f(x))$$

$$= -\frac{y\phi(y)}{g(y)}.$$

如果假设 $xf(x) > 0$ (当 $x \neq 0$), $g(y) > 0$, $\phi(y)y > 0$ (当 $y \neq 0$) 且 $\displaystyle\lim_{\|x\| \to \infty} \int_0^x f(x)dx =$ ∞, $\displaystyle\lim_{\|y\| \to \infty} \int_0^y \frac{y}{g(y)}dx = \infty$. 则 V 是无限大定正函数, $\dot{V}$ 常负, 且 $\dot{V} = 0$ 的集合 M 为 $y = 0$, 此集合不含非平凡正半轨线, 因此零解为全局渐近稳定的.

习　题　5

1. 对纯量方程 $x' = f(t, x)$ $(t, x \in \mathbb{R})$, 若它满足解的唯一性条件, 并且它的零解 $x = 0$ 是吸引的, 则 $x = 0$ 必是同等吸引的. 试证之.

2. 试证方程组 $x' = -t^2 x$, $y' = -ty$ 的所有解都是渐近稳定的.

3. 考虑线性方程组

$$x' = A(t)x, \quad t \in I = [\tau, +\infty), \tag{*}$$

这里 $A(t)$ 在 I 上是 $n \times n$ 连续矩阵. 试证组 (*) 的零解为稳定的充分必要条件是它的一切解都在 I 上有界.

4. 设 $g(t)$, $f(t)$ 在区间 $0 \leqslant t < +\infty$ 上连续, 试证方程 $x' = g(t)x + f(t)$ 的任一解

(1) 当 $\displaystyle\int_0^{+\infty} g(t)dt < +\infty$ 时是稳定的;

(2) 当 $\displaystyle\int_0^{+\infty} g(t)dt = -\infty$ 时是渐近稳定的;

(3) 当 $\displaystyle\int_0^{+\infty} g(t)dt = +\infty$ 时是不稳定的.

5. 讨论方程 $\ddot{x} + (1 + f(t))x = 0$ 的零解对于量 x, $\dot{x}$ 的稳定性问题, 其中 $f(t)$ 连续且有

$$\int_0^{+\infty} |f(t)|dt < +\infty.$$

6. 试讨论下列方程组零解的稳定性:

(1) $\dot{x} = -x^3 + y^4$, $\dot{y} = -y^3 + y^4$;

(2) $\dot{x} = y^3 + x^2 y$, $\dot{y} = x^3 - xy^2$;

(3) $\dot{x} = e^x - \cos(y)$, $\dot{y} = x$;

(4) $\dot{x} = -xy^6 + y^3 t$, $\dot{y} = y^3 x^4 - xt$;

(5) $\dot{x} = e^{-t}x - y^2$, $\dot{y} = 2x^3 y$.

7. 按一次近似判定已给方程组的零解的稳定性.

(1) $\dot{x} = x - y + x^2 - y^2$, $\dot{y} = x + y - xy^2$;

(2) $\dot{x} = x - 2\sin(y) - y^3$, $\dot{y} = 2y - 3x - x^3$;

(3) $\dot{x} = x + e^y - \cos(y)$, $\dot{y} = 3x - y - \sin(y)$;

(4) $\dot{x} = y + x^2$, $\dot{y} = \sin(x + y)$;

(5) $\dot{x} = -x + 3y + x^2 \sin(y)$, $\dot{y} = -x - 4y + 1 - \cos^2(y)$.

8. 证明方程 $\dot{x} = -mx + e^{nt}x^2$ 的一次近似方程的零解渐近稳定, 但方程本身的零解是不稳定的, 其中 m, n 为常数, 且 $n \geqslant m > 0$.

9. 判定下列常系数方程零解的稳定性:

(1) $\ddot{x} - 3\dot{x} + 2x = 0$;

(2) $\ddot{x} + \alpha\dot{x} + \beta x = 0$;

(3) $x^{(4)} + 2\dddot{x} + a\ddot{x} + \dot{x} + x = 0$.

10. α 取何值时, 方程组

$$\dot{x} = -y + x^3, \quad \dot{y} = x + \alpha y + y^3$$

的零解 $x = y = 0$ 是稳定, 渐近稳定, 不稳定的?

11. 自激振荡系统的方程为 $\ddot{x} + \varepsilon(x^2 - 1)\dot{x} + x = 0$, 其中 $\varepsilon = \dfrac{1}{\sqrt{LC}}\left(\dfrac{\sigma M}{LC} - \dfrac{R}{L}\right) > 0$, L, R, C 分别表示振荡系统的自感、电阻、电容, σ 表示一个三极管的跨导, M 为二线圈之互感, L, R, C, σ 均为正数, 试讨论平衡状态的稳定性.

第6章 解析方法

由于方程的非线性或变系数给求解常微分方程带来很大困难, 为了克服这种困难, 人们研究了各种解析近似方法, 数值解法或者两者结合的方法. 在数学物理、力学和工程界, 常用的解析近似方法为摄动方法, 大量的工作证明, 摄动方法是求含小参数方程 (或大参数方程) 近似解的极为有效的方法, 其数学理论也日益成熟. 本章就摄动方法的基本思想以及常用方法作一简单介绍, 主要偏重应用. 自 20 世纪 80 年代以来, 在动力系统不变流形理论的基础上, 发展了新的几何奇摄动的理论, 需要了解这方面知识的读者, 可在理解本章摄动方法的基础上, 学习有关的论著.

6.1 基 本 概 念

在讨论摄动方法之前, 先介绍一些有关的数学概念.

6.1.1 同阶函数与高阶函数

定义 6.1.1 设 $\varphi(x)$ 和 $\psi(x)$ 是定义在 Ω 上的两个函数, x_0 为 Ω 上一点, 如果存在 x_0 的一个邻域 $U \subset \Omega$, 使得 $\forall x \in U$, 满足

$$|\varphi(x)| \leqslant A|\psi(x)|, \tag{6.1.1}$$

其中 A 为一个大于 0 的常数, 则称函数 $\varphi(x)$ 在 $x \to x_0$ 时与 $\psi(x)$ 为同阶函数. 记为

$$\varphi(x) = O(\psi(x)). \tag{6.1.2}$$

条件(6.1.2)也可改写为

$$\lim_{x \to x_0} \left| \frac{\varphi(x)}{\psi(x)} \right| = A < +\infty. \tag{6.1.3}$$

例如: 当 $x \to 0$ 时, 有

$$\sin(7x) = O(x), \quad 1 - \cos(x) = O(x^2),$$

$$\cosh(x) = O(1), \quad \coth(x) = O(x^{-1}).$$

定义 6.1.2 设函数 $\varphi(x)$ 和 $\psi(x)$ 是定义在 Ω 上的两个函数, x_0 为 Ω 上一点, 对于任给的 $\varepsilon > 0$, 总存在 x_0 的邻域 $U_\varepsilon \subset \Omega$, 使得 $\forall x \in U_\varepsilon$, 满足

$$|\varphi(x)| \leqslant \varepsilon |\psi(x)|, \tag{6.1.4}$$

则称函数 $\varphi(x)$ 在 $x \to x_0$ 时, 为函数 $\psi(x)$ 的高阶函数. 记为

$$\varphi(x) = o(\psi(x)). \tag{6.1.5}$$

条件(6.1.4)可改写成为

$$\lim_{x \to x_0} \left| \frac{\varphi(x)}{\psi(x)} \right| = 0. \tag{6.1.6}$$

例如: 当 $x \to 0$ 时, 有

$$\sin^2(x) = o(x), \quad \coth(x) = o(x^{-\frac{3}{2}}).$$

当 $x \to +\infty$ 时, 有

$$\ln(x) = o(x), \quad e^{-x} = o(x^{-n}), \quad n \text{ 为任意正整数}.$$

6.1.2 渐近序列与渐近级数

定义 6.1.3 设有函数序列 $\{\varphi_n(x)\}, n = 1, 2, \cdots$, 当 $x \to x_0$ 时, $\varphi_n(x) \to 0$ (在有些问题中, 只要求 $n > n_0$ 时满足这个条件, 其中 n_0 为某一有限数), 且满足

$$\varphi_{n+1}(x) = o(\varphi_n(x)) \quad (n = 1, 2, \cdots), \tag{6.1.7}$$

则称 $\{\varphi_n(x)\}$ 为一渐近序列.

例如: $\{\varphi_n(x)\} = \{(x - x_0)^n\}$ $(n = 1, 2, \cdots)$, 当 $x \to x_0$ 时为一渐近序列;

$$\varphi_1(x) = 1, \quad \varphi_2(x) = x, \quad \varphi_3(x) = \frac{x}{\ln(x)}, \quad \varphi_4(x) = x^2,$$

$$\varphi_5(x) = \frac{x^2}{\ln(x)}, \quad \cdots, \quad \varphi_{2n}(x) = x^n, \quad \varphi_{2n+1}(x) = \frac{x^n}{\ln(x)}, \quad \cdots,$$

当 $x \to 0$ 时为渐近序列.

定义 6.1.4 级数 $\sum\limits_{n=1}^{\infty} a_n \varphi_n(x)$, 如果满足条件:

1° $\{\varphi_n(x)\}$ 在 $x \to x_0$ 时为渐近序列;

2° 对一切 N, 有

$$R_N(x) = o(\varphi_N(x)) \quad (x \to x_0), \tag{6.1.8}$$

其中 $R_N(x)$ 满足 $\sum\limits_{n=1}^{\infty} a_n \varphi_n(x) = \sum\limits_{n=1}^{N} a_n \varphi_n(x) + R_N(x)$, 则称级数 $\sum\limits_{n=1}^{\infty} a_n \varphi_n(x)$ 当 $x \to x_0$ 时为 Poincaré 意义下的渐近级数.

例如, $\sum\limits_{n=1}^{\infty} \dfrac{(n-1)!}{x^n}$ 在 $|x| \to \infty$ 时为渐近级数.

6.1.3 渐近展开与一致有效渐近展开

定义 6.1.5 对于已知函数 $F(x)$, 选择适当的渐近序列 $\{\varphi_n(x)\}$, $F(x)$ 能按 $\{\varphi_n(x)\}$ 在 Poincaré 意义下展开成渐近级数 $\sum\limits_{n=1}^{\infty} a_n \varphi_n(x)$, 则此级数称为 $F(x)$ 的渐近展开, 记为

$$F(x) \sim \sum\limits_{n=1}^{\infty} a_n \varphi_n(x), \tag{6.1.9}$$

即对于任意的 N, 有

$$F(x) = \sum\limits_{n=1}^{N} a_n \varphi_n(x) + o(\varphi_N(x)). \tag{6.1.10}$$

从此定义, 不难看出, $F(x)$ 的渐近展开的各项级数为

$$a_N = \lim_{x \to x_0} \frac{F(x) - \sum\limits_{n=1}^{N} a_n \varphi_n(x)}{\varphi_N(x)}. \tag{6.1.11}$$

在实际问题中, 大量碰到的函数是含有某小参数 ε 的函数, 要求此类函数对参数 ε 作渐近展开. 显然, 此时展开项的系数为自变量的函数. 为此, 有必要进一步引入一致有效渐近展开的概念.

定义 6.1.6 把函数 $F(x, \varepsilon)$ 关于渐近序列 $\{\delta_n(\varepsilon)\}$ 作渐近展开, 得到

$$F(x, \varepsilon) \sim \sum\limits_{n=1}^{\infty} a_n(x) \delta_n(\varepsilon). \tag{6.1.12}$$

如果对于任意 N, 有 $F(x,\varepsilon) = \sum\limits_{n=1}^{N} a_n(x)\delta_n(\varepsilon) + R_N(x,\varepsilon)$, 其中余项 $R_N(x,\varepsilon) = o(\delta_N(\varepsilon))$ 对自变量定义域中的一切 x 成立, 则称 $\sum\limits_{n=1}^{\infty} a_n(x)\delta_n(\varepsilon)$ 为 $F(x,\varepsilon)$ 之一致有效渐近展开. 反之, $\sum\limits_{n=1}^{\infty} a_n(x)\delta_n(\varepsilon)$ 为非一致有效的.

我们要强调必须区别渐近与收敛这两个不同的概念, 就渐近而言, 是指当 n 固定, 参数 ε 趋于某个值时, 后项比前项为高阶小项; 收敛是指参数固定时, 级数之和有极限, 因而渐近级数可以是一个收敛级数, 也可能是一个发散级数, 如

$$I = e^{-x} \int_{-\infty}^{x} x^{-1} e^x dx \sim \sum_{n=1}^{\infty} \frac{(n-1)!}{x^n} \tag{6.1.13}$$

就是一个发散的渐近级数.

6.2 正则摄动法

从本节开始, 我们要介绍各种摄动方法. 摄动方法就是求方程的渐近解的方法. 由于对需要研究的微分方程的定解问题, 一开始我们并不知道解的具体形式. 因此, 我们只能先假定原方程有一个渐近展开形式的解:

$$x(t,\varepsilon) \sim \sum_{n=1}^{\infty} x_n(t)\delta_n(\varepsilon), \tag{6.2.1}$$

其中 ε 为方程或定解条件出现的小参数, $\{\delta_n(\varepsilon)\}$ 为一渐近序列. 然后由(6.2.1)式中的假设, 根据微分方程和定解条件设法来决定 $x_n(t)$. 当然这些 $x_n(t)$, 如满足(6.2.1)的意义, 那么就可得到方程的渐近解.

对于(6.2.1)的假设, 要注意下列两个问题:

1° 渐近序列 $\{\delta_n(\varepsilon)\}$ 的选取是多种多样的, 它要根据具体情况进行选择. 为了避免繁琐的计算, 所举例的 $\{\delta_n(\varepsilon)\}$ 都选为最常用的渐近序列 $\{\varepsilon^n\}$.

2° (6.2.1)假设的展开式, 也可能有两种. 一种是直接假设解的形式为

$$x(t,\varepsilon) = \sum_{n=1}^{\infty} x_n(t)\varepsilon^n. \tag{6.2.2}$$

另一种是假设解 $x(t,\varepsilon)$ 关于 ε 可作为 Taylor 展开, 那么有

$$x(t,\varepsilon) = x(t,0) + \varepsilon x_\varepsilon(t,0) + \frac{1}{2!}\varepsilon^2 x_{\varepsilon\varepsilon}(t,0) + \cdots. \tag{6.2.3}$$

这两种展开形式, 在一定条件下是等价的. 在今后的讨论中, 都认为两种展开是等价的, 这样可根据需要任取一种.

摄动法中最简单的方法是正则摄动法. 它就是把(6.2.2)或(6.2.3)代入微分方程的定解问题, 然后解得 $\{x_n(t)\}$, 并满足(6.2.1)的意义. 在具体过程中, 我们不可能算出所有的 $\{x_n(t)\}$, 只能求出前几项, 如果前几项的解都是正则的, 那么就认为这几项为定解问题渐近解的前几项. 从严格的数学角度来看, 当然不能由前几项来判断整个假设解的渐近性, 必须证明假设解(6.2.2)或(6.2.3)的渐近性, 由于证明的复杂性, 故略去, 有兴趣的读者, 可参考有关文献.

现在我们通过例子, 来说明正则摄动法的具体处理过程.

例 6.2.1　考虑定解问题

$$\begin{cases} y' + y = \varepsilon y^2, \\ y(0) = 1 \end{cases} \quad (x \geqslant 0). \tag{6.2.4}$$

作摄动展开

$$y(x,\varepsilon) = y(x,0) + \varepsilon y_\varepsilon(x,0) + \frac{1}{2!}\varepsilon^2 y_{\varepsilon\varepsilon}(x,0) + \cdots. \tag{6.2.5}$$

在(6.2.4)中, 令 $\varepsilon = 0$, 得到 $y(x,0) = y_0(x)$ 的方程为

$$\begin{cases} y_0' + y_0 = 0, \\ y_0(0) = 1. \end{cases} \tag{6.2.6}$$

(6.2.6)的解为

$$y_0 = e^{-x}. \tag{6.2.7}$$

把(6.2.4)对 ε 求导, 令 $\varepsilon = 0$, 得到 y_2 的方程为

$$\begin{cases} y_\varepsilon' + y_\varepsilon = y_0^2, \\ y_\varepsilon(0) = 0. \end{cases} \tag{6.2.8}$$

解得(6.2.8)得

$$y_\varepsilon = e^{-x} - e^{-2x}. \tag{6.2.9}$$

把(6.2.4)对 ε 求二阶导数, 令 $\varepsilon = 0$, 得 $y_{\varepsilon\varepsilon}$ 的方程为

$$\begin{cases} y_{\varepsilon\varepsilon}' + y_{\varepsilon\varepsilon} = 2y_0 y_\varepsilon, \\ y_{\varepsilon\varepsilon}(0) = 0. \end{cases} \tag{6.2.10}$$

(6.2.10)的解为

$$y_{\varepsilon\varepsilon} = 2(e^{-x} - 2e^{-2x} + e^{-3x}). \tag{6.2.11}$$

最后得到 y 的前三项解为

$$y = e^{-x} + \varepsilon(e^{-x} - e^{-2x}) + \varepsilon^2(e^{-x} - 2e^{-2x} + e^{-3x}). \tag{6.2.12}$$

由前所述, (6.2.12)可认为是所求方程的三项渐近解.

从例子可归纳出正则摄动法的大致步骤如下:

1° 对于给出的微分方程定解问题 $J(x, \varepsilon) = 0$, 令 $\varepsilon = 0$, 从 $J(x, 0) = 0$ 解出 $x(t, 0) = x_0(t)$;

2° 假定解的 Taylor 展开式为

$$x(t, \varepsilon) = x_0(t) + \varepsilon x_\varepsilon(t, 0) + \frac{1}{2!}\varepsilon^2 x_{\varepsilon\varepsilon}(t, 0) + \cdots.$$

3° 把 $J(x, \varepsilon) = 0$ 关于 ε 逐次求导, 再令 $\varepsilon = 0$, 得到 x_ε, $x_{\varepsilon\varepsilon}$, $\cdots$, 有关的方程及边界条件和初始条件:

$$J_x(x_0, 0)x_\varepsilon = -J_\varepsilon(x_0, 0), \tag{6.2.13}$$

$$\cdots\cdots$$

$$J_x(x_0, 0)X_{\varepsilon^n} = H(x_0, x_\varepsilon, x_{\varepsilon\varepsilon}, \cdots, x_{\varepsilon^{n-1}}), \tag{6.2.14}$$

$$\cdots\cdots$$

4° 如果(6.2.13), (6.2.14)有正则解:

$$x_\varepsilon = J_x^{-1}(x_0, 0)[-J_\varepsilon(x_0, 0)], \quad \cdots, \tag{6.2.15}$$

$$x_{\varepsilon^n} = J_x^{-1}(x_0, 0)[H(x_0, x_\varepsilon, \cdots, x_{\varepsilon^{n-1}})], \quad \cdots, \tag{6.2.16}$$

则 $x(t, \varepsilon)$ 的 Taylor 展开式就是 $J(x, \varepsilon) = 0$ 的渐近解.

6.3   非一致有效渐近解

由上节所述, 我们看到正则摄动法在下述情况是不适用的, 它们是:

1° 当 $\varepsilon = 0$ 时, $J(x, 0) = 0$ 的解不存在;

2° $J(x, \varepsilon)$ 对 ε 不可能逐次求导;

3° $x_\varepsilon, x_{\varepsilon\varepsilon}, \cdots$ 的正则解不存在.

下面通过一些例子来加以说明.

例 6.3.1 把

$$\begin{cases} \varepsilon x'' + ax' + bx = 0, \\ x(0) = 0, \quad x'(0) = 0 \end{cases} \tag{6.3.1}$$

作摄动展开

$$x(t, \varepsilon) = x(t, 0) + \varepsilon x_\varepsilon(t, 0) + \cdots, \tag{6.3.2}$$

其中 $x(t, 0) = x_0(t)$ 满足

$$\begin{cases} ax_0' + bx_0 = 0, \\ x_0(t) = 0, \quad x_0'(t) = 1. \end{cases} \tag{6.3.3}$$

显然 (6.3.3) 没有解, 因而正则摄动法失效. 一般来说, 对于高阶导数乘上小参数的方程用正则摄动法都由于这个原因而失效.

例 6.3.2 把

$$\begin{cases} x'' + x' + \varepsilon x^3 = 0, \\ x(0) = a, \quad x'(0) = 0 \end{cases} \quad (t \geqslant 0), \tag{6.3.4}$$

作正则摄动展开

$$x(t, \varepsilon) = x(t, 0) + \varepsilon x_\varepsilon(t, 0) + \cdots, \tag{6.3.5}$$

其中 $x(t, 0) = x_0(t)$ 满足

$$\begin{cases} x_0'' + x_0 = 0, \\ x_0(0) = a, \quad x_0'(0) = 0. \end{cases} \tag{6.3.6}$$

解 (6.3.6) 得

$$x_0(t) = a\cos(t). \tag{6.3.7}$$

把 (6.3.4) 对 ε 求导, 令 $\varepsilon = 0$, 得 x_ε 的方程

$$\begin{cases} x_\varepsilon'' + x_\varepsilon = -x_0^3, \\ x_\varepsilon(0) = 0, \quad x_\varepsilon'(0) = 0. \end{cases} \tag{6.3.8}$$

(6.3.8) 的解为

$$x_\varepsilon(t) = -\frac{3}{8}a^3 t\sin(t) + \frac{1}{32}a^3(\cos(3t) - \cos(t)). \tag{6.3.9}$$

这样就有

$$x(t) = a\cos(t) + \varepsilon a^3 \left[-\frac{3}{8} t\sin(t) + \frac{1}{32} (\cos(3t) - \cos(t)) \right]. \tag{6.3.10}$$

当 $t \to \infty$ 时, 由于 $-\dfrac{3}{8} t\sin(t)$ 这类 "长期项" 存在, 使得(6.3.10)中第二项比第一项大, 显然失去了渐近意义. (6.3.10)只有在 $t = o(\varepsilon^{-1})$ 才保持渐近意义. 因而(6.3.10)的这种解对于无限域来说不是一致有效的渐近解, 正则摄动法在解这类问题时失效.

例 6.3.3

$$\begin{cases} (x + \varepsilon y)\dfrac{dy}{dx} + (2 + x)y = 0, \\ y(1) = e^{-1}, \end{cases} \tag{6.3.11}$$

这个方程沿直线 $x = \varepsilon y$ 有奇性. 很明显, 在现在的边界条件下, $y(x)$ 精确解在 $0 \leqslant x < \infty$ 范围是正则. 如果我们采用正则摄动法, 作摄动展开

$$y(x, \varepsilon) = y_0(x) + \varepsilon y_\varepsilon(x) + \cdots, \tag{6.3.12}$$

$y_0(x)$ 满足方程

$$\begin{cases} x\dfrac{dy_0}{dx} + (2 + x)y_0 = 0, \\ y_0(1) = e^{-1}. \end{cases} \tag{6.3.13}$$

解(6.3.13)得

$$y_0(x) = x^{-2} e^{-x}. \tag{6.3.14}$$

$y_\varepsilon(x)$ 满足方程

$$\begin{cases} x\dfrac{dy_\varepsilon}{dx} + (2 + x)y_\varepsilon = -y_0\dfrac{dy_0}{dx}, \\ y_\varepsilon(1) = 0. \end{cases} \tag{6.3.15}$$

(6.3.15)的解是

$$y_\varepsilon(x) = x^{-2} e^{-x} \int_1^x e^{-t} t^{-3} (1 + 2t^{-1}) dt. \tag{6.3.16}$$

由(6.3.14)和(6.3.16)看出, 当 $x \to 0$ 时, $y_0 = O(x^{-2})$, $y_\varepsilon = O(x^{-5})$. 可见在 $x = 0$, (6.3.12)这种解不仅不是正则的, 而且奇性越来越强, (6.3.12)在 $x = 0$ 附近失去了渐近性质. 因而在 $0 \leqslant x < \infty$ 范围内, 奇性的出现, 使得正则摄动法失效.

以上实例说明, 虽然正则摄动法是整个摄动法的基础, 但对于解决各类实际问题, 它是远远不能满足需要的. 对于各种奇异情况, 都要用各种特殊手段加以处理, 为此引入了各种奇异摄动法, 我们将针对各种情况在以下各节讨论常用的奇异摄动法.

6.4 应变参数法

应变参数法是奇异摄动法中比较简单的一种, 该方法只能解决一个尺度的问题. 它的主要思想是找出定解问题的某些参数, 把解与参数同时作摄动展开, 然后在求解过程中, 通过参数展开式中系数的选择来确保解的展开的一致有效渐近性. 因而自然就把这种方法称为应变参数法.

在这种方法建立与发展的历史过程中, Poincaré, Lighthill 以及我国著名力学家郭永怀曾起了很大作用, 所以此方法通常又称为 PLK 方法.

下面通过两个实例来说明这种方法.

例 6.4.1   Duffing 方程

$$\begin{cases} x'' + x + \varepsilon x^3 = 0, \\ x(0) = a, \quad x'(0) = 0. \end{cases} \tag{6.4.1}$$

(6.4.1)为一非线性振动问题, 选取频率作为参数. 为此, 设 $t = \omega\tau$, (6.4.1)成为

$$\begin{cases} x'' + \omega^2(x + \varepsilon x^3) = 0, \\ x|_{\tau=0} = a, \quad \dfrac{1}{\omega}x'|_{\tau=0} = 0. \end{cases} \tag{6.4.2}$$

(6.4.2)中 "$'$" 表示对 τ 求导, 然后把 ω 和 x 作摄动展开

$$\begin{cases} x(\tau,\varepsilon) = x_0(\tau) + \varepsilon x_1(\tau) + \cdots, \\ \omega = 1 + \varepsilon\omega_1 + \varepsilon^2\omega_2 + \cdots. \end{cases} \tag{6.4.3}$$

把(6.4.3)代入(6.4.2), 比较 ε 的同次幂得到

$$\begin{cases} x_0'' + x_0 = 0, \\ x_0|_{\tau=0} = 0 \quad x_0'|_{\tau=0} = 0 \end{cases} \tag{6.4.4}$$

及

$$\begin{cases} x_1'' + x_1 = -x_0^3 - 2\omega_1 x_0, \\ x_1|_{\tau=0} = 0, \quad x_1'|_{\tau=0} = 0. \end{cases} \tag{6.4.5}$$

(6.4.4)的解为

$$x_0 = a\cos(\tau). \tag{6.4.6}$$

把(6.4.6)代入(6.4.5)得

$$x_1'' + x_1 = -\frac{1}{4}a^3\cos(3\tau) - \left(\frac{3}{4}a^2 + 2\omega_1\right)a\cos(\tau). \tag{6.4.7}$$

显然, (6.4.7)右端第二项将导致长期项, 要引起非一致有效性, 因而为了保证得到解 x 的展开式的一致有效渐近性, 必须通过对系数 ω_1 的选择, 使得这一项消失. 为此令

$$\omega_1 = -\frac{3}{8}a^2. \tag{6.4.8}$$

于是(6.4.7)的解为

$$x_1 = A\cos(\tau) + B\sin(\tau) + \frac{1}{32}a^3\cos(3\tau). \tag{6.4.9}$$

根据(6.4.5)中的初始条件, 最后得

$$x_1 = \frac{1}{32}a^3(\cos(3\tau) - \cos(\tau)). \tag{6.4.10}$$

归纳(6.4.6)和(6.4.10), 回到原来自变量 t, 我们就得到(6.4.1)的二项渐近解为

$$\begin{cases} x = a\cos(\omega t) + \dfrac{1}{32}a^3\varepsilon(\cos(3\omega t) - \cos(\omega t)), \\ \omega = 1 + \dfrac{3}{8}a^2\varepsilon. \end{cases} \tag{6.4.11}$$

进行类似的过程, 可能得到更高阶的项.

例 **6.4.2**   研究 Muthieu 方程

$$x'' + (\delta + \varepsilon\cos(2t))x = 0 \tag{6.4.12}$$

的转换曲线.

按照 Floquet 理论, (6.4.12)的解的形式为

$$x = e^{rt}\Phi(t), \tag{6.4.13}$$

其中 $\Phi(t)$ 是 t 的 π 或 2π 周期函数. 数 r 的性质决定于参数 δ 和 ε 的值. 这样就能从 δ-ε 平面上找出转换曲线来决定(6.4.13)解的稳定与不稳定区域. (注意: 这

里的稳定性不是 Lyapunov 意义下的稳定性, 一个解称稳定的, 假如它是有界的.)
其稳定区域的解相当于(6.4.12)的周期解. 这些转换曲线可以通过 PLK 方法来解
决. 选取 δ 作为参数, 把 δ 和 x 作摄动展开

$$\begin{cases} \delta = n^2 + \varepsilon\delta_1 + \varepsilon^2\delta_2 + \cdots, \\ x(t,\varepsilon) = x_0(t) + \varepsilon x_1(t) + \varepsilon^2 x_2(t) + \cdots. \end{cases} \tag{6.4.14}$$

把(6.4.14)代入(6.4.12), 比较 ε 同次幂系数, 得到前三个方程

$$\begin{cases} x_0'' + n^2 x_0 = 0, \\ x_1'' + n^2 x_1 = -(\delta + \cos(2t))x_0, \\ x_3'' + n^2 x_2 = -(\delta_1 + \cos(2t))x_1 - \delta_2 x_0. \end{cases} \tag{6.4.15}$$

下面只讨论 $n = 1$ 和 $n = 2$ 的情况.

　　$1°$ $n = 1$ 时, $x_0 = \cos(t)$ 或 $\sin(t)$. 取 $x_0 = \cos(t)$, 发现

$$x_1'' + x_1 = -\left(\delta_1 + \frac{1}{2}\right)\cos(t) - \frac{1}{2}\cos(3t). \tag{6.4.16}$$

为了保证得 x 解的周期解, 要求

$$\delta_1 = -\frac{1}{2}. \tag{6.4.17}$$

于是就有

$$x_1 = \frac{1}{16}\cos(3t). \tag{6.4.18}$$

把 x_0, x_1 代入 x_2 的方程得到

$$x_2'' + x_2 = -\left(\frac{1}{32} + \delta_2\right)\cos(t) + \frac{1}{32}\cos(3t) - \frac{1}{32}\cos(5t). \tag{6.4.19}$$

同样理由, 必须选取

$$\delta_2 = -\frac{1}{32}. \tag{6.4.20}$$

综合上述结果, 得到转换曲线为

$$\delta = 1 - \frac{1}{2}\varepsilon - \frac{1}{32}\varepsilon^2 + O(\varepsilon^3). \tag{6.4.21}$$

如果取 $x_0 = \sin(t)$, 作类似处理, 得到转换曲线

$$\delta = 1 + \frac{1}{2}\varepsilon - \frac{1}{32}\varepsilon^2 + O(\varepsilon^3). \tag{6.4.22}$$

$2°$ $n = 2$ 时, $x_0 = \cos(2t)$ 或 $\sin(2t)$, 取 $x_0 = \cos(2t)$, x_1 的方程为

$$x_1'' + 4x_1 = -\frac{1}{2} - \delta_1 \cos(2t) - \frac{1}{2}\cos(4t). \tag{6.4.23}$$

为了保证 x_1 的周期性, 有

$$\delta_1 = 0. \tag{6.4.24}$$

(6.4.23)的解 x_1 为

$$x_1 = -\frac{1}{8} + \frac{1}{24}\cos(4t). \tag{6.4.25}$$

把 x_0, x_1 以及 δ_1 的值代入 x_2 的方程, 得到

$$x_2'' + 4x_2 = -\left(\delta_2 - \frac{5}{48}\right)\cos(2t) - \frac{1}{48}\cos(6t). \tag{6.4.26}$$

同样要求

$$\delta_2 = \frac{5}{48}. \tag{6.4.27}$$

这样得到转换曲线为

$$\delta = 4 + \frac{5}{48}\varepsilon^2 + O(\varepsilon^3). \tag{6.4.28}$$

若取 $x_0 = \sin(2t)$, 作类似处理, 得到转换曲线

$$\delta = 4 - \frac{5}{48}\varepsilon^2 + O(\varepsilon^3). \tag{6.4.29}$$

6.5　匹配渐近法

　　PLK 方法不能处理在自变量某些范围内, 解会发生剧烈变化的一类问题. 事实上, 就自变量而言, 在这一部分与其他部分相比较, 描写解变化的尺度不同, 因而想用只具有一个尺度的 PLK 方法来表达整个解, 是行不通的. 合理的方法是把解分为两部分, 对于非剧烈变化的外部分, 用正常的自变量尺度的自变量来描述, 称为外解; 对于剧烈变化部分, 用另一个尺度的自变量来描述, 称为内解. 具体处理的过程为: 先分别求出含有一些特定常数的内外解, 然后假设存在有一公共区

域, 在此区域内, 内外解都适应, 因而内外解应当是一致的, 这样可以利用这个条件建立在此区域内的内外解应当满足的匹配条件, 由此匹配条件可定出有关待定常数, 这样就把内外解定下来, 得到原问题的渐近解, 这种方法称为匹配渐近法, 从方程角度来看, 这种方法常常用于一个小参数乘上高阶导数的微分方程.

为了说明这种方法处理具体问题的技巧, 我们通过两个典型例子来加以具体说明.

例 6.5.1　考虑如下初值问题:

$$\begin{cases} \varepsilon\dfrac{d^2x}{dt^2} + b(t)\dfrac{dx}{dt} + c(t)x = 0, \\ x(0) = 1, \qquad x'(0) = v. \end{cases} \tag{6.5.1}$$

当 $t \geqslant 0$ 时, $b(t) > 0$, $c(t) > 0$.

由第 6.2 节可知, 如果采用正则摄动法, 方程要降阶, 不能同时满足两个初始条件, 因而这样降阶方程的解, 在 $x = 0$ 附近不可能是 (6.5.1) 的解, 所以只能作为 (6.5.1) 的外解. 在 $x = 0$ 附近有内解, 可采用匹配渐近法. 显然在处理过程中要解决如下问题.

1° 对于外解, 应当放弃哪个初始条件, 而保留哪个初始条件;

2° 内解的范围有多大 (即如何选取内解自变量的尺度);

3° 内外解如何匹配.

先考虑内解, 令内变量为

$$\tau = t/\varepsilon^\alpha, \quad \alpha > 0. \tag{6.5.2}$$

(6.5.1) 的边界层方程 (即内解方程) 为

$$\varepsilon^{1-2\alpha}\frac{d^2\tilde{x}}{d\tau^2} + \varepsilon^{-\alpha}b(\tau\varepsilon^\alpha)\frac{d\tilde{x}}{d\tau} + c(\tau\varepsilon^\alpha)\tilde{x} = 0, \tag{6.5.3}$$

其中 $\tilde{x} = \tilde{x}(\tau,\varepsilon) = x(\varepsilon^\alpha\tau,\varepsilon)$.

比较 (6.5.3) 中各项量级, 有以下几种可能, 若第一项阶数最高, 得到的解为 τ 的线性函数, 无法同外解匹配. 若第一项与第三项同阶, 第二项成为最高阶项, 首项方程不保留最高阶导数项, 奇性起因不能消除. 所以只能选取第一项与第二项同阶, 即要求

$$1 - 2\alpha = -\alpha, \quad \alpha = 1. \tag{6.5.4}$$

由此我们确定了边界层厚度为 $O(\varepsilon)$, 内变量为 $\tau = t/\varepsilon$, (6.5.1) 的边界层方程为

$$\begin{cases} \dfrac{d^2\tilde{x}}{d\tau^2} + b(\tau\varepsilon)\dfrac{d\tilde{x}}{d\tau} + \varepsilon c(\tau\varepsilon)\tilde{x} = 0, \\ \tilde{x}(0) = 1, \qquad \tilde{x}'(0) = v\varepsilon, \end{cases} \tag{6.5.5}$$

作摄动展开

$$\tilde{x}(\tau, \varepsilon) = \tilde{x}_0(\tau) + \varepsilon \tilde{x}_1(\tau) + \cdots. \tag{6.5.6}$$

把 (6.5.6) 代入 (6.5.5), 比较 ε 同次幂系数, 得到前二个方程分别为

$$\begin{cases} \tilde{x}_0'' + b(0)\tilde{x}_0' = 0, \\ \tilde{x}_0(0) = 1, \quad \tilde{x}_0'(0) = 0 \end{cases} \tag{6.5.7}$$

和

$$\begin{cases} \tilde{x}_1'' + b(0)\tilde{x}_1' = -c(0)\tilde{x}_0 - b'(0)\tau \tilde{x}_0', \\ \tilde{x}_1(0) = 0, \quad \tilde{x}_1'(0) = v. \end{cases} \tag{6.5.8}$$

解 (6.5.7), (6.5.8) 分别得到

$$\tilde{x}_0(\tau) = 1 \tag{6.5.9}$$

和

$$\tilde{x}_1(\tau) = \frac{c(0) + vb(0)}{b^2(0)}(1 - e^{-b(0)\tau}) - \frac{c(0)}{b(0)}\tau. \tag{6.5.10}$$

然后求外解, 对于外解直接用 (6.5.1), 作摄动展开

$$x(t, \varepsilon) = x_0(t) + \varepsilon x_1(t) + \cdots. \tag{6.5.11}$$

把 (6.5.11) 代入 (6.5.1), 比较 ε 的同次幂系数, 得到

$$b(t)\frac{dx_0}{dt} + c(t)x_0 = 0 \tag{6.5.12}$$

和

$$b(t)\frac{dx_0}{dt} + c(t)x_n = -\frac{d^2 x_{n-1}}{dt^2} \quad (n = 1, 2, \cdots). \tag{6.5.13}$$

解 (6.5.12), (6.5.13) 得到

$$x_0(t) = k_0 e^{-\int_0^t \frac{c(s)}{b(s)} ds}, \tag{6.5.14}$$

$$x_1(t) = k_1 x_0(t) - x_0(t) \int_0^t \frac{c^2(s) + b'(s)c(s) - c'(s)b(s)}{b^3(s)} ds, \tag{6.5.15}$$

其中 k_0 与 k_1 是待定常数. 为了决定这些常数, 就要建立匹配条件. 为此假定内外解存在一个公共有效区域, 在此区域内匹配条件为

$$x(t, \varepsilon) = \tilde{x}(\tau, \varepsilon), \tag{6.5.16}$$

其中 $t \ll 1, \tau \gg 1$. 具体来说, 先把外解对 $t = 0$ 作 Taylor 展开为

$$
\begin{aligned}
x(t, \varepsilon) &= x_0(t) + \varepsilon x_1(t) + \cdots \\
&= x_0(0) + x_0'(0)t + \frac{1}{2!}x_0''(0)t^2 + \cdots \\
&\quad + \varepsilon\left[x_1(0) + x_1'(0)t + \frac{1}{2!}x_1''(0)t^2 + \cdots\right].
\end{aligned} \tag{6.5.17}
$$

再把它用内变量 τ 表示, 按 ε 计幂重新排列为

$$
x(t, \varepsilon) = x_0(0) + [x_0'(0)\tau + x_1(0)]\varepsilon + \cdots. \tag{6.5.18}
$$

它应当在 $\tau \gg 1$ 时, 与内解表达式一致, 即与下式一致

$$
\tilde{x}(\tau, \varepsilon) \underset{\tau \gg 1}{=} \tilde{x}_0(\tau) \underset{\tau \gg 1}{+} \varepsilon \tilde{x}_1(\tau) \underset{\tau \gg 1}{+} \cdots. \tag{6.5.19}
$$

比较 (6.5.18) 与 (6.5.19), 得到 (6.5.16) 的具体匹配条件为

$$
\begin{cases}
x_0(0) = \lim\limits_{\tau \to \infty} \tilde{x}_0(\tau), \\
x_1(0) = \lim\limits_{\tau \to \infty} [\tilde{x}_1(\tau) - x_0'(0)\tau].
\end{cases} \tag{6.5.20}
$$

利用 (6.5.20) 的匹配条件, (6.5.15) 中的待定常数为

$$
\begin{aligned}
k_0 &= 1, \\
k_1 &= \lim_{\tau \to \infty}\left[\frac{c(0) + vb(0)}{b^2(0)}(1 - e^{-b(0)\tau}) - \frac{c(0)}{b(0)}\tau + \frac{c(0)}{b(0)}\tau\right] \\
&= \frac{c(0) + vb(0)}{b^2(0)}.
\end{aligned} \tag{6.5.21}
$$

这样, 我们就建立了 (6.5.1) 的渐近解, 而且以所得的结果来看, 此解在初始时刻存在一个 $o(\varepsilon)$ 宽度的边界层, 首项外解满足初始条件 $x_0(0) = 1$.

例 6.5.2　考虑边值问题

$$
\begin{cases}
\varepsilon\dfrac{d^2 y}{dx^2} + b(x)\dfrac{dy}{dx} + c(x)y = 0, & 0 \leqslant x \leqslant 1, \\
y(0) = A_1, \quad y(1) = A_2.
\end{cases} \tag{6.5.22}
$$

此时, 除上例提出的一些问题应该考虑外, 还要决定边界层应当存在哪一边的问题. 为此, 我们先讨论内解的方程.

类似于上例的讨论, 边界层厚度为 ε, 内变量为

$$\tilde{x}_i = \frac{|x - l_i|}{\varepsilon} \quad (i = 1, 2), \tag{6.5.23}$$

其中 $l_1 = 0$, $l_2 = 1$.

内解方程为

$$\frac{d^2 \tilde{y}}{d\tilde{x}_i^2} + (-1)^{i-1} \frac{d\tilde{y}}{d\tilde{x}_i} \cdot b[l_i - (-1)^i \tilde{x}_i \varepsilon] + \varepsilon \tilde{y} c[l_i - (-1)^i \tilde{x}_i \varepsilon] = 0, \tag{6.5.24}$$

其中 $\tilde{y}(\tilde{x}_i, \varepsilon) = y(x, \varepsilon)$.

作摄动展开

$$\tilde{y}(\tilde{x}_i, \varepsilon) = \tilde{y}_0(\tilde{x}_i) + \varepsilon \tilde{y}_1(\tilde{x}_i) + \cdots. \tag{6.5.25}$$

把 (6.5.25) 代入 (6.5.24), 得到

$$\frac{d^2 \tilde{y}_n}{d\tilde{x}_i^2} + (-1)^{i-1} b(l_i) \frac{d\tilde{y}_n}{d\tilde{x}_i} = H(\tilde{y}_0, \tilde{y}_1, \cdots, \tilde{y}_{n-1}). \tag{6.5.26}$$

对应于 (6.5.26) 的齐次方程的解为

$$\tilde{y}_{nH} = c_{0i} + c_{1i} \exp[(-1)^i b(l_i) \tilde{x}_i]. \tag{6.5.27}$$

由匹配条件可知, $\lim\limits_{\tilde{x}_i \to \infty} \tilde{y}(\tilde{x}_i, \varepsilon)$ 必须与 $\lim\limits_{x \to l_i} y(x, \varepsilon)$ 匹配, 所以在 (6.5.27) 中指数项必须为衰减型. 因而当 $b(x) > 0$ ($0 \leqslant x \leqslant 1$) 时, 在 $x = 0$ 处有边界层; 反之, 当 $b(x) < 0$ ($0 \leqslant x \leqslant 1$) 时, 在 $x = 1$ 处有边界层. 边界层的位置可由 $b(x)$ 的性质决定.

现在我们考虑 $b(x) > 0$ ($0 \leqslant x \leqslant 1$) 的情况, 此时在 $x = 0$ 处有边界层, 因而外解要满足 $x = 1$ 的边界条件. 对于条件 (6.5.22), 先求外解, 设外解的摄动展开为

$$y(x, \varepsilon) = y_0(x, 0) + \varepsilon y_1(x, 0) + \cdots. \tag{6.5.28}$$

把 (6.5.28) 代入 (6.5.22), 比较 ε 同次幂的系数, 得到

$$\begin{cases} b(x) \dfrac{dy_0}{dx} + c(x) y_0 = 0, \\ y_0(1) = A_2 \end{cases} \tag{6.5.29}$$

及

$$\begin{cases} b(x) \dfrac{dy_n}{dx} + c(x) y_n = 0, \\ y_n(1) = 0. \end{cases} \tag{6.5.30}$$

前两项的解为

$$y_0(x) = A_2 \exp\left(-\int_1^x \frac{c(s)}{b(s)}ds\right) \tag{6.5.31}$$

和

$$y_1(x) = A_2\left[\int_0^1 \frac{c^2(s) - c'(s)b(s) + b'(s)c(s)}{b^3(s)}ds \right.$$
$$\left. - \int_0^x \frac{c^2(s) - c'(s)b(s) + b'(s)c(s)}{b^3(s)}ds\right]\exp\left(-\int_1^x \frac{c(s)}{b(s)}ds\right). \tag{6.5.32}$$

然后再求内解, 此时内变量为 $\tilde{x} = x/\varepsilon$, 内解摄动展开为

$$\tilde{y} = \tilde{y}_0(\tilde{x}) + \varepsilon\tilde{y}_1(\tilde{x}) + \cdots. \tag{6.5.33}$$

把 (6.5.33) 代入 (6.5.24), 并取 $\tilde{x} = 0$ 之边界条件, 得到

$$\begin{cases} \dfrac{d^2\tilde{y}_0}{d\tilde{x}^2} + b(0)\dfrac{d\tilde{y}_0}{d\tilde{x}} = 0, \\ \tilde{y}_0(0) = A_1 \end{cases} \tag{6.5.34}$$

和

$$\begin{cases} \dfrac{d^2\tilde{y}_1}{dx^2} + b(0)\dfrac{d\tilde{y}_1}{d\tilde{x}} = -b'(0)\tilde{x}\dfrac{d\tilde{y}_0}{d\tilde{x}} - c(0)\tilde{y}_0, \\ \tilde{y}_1(0) = 0. \end{cases} \tag{6.5.35}$$

解 (6.5.35) 得

$$\tilde{y}_0 = E_1 + E_2 e^{-b(0)\tilde{x}}, \tag{6.5.36}$$

其中 $E_1 + E_2 = A_1$.

最后利用匹配条件 (6.5.20), 决定常数 E_1 和 E_2 得到

$$E_1 = A_2 \exp\left(\int_0^1 \frac{c(s)}{b(s)}ds\right), \quad E_2 = A_1 - A_2 \exp\left(\int_0^1 \frac{c(s)}{b(s)}ds\right). \tag{6.5.37}$$

因而内解的首项为

$$\tilde{y}_0(\tilde{x}) = A_2 e^{\int_0^1 \frac{c(s)}{b(s)}ds} + (A_1 - A_2 e^{\int_0^1 \frac{c(s)}{b(s)}ds})e^{-b(0)\tilde{x}}. \tag{6.5.38}$$

类似地, 完全可以决定内解展开式的高次项. 这类问题与例 6.5.1 不同的是先求外解, 再求内解.

在上述例子中分别得到内解和外解, 它们各自在不同范围内适用, 为了便于应用, 我们希望找到在整个区域内一致有效的渐近表达式, 即由内解和外解通过一定方式组合成为组合展开式. 其中最重要又常用的组合展开式为加法组合展开式.

记 $x_0^{(n)} = \sum_{i=1}^{n} \delta_i(\varepsilon) x_i(t)$ 为 n 项外解, $\tilde{x}_i^{(m)} = \sum_{j=0}^{m} \mu_j(\varepsilon) \tilde{x}_j(\bar{t})$ 为 m 项内解. $\{\delta_j(\varepsilon)\}$, $\{\mu_j(\varepsilon)\}$ 分别为内解和外解的渐近序列, 匹配条件为 n 项外解的 m 项内展开等于 m 项内解的 n 项外展开, 即表达式为

$$[x_0^{(n)}]_i^{(m)} \atop x \to 0 = [\tilde{x}_i^{(n_1)}]_0^{(n)} \atop \tilde{x} \to \infty. \tag{6.5.39}$$

显然加法组合解为内解加外解减去重复项.

$$x_m = \begin{cases} x_0^{(n)} + \tilde{x}_i^{(m)} - [x_i^{(m)}]_0^{(n)}, \\ \tilde{x}_i^{(m)} + x_0^{(n)} - [x_0^{(n)}]_i^{(m)}. \end{cases} \tag{6.5.40}$$

匹配渐近法是一种极为有效, 又极有用途的摄动方法, 但又是一个技巧性相当高的方法, 初学者主要困难在于确定是否存在边界层. 如存在, 它的位置在何处, 范围有多大, 在这些问题确定之后, 还特别要注意适当地选择内、外解的渐近序列, 以确保能用匹配法求解. 所有这些都必须通过不断实践才能逐步熟悉.

从以上讨论过程来看, 下列两种情况发生时, 就不能用匹配渐近法来求解.

1° 内外解没有重叠区域, 不能匹配;

2° 讨论的问题在整个区域中, 存在着几种尺度, 不是如匹配那样两种尺度基本上存在于不同区域, 所以就无法分开处理. 为了解决这类问题, 就得引入多重尺度法.

6.6　多重尺度法

当所讨论的微分方程定解问题有几个尺度时, 我们就应当采用多重尺度法. 所谓多重尺度法就是有目的地引入各种尺度的自变量, 然后把所求的解看成这几个尺度自变量的函数, 把它作摄动展开, 代入原先的方程 (常微分方程转化为偏微分方程), 再采用摄动法解题的一般步骤, 根据一致有效渐近性的原则来决定此种展开. 所以从本质上来看, 匹配渐近法能看成多重尺度法的一个特例.

从多重尺度法的应用范围以及近年来摄动法的发展趋势来看, 多重尺度法可能是一种最有发展前途的摄动方法. 这种方法的困难之处在于如何判断存在多种

尺度, 每种尺度的大小以及选取适当的渐近展开, 要想在这方面获得足够的经验, 读者就必须进行大量的实践.

6.6.1 二变量法

例 6.6.1 Van der Pol 方程

$$\frac{d^2x}{dt^2} + x = \varepsilon(1-x^2)\frac{dx}{dt}. \tag{6.6.1}$$

引入两个不同尺度的自变量 ξ, η, 分别定义为

$$\xi = \varepsilon t, \quad \eta = (1 + \varepsilon^2\omega_2 + \varepsilon^3\omega_3 + \cdots)t. \tag{6.6.2}$$

此时

$$\frac{d}{dt} = \varepsilon\frac{\partial}{\partial\xi} + (1 + \varepsilon^2\omega_2 + \varepsilon^3\omega_3 + \cdots)\frac{\partial}{\partial\eta}. \tag{6.6.3}$$

把 x 看成 ξ 和 η 的函数, 作摄动展开

$$x = x_0(\xi,\eta) + \varepsilon x_1(\xi,\eta) + \varepsilon^2 x_2(\xi,\eta) + \cdots, \tag{6.6.4}$$

把 (6.6.4) 代入 (6.6.1), 注意 (6.6.3) 的规则, 比较 ε 同次幂系数, 得到

$$\frac{\partial^2 x_0}{\partial\eta^2} + x_0 = 0, \tag{6.6.5}$$

$$\frac{\partial^2 x_1}{\partial\eta^2} + x_1 = -2\frac{\partial^2 x_0}{\partial\xi\partial\eta} + (1-x_0^2)\frac{\partial x_0}{\partial\eta} \tag{6.6.6}$$

及

$$\begin{aligned}
\frac{\partial^2 x_2}{\partial\eta^2} + x_2 = &-2\frac{\partial^2 x_1}{\partial\xi\partial\eta} - \frac{\partial^2 x_0}{\partial\xi^2} - 2\omega_2\frac{\partial^2 x_0}{\partial\eta^2} \\
&+ (1-x_0^2)\left(\frac{\partial x_1}{\partial\eta} + \frac{\partial x_0}{\partial\xi}\right) - 2x_0 x_1\frac{\partial x_1}{\partial\eta}.
\end{aligned} \tag{6.6.7}$$

(6.6.5) 的解为

$$x_0 = A_0(\xi)\cos(\eta) + B_0(\xi)\sin(\eta). \tag{6.6.8}$$

把 (6.6.8) 代入 x_1 的方程, 得到

$$\frac{\partial^2 x_1}{\partial\eta^2} + x_1 = \left[-2B_0'\left(1 - \frac{A_0^2 + B_0^2}{4}\right)B_0\right]\cos(\eta)$$

$$+ \left[2A_0' - \left(1 - \frac{A_0^2 + B_0^2}{4} \right) A_0 \right] \sin(\eta) + \frac{1}{4}(A_0^3 - 3A_0 B_0^2) \sin(3\eta)$$

$$+ \frac{1}{4}(B_0^3 - 3A_0^3 B_0) \cos(3\eta). \tag{6.6.9}$$

为了消去长期项, 必须有

$$\begin{cases} -2B_0' + \left(1 - \dfrac{A_0^2 + B_0^2}{4} \right) B_0 = 0, \\[3mm] A_0' - \left(1 - \dfrac{A_0^2 + B_0^2}{4} \right) A_0 = 0. \end{cases} \tag{6.6.10}$$

如果令 $A_0^2 + B_0^2 = \rho = \alpha^2$, 由 (6.6.10) 可得到

$$\rho' - \rho \left(1 - \frac{1}{4} \rho \right) = 0, \tag{6.6.11}$$

解 (6.6.11) 得到

$$\alpha^2 = \frac{4}{1 + \left(\dfrac{4}{\alpha_0^2} - 1 \right) e^{-\xi}}, \tag{6.6.12}$$

其中 α_0 为初始振幅, 如果 A_0 和 B_0 被表示为

$$\begin{cases} A_0 = \alpha \cos(\phi), \\[2mm] B_0 = -\alpha \sin(\phi). \end{cases} \tag{6.6.13}$$

把 (6.6.13) 代入 (6.6.10) 任一方程, 并利用 (6.6.1) 可得到

$$\varphi' = 0$$

或

$$\varphi = \varphi_0 \text{ (常数).}$$

这样, x_0 的表达式为

$$x_0 = \alpha \cos(\eta + \varphi_0). \tag{6.6.14}$$

一旦 (6.6.10) 成立, (6.6.9) 就变成为

$$\frac{\partial^2 x_1}{\partial \eta^2} + x_1 = \frac{1}{4}(A_0^3 - 3A_0 B_0^2) \sin(3\eta) + \frac{1}{4}(B_0^3 - 3A_0^2 B_0) \cos(3\eta). \tag{6.6.15}$$

把 (6.6.13) 代入 (6.6.15), 然后解 (6.6.15) 得

$$x_1 = A_1(\xi)\cos(\eta+\varphi_0) + B_1(\xi)\sin(\eta+\varphi_0) - \frac{\alpha^3}{32}\sin(3(\eta+\varphi_0)). \tag{6.6.16}$$

利用已解出的 x_0, x_1 可把 x_2 的方程写成

$$
\begin{aligned}
\frac{\partial^2 x_2}{\partial\eta^2} + x_2 = &\left[-2B_1' + \left(1-\frac{1}{4}\alpha^2\right)B_1 - \alpha'' + 2\omega_2\alpha\right.\\
&\left. + \left(1-\frac{3}{4}\alpha^2\right)\alpha' + \frac{\alpha^5}{128}\right]\cos(\eta+\varphi_0)\\
&+ \left[2A_1' - \left(1-\frac{3}{4}\alpha^2\right)A_1\right]\sin(\eta+\varphi_0) + \text{NST},
\end{aligned}
\tag{6.6.17}
$$

其中 NST 代表不会引起长期项的项.

为了消去 (6.6.17) 中的长期项, 必须要求

$$
\begin{cases}
2B_1' - \left(1-\dfrac{1}{4}\alpha^2\right)B_1 = 2\omega_2\alpha - \alpha'' + \left(1-\dfrac{3}{4}\alpha^2\right)\alpha' + \dfrac{\alpha^5}{128}, \\[3mm]
2A_1' - \left(1-\dfrac{3}{4}\alpha^2\right)A_1 = 0.
\end{cases}
\tag{6.6.18}
$$

注意到 (6.6.11), (6.6.18) 可化为

$$
\begin{cases}
2B_1' - \dfrac{2\alpha'}{\alpha}B_1 = 2\alpha\left(\omega_2 + \dfrac{1}{16}\right) - \left(\dfrac{7}{16}\alpha^2 - \dfrac{1}{4}\right)\alpha', \\[3mm]
A_1' - \left(\dfrac{3\alpha'}{\alpha} - 1\right)A_1 = 0.
\end{cases}
\tag{6.6.19}
$$

(6.6.19) 的解为

$$
\begin{cases}
B_1 = \alpha\left(\omega_2 + \dfrac{1}{16}\right)\xi - b_1\alpha + \dfrac{1}{8}\alpha\ln(\alpha) - \dfrac{7}{64}\alpha^3, \\[3mm]
A_1 = a_1\alpha^3 e^{-\xi},
\end{cases}
\tag{6.6.20}
$$

其中 a_1 和 b_1 为积分常数. 由于 $t\to\infty$ 时, $\xi\to\infty$, $\alpha\to 2$, 因而为了保证在 $\xi\to\infty$ 时的一致有效性, 必须令

$$\omega_2 = -\frac{1}{16}. \tag{6.6.21}$$

归纳以上所有结果, 得到 (6.6.1) 的二次解为

$$
x = (\alpha + \varepsilon \alpha^3 a_1 e^{-\varepsilon t}) \cos\left[\left(1 - \frac{1}{16}\varepsilon^2\right)t + \varphi_0\right]
$$

$$
- \varepsilon\left\{\left(\frac{7}{64}\alpha^3 - \frac{1}{8}\alpha\ln(\alpha) + b_1\alpha\right)\sin\left[\left(1 - \frac{1}{16}\varepsilon^2\right)t + \varphi_0\right]\right.
$$

$$
\left. + \frac{a^3}{32}\sin\left[3\left(\left(1 - \frac{1}{16}\varepsilon^2\right)t + \varphi_0\right)\right]\right\} + O(\varepsilon^2), \tag{6.6.22}
$$

其中

$$
\alpha = \frac{2}{\sqrt{1 + \left(\dfrac{4}{\alpha_0^2} - 1\right)e^{-\epsilon t}}}.
$$

6.6.2　导数展开法

考虑微分方程

$$
x'' + x = -2\epsilon x' \tag{6.6.23}
$$

的解.

解　如果采用导数展开法, 我们应根据量级的要求引入足够多的各种尺度的自变量

$$
T_m = \epsilon^m t \quad (m = 0, 1, 2, \cdots, M). \tag{6.6.24}
$$

此时, 把 x 看成 T_m $(m = 0, 1, 2, \cdots, M)$ 的函数, 作摄动展开

$$
x = x_0(T_0, T_1, \cdots, T_M) + \epsilon x_1(T_0, T_1, \cdots, T_m) + \cdots. \tag{6.6.25}
$$

然后把 (6.6.25) 代入 (6.6.23), 按渐近要求逐级求解.

为了说明这个过程, 我们就取 T_0, $T_1 = \epsilon t$, $T_2 = \epsilon^2 t$ 三个尺度, 那么求导法则就成为

$$
\frac{d}{dt} = \frac{\partial}{\partial T_0} + \epsilon\frac{\partial}{\partial T_1} + \epsilon^2\frac{\partial}{\partial T_2}. \tag{6.6.26}
$$

把 (6.6.25) 代入 (6.6.23), 注意到 (6.6.26), 比较 ϵ 同次幂系数得到如下方程

$$
\frac{\partial^2 x_0}{\partial T_0^2} + x_0 = 0, \tag{6.6.27}
$$

$$\frac{\partial^2 x_1}{\partial T_0^2} + x_1 = -2\frac{\partial x_0}{\partial T_0} - 2\frac{\partial^2 x_0}{\partial T_0 \partial T_1}, \tag{6.6.28}$$

$$\frac{\partial^2 x_2}{\partial T_0^2} + x_2 = -2\frac{\partial x_1}{\partial T_0} - 2\frac{\partial^2 x_1}{\partial T_0 \partial T_1} - \frac{\partial^2 x_0}{\partial T_0^2} - 2\frac{\partial^2 x_0}{\partial T_0 \partial T_2} - 2\frac{\partial x_0}{\partial T_1}. \tag{6.6.29}$$

(6.6.27) 的解为

$$x_0 = A_0(T_1, T_2)e^{iT_0} + \bar{A}_0(T_1, T_2)e^{-iT_0}, \tag{6.6.30}$$

其中 $\bar{A}_0$ 为 A_0 的共轭复数.

把 (6.6.30) 代入 (6.6.28), 得 x_1 的方程为

$$\frac{\partial^2 x_1}{\partial T_0^2} + x_1 = -2\mathrm{i}\left(A_0 + \frac{\partial A_0}{\partial T_1}\right)e^{iT_0} + 2\mathrm{i}\left(\bar{A}_0 + \frac{\partial \bar{A}_0}{\partial T_1}\right)e^{iT_0}. \tag{6.6.31}$$

为了消去 (6.6.31) 中的长期项, 要求

$$A_0 + \frac{\partial A_0}{\partial T_1} = 0,$$

即

$$A_0 = a_0(T_2)e^{-T_1}. \tag{6.6.32}$$

同时, x_1 的解为

$$x_1 = A_1(T_1, T_2)e^{iT_0} + \bar{A}_1(T_1, T_2)e^{-iT_0}. \tag{6.6.33}$$

在 (6.6.29) 中, 利用 x_0 和 x_1 的结果, 有

$$\frac{\partial^2 x_2}{\partial T_0^2} + x_2 = -Q(T_1, T_2)e^{iT_0} - \bar{Q}(T_1, T_2)e^{-iT_0}, \tag{6.6.34}$$

其中

$$Q(T_1, T_2) = 2\mathrm{i}A_1 + 2\mathrm{i}\frac{\partial A_1}{\partial T_1} - a_0 e^{-T_1} + 2\mathrm{i}\frac{\partial a_0}{\partial T_2}e^{-T_1}.$$

同样理由, 我们必须有

$$\frac{\partial A_1}{\partial T_1} + A_1 = \frac{1}{2}\mathrm{i}\left(-a_0 + 2\mathrm{i}\frac{\partial a_0}{\partial T_2}\right)e^{-T_1}. \tag{6.6.35}$$

为了消去 T_1 产生的长期项, 令

$$-a_0 + 2\mathrm{i}\frac{\partial a_0}{\partial T_2} = 0. \tag{6.6.36}$$

解 (6.6.36) 得到

$$a_0 = a_{00}e^{-t\frac{T_2}{2}}, \tag{6.6.37}$$

其中 a_{00} 为一常数. (6.6.35) 也就变为

$$\frac{\partial A_1}{\partial T_1} + A_1 = 0. \tag{6.6.38}$$

(6.6.38) 的解为

$$A_1 = a_1(T_2)e^{-T_1}, \tag{6.6.39}$$

所以零阶解为

$$x = ae^{-\epsilon t}\cos\left(t - \frac{1}{2}\epsilon^2 t + \varphi\right). \tag{6.6.40}$$

留下的问题是如何由量级要求来决定尺度选取的数目. 设现在问题的初始条件为 $x(0) = a\cos(\varphi)$, $x'(0) = -a(\sqrt{1-\epsilon^2}\sin(\varphi) + \epsilon\cos(\varphi))$, 那么精确解与上述三个尺度解的差为

$$
\begin{aligned}
R &= ae^{\epsilon t}\left[\cos\left(t\sqrt{1-\epsilon^2} + \varphi\right) - \cos\left(t - \frac{1}{2}\epsilon^2 t + \varphi\right)\right] \\
&= -2ae^{-\epsilon t}\sin\left[\frac{1}{2}\left(\sqrt{1-\epsilon^2} + 1 - \frac{1}{2}\epsilon^2\right)t + \varphi\right]\sin\left[\frac{1}{2}\left(\sqrt{1-\epsilon^2} - 1 + \frac{1}{2}\epsilon^2\right)t\right] \\
&= -2ae^{-\epsilon t}\sin\left[\frac{1}{2}\left(\sqrt{1-\epsilon^2} + 1 - \frac{1}{2}\epsilon^2\right)t + \varphi\right]\sin\left[\left(-\frac{1}{16}\epsilon^4 + \cdots\right)t\right] \\
&= O(\epsilon^4 t) = O(\epsilon T_3).
\end{aligned}
$$

很明显在精确解的表达式中, 不存在 $T_3 = \epsilon^3 t$, 所以在现在的问题中 $R = O(\epsilon T_2)$, 由此我们可以预料到, 如用导数展开法解题时, 引入 $M+1$ 个尺度

$$T_m = \epsilon^m t \quad (m = 0, 1, 2, \cdots, M),$$

则解 x 展开式的渐近性质应当为

$$x(t, \epsilon) = \sum_{m=0}^{M+1} \epsilon^m x_m(T_0, T_1, \cdots, T_{m-1}) + O(\epsilon T_M).$$

这样我们就能根据具体要求, 而决定选用尺度的个数, 以保证在所考虑范围内, 展开解的渐近性质能得到确认.

6.7   平 均 化 法

对于有快慢的二重尺度的问题, 也可以用平均化方法处理. 平均化方法处理的问题含有快慢二重尺度. 方程定解问题关于快变量是一个周期运动, 慢变量只是对这种运动起调制作用. 从这样考虑, 就不一定要引入具体的缓变尺度大小, 而只是根据缓变特点用一些技巧来进行处理. 主要处理技巧有如下几种.

一、Krylov-Bogoliubov 方法

考虑方程

$$\frac{d^2x}{dt^2} + \omega_0^2 x = \varepsilon f\left(x, \frac{dx}{dt}\right). \tag{6.7.1}$$

如果 $\varepsilon = 0$, (6.7.1) 的解为

$$x = a\cos(\omega_0 t + \theta), \tag{6.7.2}$$

其中 a 与 θ 是由初始条件决定的常数. 考虑到 ε 的影响, 应当认为 $a = a(t)$, $\theta = \theta(t)$ 为 t 的缓变函数, 那么

$$\frac{dx}{dt} = -a\omega_0 \sin(\varphi) + \frac{da}{dt}\cos(\varphi) - a\frac{d\theta}{dt}\sin(\varphi), \tag{6.7.3}$$

其中 $\varphi = \omega_0 t + \theta(t)$.

如果我们假设

$$\frac{da}{dt}\cos(\varphi) - a\frac{d\theta}{dt}\sin(\varphi) = 0, \tag{6.7.4}$$

则有

$$\frac{d^2x}{dt^2} = -a\omega_0^2\cos(\varphi) - \omega_0\frac{da}{dt}\sin(\varphi) - a\omega_0\frac{d\theta}{dt}\sin(\varphi). \tag{6.7.5}$$

把这些要求代入原来方程 (6.7.1), 得到

$$\omega_0\frac{da}{dt}\sin(\varphi) + a\omega_0\frac{d\theta}{dt}\cos(\varphi) = -\varepsilon f[a\cos(\varphi), -a\omega_0\sin(\varphi)]. \tag{6.7.6}$$

由 (6.7.4) 和 (6.7.6) 解出 $\dfrac{da}{dt}, \dfrac{d\theta}{dt}$:

$$
\begin{cases}
\dfrac{da}{dt} = -\dfrac{\varepsilon}{\omega_0} \sin(\varphi) f[a\cos(\varphi), -a\omega_0 \sin(\varphi)], \\
\dfrac{d\theta}{dt} = -\dfrac{\varepsilon}{a\omega_0} \cos(\varphi) f[a\cos(\varphi), -a\omega_0 \sin(\varphi)].
\end{cases}
\tag{6.7.7}
$$

由于 $a(t)$, $\theta(t)$ 为 t 的慢变函数, 自然有 $\dfrac{da}{dt} = O(\varepsilon)$, $\dfrac{d\theta}{dt} = O(\varepsilon)$. 这样在快变量一个周期 $T = \dfrac{2\pi}{\omega_0}$ 内, 近似认为 $\dfrac{da}{dt}, \dfrac{d\theta}{dt}$ 为常数是合理的. 取 (6.7.7) 在 $[t, t+T]$ 内的积分平均, 就得到

$$
\begin{cases}
\dfrac{da}{dt} = -\dfrac{\varepsilon}{2\omega_0} f_1(a), \\
\dfrac{d\theta}{dt} = -\dfrac{\varepsilon}{2a\omega_0} g_1(a),
\end{cases}
\tag{6.7.8}
$$

其中

$$
\begin{aligned}
f_1(a) &= \frac{2}{T} \int_0^T \sin(\varphi) f[a\cos(\varphi), -a\omega_0 \sin(\varphi)] dt \\
&= \frac{1}{\pi} \int_0^{2\pi} \sin(\varphi) f[a\cos(\varphi), -a\omega_0 \sin(\varphi)] d\varphi, \\
g_1(a) &= \frac{1}{\pi} \int_0^{2\pi} \cos(\varphi) f[a\cos(\varphi), -a\omega_0 \sin(\varphi)] d\varphi.
\end{aligned}
$$

这样就能从 (6.7.8) 解出 $a = a(t)$, $\theta = \theta(t)$, 方程 (6.7.1) 的零阶近似解就为

$$
x(t) = a(t) \cos[\omega_0(t) + \theta(t)].
\tag{6.7.9}
$$

二、Struble 方法

上述方法只能找出零阶解, Struble 发展了上述方法, 提出了求高阶解的方法. 考虑方程

$$
x'' + \omega_0^2 x = -\varepsilon x^3.
\tag{6.7.10}
$$

由上分析, 对 (6.7.1) 可作如下摄动展开:

$$
x = a\cos(w_0 t - \theta) + \sum_{n=1}^{N} \varepsilon^n x_n(t) + O(\varepsilon^{N+1}),
\tag{6.7.11}
$$

其中 $a = a(t)$, $\theta = \theta(t)$ 为 t 的缓变函数. 把 (6.7.11) 代入 (6.7.10) 可得到

$$\left[2a\omega_0 \frac{d\theta}{dt} + \frac{d^2 a}{dt^2} + a\left(\frac{d\theta}{dt}\right)^2 \right] \cos(\omega_0 t - \theta)$$

$$+ \left[-2\omega_0 \frac{da}{dt} + a\frac{d^2\theta}{dt^2} + 2\frac{d\theta}{dt}\frac{da}{dt} \right] \sin(\omega_0 t - \theta)$$

$$+ \varepsilon \left(\frac{d^2 x_1}{dt^2} + \omega_0^2 x_1 \right) + \varepsilon^2 \left(\frac{d^2 x_2}{dt^2} + \omega_0^2 x_2 \right) + \cdots$$

$$= -\varepsilon a^3 \cos^3(\omega_0 t - \theta) - 3\varepsilon^2 x x_1 a^2 \cos^2(\omega_0 t - \theta) + \cdots, \tag{6.7.12}$$

比较 (6.7.12) 两边到 $O(\varepsilon)$ 阶次的 $\cos(\omega_0 t - \theta)$ 与 $\sin(\omega_0 t - \theta)$ 的系数, 得到

$$\begin{cases} 2a\omega_0 \dfrac{d\theta}{dt} + \dfrac{d^2 a}{dt^2} - a\left(\dfrac{d\theta}{dt}\right)^2 = -\dfrac{3}{4}\varepsilon a^3, \\ -2\omega_0 \dfrac{da}{dt} + \dfrac{d^2\theta}{dt^2} + 2\dfrac{da}{dt}\dfrac{d\theta}{dt} = 0. \end{cases} \tag{6.7.13}$$

余下的系数为

$$\frac{d^2 x_1}{dt^2} + \omega_0 x_1 = -\frac{1}{4}a^3 \cos\big(3(w_0 t - \theta)\big). \tag{6.7.14}$$

(6.7.13) 精确到 $O(\varepsilon)$ 的解为

$$\frac{da}{dt} = 0, \qquad \frac{d\theta}{dt} = -\frac{3}{8\omega_0}\varepsilon a^2,$$

即

$$a = a_0, \qquad \theta = -\frac{3}{8\omega_0}\varepsilon a_0^2 t + \theta_0, \tag{6.7.15}$$

其中 a_0 与 θ_0 为常数.

于是 (6.7.14) 到 $O(\varepsilon)$ 的解为

$$x_1 = \frac{1}{32\omega_0^2}a^3 \cos\big(3(\omega_0 t - \theta)\big).$$

(6.7.10) 的二项解为

$$x = a \cos(\omega_0 t - \theta) + \frac{1}{32\omega_0^2} \varepsilon a^3 \cos\left(3(\omega_0 t - \theta)\right), \tag{6.7.16}$$

其中 a 与 θ 由 (6.7.15) 给出.

然后考虑到 $O(\varepsilon^2)$ 的解, 由 (6.7.16) 可得到

$$- 3\varepsilon^2 x_1 a \cos^2(\omega_0 t - \theta)$$

$$= -\frac{3}{128\omega_0^2} \varepsilon^2 a^5 [\cos(\omega_0 t - \theta) + 2\cos\left(3(\omega_0 t - \theta)\right) + \cos\left(5(\omega_0 t - \theta)\right)]. \tag{6.7.17}$$

此外, $\dfrac{d^2 x_1}{dt^2} + \omega_0^2 x_1$ 计算到 $O(\varepsilon)$ 阶, 还包含有

$$\frac{9}{16\omega_0} a^3 \frac{d\theta}{dt} \cos\left(3(\omega_0 t - \theta)\right). \tag{6.7.18}$$

因此, 如果考虑 (6.7.12) 到 $O(\varepsilon^2)$ 阶, 比较 $\cos(\omega_0 t - \theta)$ 与 $\sin(\omega_0 t - \theta)$ 的系数, 以及留下的项, 就得到

$$\begin{cases} 2a\omega_0 \dfrac{d\theta}{dt} + \dfrac{d^2 a}{dt^2} - a\left(\dfrac{d\theta}{dt}\right)^2 = -\dfrac{3}{4}\varepsilon a^3 - \dfrac{3}{128\omega_0^2}\varepsilon^2 a^5, \\ -2\omega_0 \dfrac{da}{dt} + a\dfrac{d^2\theta}{dt^2} + 2\dfrac{da}{dt}\dfrac{d\theta}{dt} = 0 \end{cases} \tag{6.7.19}$$

及

$$\frac{d^2 x_2}{dt^2} + \omega_0^2 x_2 = -\frac{3}{128\omega_0^2} a^5 \left[2\cos\left(3(\omega_0 t - \theta)\right) + \cos\left(5(\omega_0 t - \theta)\right)\right]$$

$$- \frac{9}{16\omega_0} a^3 \frac{d\theta}{dt} \cos\left(3(\omega_0 t - \theta)\right). \tag{6.7.20}$$

(6.7.19) 精确到 $O(\varepsilon^2)$ 的解为

$$\begin{cases} a = a_0, \\ \theta = -\dfrac{3}{8\omega_0}\varepsilon a_0^2 t + \dfrac{15}{256\omega_0^3}\varepsilon^2 a_0^4 t + \theta_0 + O(\varepsilon^3), \end{cases} \tag{6.7.21}$$

其中 a_0, θ_0 为常数, 把 (6.7.15) 中的 $\dfrac{d\theta}{dt}$ 代入 (6.7.20), 解得

$$x_2 = -\frac{21}{1024\omega_0^4} a^5 \cos\left(3(\omega_0 t - \theta)\right) + \frac{1}{1024\omega_0^4} a^5 \cos\left(5(\omega_0 t - \theta)\right). \tag{6.7.22}$$

因此, (6.7.10) 的二阶解为

$$x = a\cos(\omega_0 t - \theta) - \frac{\varepsilon a^2}{32\omega_0^2}\left(1 - \frac{21\varepsilon}{32\omega_0^2}\right)\cos\left(3(\omega t - \theta)\right)$$

$$+ \frac{\varepsilon^2 a^5}{1024\omega_0^4}\cos\left(5(\omega t - \theta)\right) + O(\varepsilon^3), \tag{6.7.23}$$

其中

$$\omega = \omega_0\left(1 + \frac{3\varepsilon a^2}{8\omega_0^2} - \frac{15\varepsilon^2 a^4}{356\omega_0^4}\right) + O(\varepsilon^3). \tag{6.7.24}$$

三、KBM 方法

这个方法是由 Krylov-Bogoliubov-Mitropolski 建立并逐步完善起来. 这个方法是假设 (6.7.1) 方程的解为

$$x = a\cos(\psi) + \sum_{n=1}^{N}\varepsilon^n x_n(a, \psi) + O(\varepsilon^{N+1}), \tag{6.7.25}$$

其中 x_n 是 ψ 的 2π 周期函数, a, ψ 满足

$$\begin{cases} \dfrac{da}{dt} = \sum_{n=1}^{N}\varepsilon^n A_n(a) + O(\varepsilon^{N+1}), \\[4mm] \dfrac{d\psi}{dt} = \omega_0 + \sum_{n=1}^{N}\varepsilon^n \psi_n(a) + O(\varepsilon^{N+1}), \end{cases} \tag{6.7.26}$$

其中 A_n, ψ_n, x_n 是待定函数, 为了唯一决定 A_n 与 ψ_n 都要求 x_n 中不含有 $\cos(\psi)$.

在这种变换下, 求导关系成为

$$\begin{cases} \dfrac{d}{dt} = \dfrac{da}{dt}\dfrac{\partial}{\partial a} + \dfrac{d\psi}{dt}\dfrac{\partial}{\partial \psi}, \\[4mm] \dfrac{d^2}{dt^2} = \left(\dfrac{d^2 a}{dt^2}\right)\dfrac{\partial^2}{\partial a^2} + \dfrac{d^2 a}{dt^2}\dfrac{\partial}{\partial a} + 2\dfrac{da}{dt}\dfrac{d\psi}{dt}\dfrac{\partial^2}{\partial \psi \partial a} \\[4mm] \qquad\quad + \left(\dfrac{\partial\psi}{\partial t}\right)^2\dfrac{\partial^2}{\partial \psi^2} + \dfrac{d^2\psi}{dt^2}\dfrac{\partial}{\partial \psi} \end{cases} \tag{6.7.27}$$

和

$$
\begin{cases}
\dfrac{d^2a}{dt^2} = \dfrac{d}{dt}\left(\dfrac{da}{dt}\right) = \dfrac{da}{dt}\dfrac{d}{da}\left(\dfrac{da}{dt}\right) = \dfrac{da}{dt}\sum_{n=1}^{N}\varepsilon^n\dfrac{dA_n}{da} \\
\qquad = \varepsilon^2 A_1\dfrac{dA_1}{da} + O(\varepsilon^3), \\
\dfrac{d^2\psi}{dt^2} = \dfrac{d}{dt}\left(\dfrac{d\psi}{dt}\right) = \dfrac{da}{dt}\dfrac{d}{da}\left(\dfrac{d\psi}{dt}\right) = \dfrac{da}{dt}\sum_{n=1}^{N}\varepsilon^n\dfrac{dn}{dt} \\
\qquad = \varepsilon^2 A_1\dfrac{d\psi_1}{da} + O(\varepsilon^3).
\end{cases}
\tag{6.7.28}
$$

利用 (6.7.25)—(6.7.28), 就能用通常摄动过程求解.

这个方法比较适合用来求方程的周期解, 对定常周期解, 显然要求

$$
\begin{cases}
\dfrac{da}{dt} = 0, \\
\displaystyle\sum_{n=1}^{N}\varepsilon^n\psi_n(a) = 0.
\end{cases}
\tag{6.7.29}
$$

这些解的稳定性, 也可利用结果进一步讨论. 详细论述可见有关的专门论著.

习 题 6

1. 当 $\varepsilon \to 0$ 时, 决定下列函数的阶.

$$
\sqrt{\varepsilon(1-\varepsilon)}, \quad 4\pi^2\varepsilon, \quad 1000\varepsilon^{\frac{1}{2}}, \quad \ln(1+\varepsilon), \quad \operatorname{arsech}(\varepsilon),
$$

$$
\frac{1-\cos(\varepsilon)}{1+\cos(\varepsilon)}, \quad \frac{\varepsilon^{\frac{3}{2}}}{1+\sin(\varepsilon)}, \quad \frac{\varepsilon^{\frac{1}{2}}}{1-\cos(\varepsilon)}, \quad e^{\tan(\varepsilon)},
$$

$$
\ln\left[1+\frac{\ln(1+2\varepsilon)}{\varepsilon(1-2\varepsilon)}\right], \quad e^{-\cosh(\frac{1}{\varepsilon})}, \quad \int_0^{\varepsilon} e^{-s^2}ds.
$$

2. 当 $\varepsilon \to 0$ 时, 把下列函数按阶次排列.

$$
\varepsilon^2, \quad \varepsilon^{\frac{1}{2}}, \quad \ln(\ln(\varepsilon^{-1})), \quad 1, \quad \varepsilon^{\frac{1}{2}}\ln(\varepsilon^{-1}), \quad \varepsilon\ln(\varepsilon^{-1}),
$$

$$
e^{-\frac{1}{\varepsilon}}, \quad \ln\varepsilon^{-1}, \quad \varepsilon^{\frac{3}{2}}, \quad \varepsilon, \quad \varepsilon^2\ln(\varepsilon^{-1}).
$$

3. 求 $\Phi(x) = \displaystyle\int_x^{\infty} e^{-t^2}dt$ 的渐近展开式 $(x \to \infty)$.

4. 用正则摄动法求 $x = 1 + \varepsilon x^2$, $\varepsilon \ll 1$ 的二阶展开式解.

5. 用 PLK 方法找出方程

$$
x'' + (\delta + \varepsilon\cos^3(t))x = 0
$$

在临界点 $\delta_c = \dfrac{1}{4},\ \delta_c = 1$ 的转换曲线 (到 $O(\varepsilon^2)$).

6. 用 PLK 方法, 找出小振幅单摆运动的二阶解.

7. 用匹配渐近法, 找出定解问题

$$
\begin{cases}
\varepsilon y'' + y' = 2x, \\
y(0) = \alpha, \quad y(1) = \beta
\end{cases}
$$

的三项解.

8. 用匹配渐近法, 找出定解问题

$$
\begin{cases}
\varepsilon y'' - y' = 2x, \\
y(0) = \alpha, \quad y(1) = \beta
\end{cases}
$$

的三项解.

9. 用匹配渐近法, 找出定解问题

$$
\begin{cases}
\varepsilon y'' + (2x + 1)y' + 2y = 0, \\
y(0) = \alpha, \quad y(1) = \beta,
\end{cases}
\qquad 0 \leqslant x \leqslant 1
$$

的三项解.

10. 用二尺度法, 找出下列方程的三项解.

(1) $y'' + 2\varepsilon y' + y = 0$;　(2) $x'' + 4x + \varepsilon x^3 = 0$.

11. 用导数展开法, 找出下列方程到 $O(\varepsilon T_2)$ 的解.

(1) $x'' + x' + \varepsilon x^2 = 0$;　(2) $x'' + x = \varepsilon(1 - x^2)x'$.

12. 用 Krylov-Bogoliubov 方法, 求方程

$$
x'' + \omega_0^2 x + \varepsilon x^3 = 0
$$

的近似解.

13. 用 Struble 方法, 找出方程

$$
x'' + x = \varepsilon(1 - x^2)x'
$$

的二项解.

14. 用 KBM 方法, 找出下列方程的二项解.

(1) $x'' + \omega_0 x^2 = -\varepsilon x^3$;　(2) $x'' + x = \varepsilon(1 - x^2)x'$.

第7章 应用: 椭圆函数与非线性波方程的精确行波解

本章综合应用前面几章的知识, 介绍微分方程的理论对于椭圆函数的定义和性质, 以及对非线性波方程的行波解研究的应用.

7.1 Jacobi 椭圆函数的微分方程定义与性质

椭圆函数的理论源于数学家力图积分某些多项式代数函数的目的而产生, 在数学物理等学科中有广泛应用. 我们通过微分方程来定义这些函数, 并研究其性质. 设 $k \in (0,1)$ 是一个实数, t 表示时间, 我们定义 Jacobi 椭圆函数 $\mathrm{sn}(t,k)$, $\mathrm{cn}(t,k), \mathrm{dn}(t,k)$, 作为定义在 Euclid 空间 $\mathbb{R}^3$ 上的微分方程组

$$\frac{d}{dt}\begin{pmatrix} x \\ y \\ z \end{pmatrix} = \begin{pmatrix} yz \\ -zx \\ -k^2 xy \end{pmatrix} \tag{7.1.1}$$

满足初始条件为 $x(0) = \mathrm{sn}(0,k) = 0, y(0) = \mathrm{cn}(0,k) = 1, z(0) = \mathrm{dn}(0,k) = 1$ 的解, 参数 k 称为模 (modulus), $k' = \sqrt{1-k^2}$ 称为余模 (complementary modulus).

方程(7.1.1)关于变量 t, x, y, z 与参数 k 是实解析的, 因此根据常微分方程的基本存在性理论, 上面定义的 Jacobi 椭圆函数是光滑的, 并且是 t 与 k 的实解析函数. 由定义知这些函数有以下关系:

$$\frac{d}{dt}\begin{pmatrix} \mathrm{sn}(t,k) \\ \mathrm{cn}(t,k) \\ \mathrm{dn}(t,k) \end{pmatrix} = \begin{pmatrix} \mathrm{cn}(t,k)\,\mathrm{dn}(t,k) \\ -\,\mathrm{dn}(t,k)\,\mathrm{sn}(t,k) \\ -k^2\,\mathrm{sn}(t,k)\,\mathrm{cn}(t,k) \end{pmatrix}. \tag{7.1.2}$$

以下结论是微分方程的解关于参数的连续依赖性定理的应用.

命题 7.1.1 当 k 从右边趋于零时,

$$\mathrm{sn}(t,k) \to \sin(t), \quad \mathrm{cn}(t,k) \to \cos(t), \quad \mathrm{dn}(t,k) \to 1, \tag{7.1.3}$$

当 k 从左边趋于 1 时,

$$\operatorname{sn}(t,k) \to \tanh(t), \quad \operatorname{cn}(t,k) \to \operatorname{sech}(t), \quad \operatorname{dn}(t,k) \to \operatorname{sech}(t), \tag{7.1.4}$$

收敛性是在紧集上的一致收敛.

证 当 $k = 0$ 时, 方程组(7.1.1)变为 $\dfrac{dx}{dt} = yz, \dfrac{dy}{dt} = -zx, \dfrac{dz}{dt} = 0$, 并且此方程的解满足初始条件 $x(0) = 0, y(0) = 1, z(0) = 1$, 这个解为 $(\sin(t), \cos(t), 1)$. 系统(7.1.1)的解关于参数 k 与 t 在一个紧集上连续. 根据解关于参数 k 的连续依赖性定理, (7.1.3)成立. 类似地可证(7.1.4). □

容易验证下述结论正确.

命题 7.1.2 方程组(7.1.1)有两个首次积分:

$$I(x,y) = x^2 + y^2, \quad J(x,z) = k^2 x^2 + z^2. \tag{7.1.5}$$

按照近年发展的广义 Hamilton 系统理论, 系统(7.1.1)称为广义 Hamilton 系统或双 Hamilton 系统. 函数 $J(x,z) = C_1$ 称为 Hamilton 量, 函数 $I(x,y) = C_2$ 称为 Casimir 函数. 对给定的常数 C_2, $I(x,y) = C_2$ 称辛叶. 系统(7.1.1)在辛叶上可约化为二维系统. 两个首次积分的存在使得 Jacobi 椭圆函数的几何性质得到证明.

推论 7.1.1 函数 $\operatorname{sn}(t,k), \operatorname{cn}(t,k), \operatorname{dn}(t,k)$ 是 t 的周期函数, 并且关于 t 在 $\mathbb{R}$ 上是实解析的.

证 将函数 $x = \operatorname{sn}(t,k), y = \operatorname{cn}(t,k), z = \operatorname{dn}(t,k)$ 代入函数 $I(x,y)$ 与 $J(x,z)$, 由于它们沿着解曲线的不变性, 有 $I = J = 1$. 方程 $x^2 + y^2 = 1$ 位于以 z 轴为中心的圆柱面上, 方程 $kx^2 + z^2 = 1$ 位于以 y 轴为中心的椭圆柱面上. 这两个柱面相交于两闭曲线 $\mathbf{C}, z > 0$ 与 $\mathbf{C}', z < 0$ 上 (图 7.1.1). □

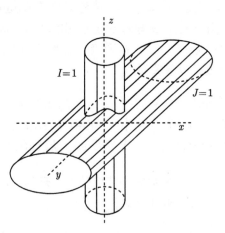

图 7.1.1　函数 $J(x,z) = 1$ 与 $I(x,y) = 1$ 的交集

解 $x = \mathrm{sn}(t,k), y = \mathrm{cn}(t,k), z = \mathrm{dn}(t,k)$ 从 **C** 上某个点出发, 并对于所有的 t 保持在 **C** 上运动. 由于 **C** 是有界的, 根据微分方程解的延拓定理, 这个解可在 $t \in \mathbb{R}$ 上延拓. 又因在 **C** 上不存在方程的平衡点, 这个解必然可在整条 **C** 上运动, 因此该解是周期解.

推论 7.1.2　对满足 $0 < k < 1$ 的固定的 k 与所有的 $t \in \mathbb{R}$, 以下恒等式成立:

$$\mathrm{sn}^2(t,k) + \mathrm{cn}^2(t,k) = 1, \quad k^2 \mathrm{sn}^2(t,k) + \mathrm{dn}^2(t,k) = 1,$$

并且

$$-1 \leqslant \mathrm{sn}(t,k) \leqslant 1, \quad -1 \leqslant \mathrm{cn}(t,k) \leqslant 1, \quad k' \leqslant \mathrm{dn}(t,k) \leqslant 1.$$

证　两个恒等式由 $I = J = 1$ 推出. 由第一个恒等式可得前两个不等式. 推论 7.1.1的证明说明 $\mathrm{dn}(t,k) > 0$. 因此, 用第二个恒等式可得第三个不等式.　□

由系统(7.1.1)的对称性可推出 Jacobi 椭圆函数的对称性质.

命题 7.1.3　若 $(x(t), y(t), z(t))$ 是系统(7.1.1)的一个解, 则 $(-x(-t), y(-t), z(-t))$ 与 $(x(-t), y(-t), -z(-t))$ 也是系统(7.1.1)的解.

证　记 $(\xi(t), \eta(t), \zeta(t)) = (-x(-t), y(-t), z(-t))$. 则

$$\frac{d}{dt}\begin{pmatrix} \xi(t) \\ \eta(t) \\ \zeta(t) \end{pmatrix} = \frac{d}{dt}\begin{pmatrix} -x(-t) \\ y(-t) \\ z(-t) \end{pmatrix} = \begin{pmatrix} \eta(t)\zeta(t) \\ -\zeta(t)\xi(t) \\ -k^2\xi(t)\eta(t) \end{pmatrix}.$$

因此, $(\xi(t), \eta(t), \zeta(t))$ 也是(7.1.1)的一个解. 类似地可证后一结论.　□

这个命题说明, 取(7.1.1)的一个反时间方向的解, 并通过任何一个坐标平面的反射, 可得(7.1.1)的另一个解. 这种对称性称为时间可逆的对称性.

下面的推论告诉我们, 微分方程的解的唯一性定理可用来从方程的对称性推导出解的对称性.

推论 7.1.3　对于固定的 $k, 0 < k < 1, \mathrm{sn}(t,k)$ 是关于 t 的奇函数, $\mathrm{cn}(t,k)$ 是关于 t 的偶函数.

证　根据定义, $(\mathrm{sn}(t,k), \mathrm{cn}(t,k), \mathrm{dn}(t,k))$ 是系统 (7.1.1) 的一个解, 由命题 7.1.3 可知, $(-\mathrm{sn}(-t,k), \mathrm{cn}(-t,k), \mathrm{dn}(-t,k))$ 也是 (7.1.1) 的解, 它们都满足初始条件 $(0,1,1)$, 由解的唯一性定理, 这两个解是同一个解. 这就证明了推论正确.　□

考虑(7.1.1)的解 $(x(t), y(t), z(t)) = (\mathrm{sn}(t,k), \mathrm{cn}(t,k), \mathrm{dn}(t,k))$, 其解轨道如图 7.1.1. 这个解从 $(0,1,1)$ 出发, 并随 t 的增加移动到第一卦限 $(x > 0, y > 0, z > 0)$, 使得 $\mathrm{sn}(t,k)$ 增加, $\mathrm{cn}(t,k)$ 和 $\mathrm{dn}(t,k)$ 减少. 兹用 $K > 0$ 记 $\mathrm{cn}(t,k)$

减少到 0 的时间, 即 $\mathrm{cn}(K,k) = 0$ 并且当 $0 < t < K$ 时, $\mathrm{cn}(t,k) > 0$. 由推论 7.1.2 可知

$$\mathrm{sn}(0,k) = 0, \quad \mathrm{sn}(K,k) = 1, \quad 0 < \mathrm{sn}(t,k) < 1, \quad t \in (0,K).$$

$$\mathrm{cn}(0,k) = 1, \quad \mathrm{cn}(K,k) = 0, \quad 0 < \mathrm{cn}(t,k) < 1, \quad t \in (0,K). \tag{7.1.6}$$

$$\mathrm{dn}(0,k) = 1, \quad \mathrm{dn}(K,k) = k', \quad k' < \mathrm{dn}(t,k) < 1, \quad t \in (0,K).$$

命题 7.1.4 作为 t 的函数, $\mathrm{sn}(t,k)$ 与 $\mathrm{dn}(t,k)$ 关于 K 是偶的, $\mathrm{cn}(t,k)$ 关于 K 是奇的, 即对固定的 $k, 0 < k < 1$ 与所有的 $t \in \mathbb{R}$, 下述关系成立:

$$\mathrm{sn}(K+t,k) \equiv \mathrm{sn}(K-t,k), \quad \mathrm{cn}(K+t,k) \equiv -\mathrm{cn}(K-t,k),$$

$$\mathrm{dn}(K+t,k) \equiv \mathrm{dn}(K-t,k). \tag{7.1.7}$$

因此, $\mathrm{sn}(t,k)$ 与 $\mathrm{cn}(t,k)$ 是以 $4K$ 为周期的周期函数, $\mathrm{dn}(t,k)$ 是以 $2K$ 为周期的周期函数.

证 由于系统(7.1.1)是自治的, $(\mathrm{sn}(K+t,k), \mathrm{cn}(K+t,k), \mathrm{dn}(K+t,k))$ 是 (7.1.1)的解, 根据命题 7.1.3, $(\mathrm{sn}(K-t,k), \mathrm{cn}(K-t,k), \mathrm{dn}(K-t,k))$ 也是(7.1.1)的解, 这两个解都满足初始条件 $(1,0,k')$. 故解的唯一性定理保证这两个解恒等, 即(7.1.7)成立.

由 (7.1.7) 与推论 7.1.3 可知, $\mathrm{sn}(t+K,k) \equiv \mathrm{sn}(-t+K,k) \equiv -\mathrm{sn}(t-K,k)$ 或 $\mathrm{sn}(t+2K,k) = -\mathrm{sn}(t,k)$. 这说明 $\mathrm{sn}(t,k)$ 是以 $4K$ 为周期的周期函数. 类似地可证其他结论. □

这个命题说明, $\mathrm{sn}(t,k)$ 与 $\mathrm{cn}(t,k)$ 关于 K 的对称性像 $\sin(t)$ 与 $\cos(t)$ 关于 $\dfrac{\pi}{2}$ 的对称性一样.

Jacobi 椭圆函数还满足许多其他的重要方程.

命题 7.1.5 函数 $x = \mathrm{sn}(t,k), y = \mathrm{cn}(t,k), z = \mathrm{dn}(t,k)$ 满足以下方程:

$$\left(\frac{dx}{dt}\right)^2 = (1-x^2)(1-k^2x^2), \quad x(0) = 0, \quad x'(0) = 1.$$

$$\left(\frac{dy}{dt}\right)^2 = (1-y^2)(k'+k^2y^2), \quad y(0) = 1, \quad y'(0) = 0. \tag{7.1.8}$$

$$\left(\frac{dz}{dt}\right)^2 = (1-z^2)(z^2-(k')^2), \quad z(0) = 1, \quad z'(0) = 0.$$

证 由(7.1.1)与推论 7.1.2可知,

$$x'' = y'z + yz' = -xz^2 - k^2xy^2$$
$$= -x(1 - k^2x^2) - k^2x(1 - x^2) = -(1 + k^2)x + 2k^2x^3. \tag{7.1.9}$$

因此, $\mathrm{sn}(t, k)$ 满足(7.1.9). 但(7.1.9)有积分 $L = (x')^2 + (1 + k^2)x^2 - k^2x^4$, 取 $x = \mathrm{sn}(t, k)$, 则有 $L = 1$, 因为 $\mathrm{sn}(0, k) = 0$, $\mathrm{sn}'(0, k) = 1$. 重新整理 $L = 1$ 说明, $\mathrm{sn}(t, k)$ 满足(7.1.8)中第一个方程. 类似地可证其他两方程成立. □

命题 7.1.6 函数 $\mathrm{sn}(t, k)$ 在 $-2K < t < 0$ 上向下凹, 在 $0 < t < 2K$ 上向上凸.

证 当 $0 < t < 2K, 0 < k < 1$ 时, 函数 $\mathrm{sn}(t, k)$ 是正的, 而取 $x = \mathrm{sn}(t, k)$ 时, 函数 $(1 + k^2)x - 2k^2x^3$ 当 $0 < t < 2K$ 时是正的. 因此, (7.1.9)保证 x'' 是负的, 故在 $0 < t < 2K$ 上 $\mathrm{sn}(t, k)$ 向上凸. □

综合以上讨论, 我们已经得到三个 Jacobi 椭圆函数的定性性质. 它们的图如图 7.1.2.

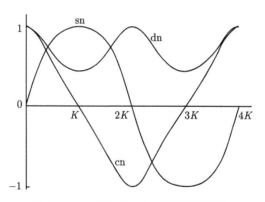

图 7.1.2　三个 Jacobi 椭圆函数的图

7.2　浅水波方程模型与对应的行波解系统

在重力作用下, 水波的运动规律由 Euler 方程描述, 其模型如下:

$$\begin{cases} u_t + uu_x + wu_z = -\dfrac{1}{\rho}P_x, \\[2mm] w_t + uw_x + ww_x = -\dfrac{1}{\rho}P_z - g, \\[2mm] u_x + w_z = 0, \end{cases} \tag{7.2.1}$$

这是质量守恒方程, 模型还包含在所考虑的区域如水的自由表面与水底的平面的动力学与运动学条件. 换言之, 这些方程在区域 $\Omega_h(t) = \{(x, z) : 0 < z < h(x, t)\}$ 成立, 加上在自由表面的边界条件

$$P = P_{\text{atm}}, \quad w = h_t + u h_x, \quad \text{当} \ z = h(x, t),$$

以及在水底的平面的边界条件: 当 $z = 0$ 时, $w = 0$. 将系统(7.2.1)通过物理变量描述: 分别用 x 与 z 表示水平和竖直方向, 用 t 表示时间变量, $(u, w) = (u(x, z, t), w(x, z, t))$ 表示流体的速度场, 尺度场 $P = P(x, z, t)$ 表示压力分布, $h = h(x, t)$ 是水波表面深度与自由表面的比较的高低大小尺度 (图 7.2.1). 此外, 常数 $P_{\text{atm}} = \text{const}$, ρ 与 g 分别表示大气压力、水的密度与重力加速度常数.

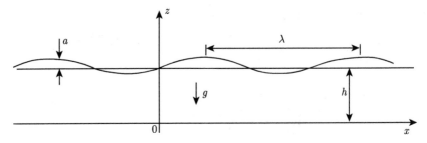

图 7.2.1　水波问题中有关变量和尺度的草图

由于求解 Euler 方程及其边值问题是非常困难的. 数学家们首先将方程无量纲化, 并引入两个小参数. 一个称振幅参数 $\epsilon = \dfrac{a}{h}$. 另一个称浅性参数 $\delta = \dfrac{h}{\lambda}$, 再用变换 $(u, w, P) \to \epsilon(u, w, P)$, 得到以下系统:

$$\begin{cases} u_t + \epsilon(u u_x + w u_z) = -P_x, \\ \delta^2(w_t + \epsilon(u w_x + w w_z)) = -P_z, \\ u_x + w_z = 0 \end{cases} \tag{7.2.2}$$

区域是 $\Omega_\eta(t) = \{(x, z) : 1 < z < 1 + \epsilon\eta(x, t)\}$, 边界条件是: $P = \eta$, 当 $z = 1 + \epsilon\eta$ 时 $w = \eta_t + \epsilon u \eta_x$, 当 $z = 0$ 时 $w = 0$. 再经过一些简化并将方程中的物理量关于上述两个小参数作双重渐近展开

$$q = \sum_{n=0}^{\infty} \sum_{m=0}^{\infty} \epsilon^n \delta^{2m} q_{nm}, \tag{7.2.3}$$

其中 $\epsilon \to 0$ 与 $\delta \to 0$. 通过求各阶近似, 按两个参数的量级分类可得不同的水波模型.

7.2.1　小振幅长波格式: $\delta \ll 1$, $\epsilon = \mathcal{O}(\delta^2)$

以下的 Korteweg-de Vries (KdV) 方程就是这种弱非线性模型

$$\eta_t + \eta_x + \frac{2}{3}\epsilon\eta\eta_x + \frac{1}{6}\delta^2\eta_{xxx} = 0. \tag{7.2.4}$$

这个方程是有孤立波解的最简单模型. 事实上, 为求行波解, 令

$$\eta(x,t) = \phi(x - ct) = \phi(\xi), \tag{7.2.5}$$

其中 c 表示波速. 将(7.2.5)代入(7.2.4)并将所得结果积分一次可得

$$\frac{1}{6}\delta^2\phi'' = \left[(c-1)\phi - \frac{1}{3}\epsilon\phi^2\right], \tag{7.2.6}$$

其中 $\phi'' = \dfrac{d^2\phi}{d\xi^2}$ 且取积分常数为零. 方程(7.2.6)等价于平面二次系统

$$\frac{d\phi}{d\xi} = y, \quad \frac{dy}{dt} = \frac{6}{\delta^2}\left[(c-1)\phi - \frac{1}{3}\epsilon\phi^2\right]. \tag{7.2.7}$$

该系统有首次积分

$$H(\phi, y) = \frac{1}{2}y^2 - \frac{6}{\delta^2}\left[\frac{1}{2}(c-1)\phi^2 - \frac{1}{9}\epsilon\phi^3\right] = h. \tag{7.2.8}$$

当 $c > 1$, 系统(7.2.7)有两个平衡点: $(0,0)$ 是鞍点, $E_1\left(\dfrac{3(c-1)}{\epsilon}, 0\right)$ 是中心. 系统(7.2.7)存在同宿到鞍点 $O(0,0)$ 并包围中心 E_1 的同宿轨道. 应用(7.2.8) 与(7.2.7)的第一个方程作积分, 可得该同宿轨的参数表示:

$$\phi(\xi) = \phi_M \operatorname{sech}^2(\omega\xi), \tag{7.2.9}$$

其中 $\phi_M = \dfrac{9(c-1)}{2\epsilon}, \omega = \dfrac{\sqrt{6(c-1)}}{2\delta}$. (7.2.9)的波形就是 KdV 方程的钟形孤立波解 (图 7.2.2).

此外, KdV 方程包含在以下著名的 BBM 方程族中:

$$\eta_t + \eta_x + \frac{2}{3}\epsilon\eta\eta_x + \delta^2(\alpha\eta_{xxx} + \beta\eta_{xxt}) = 0, \tag{7.2.10}$$

其中 $\beta \leqslant 0$, 并且 $\alpha = \dfrac{1}{6} + \beta$.

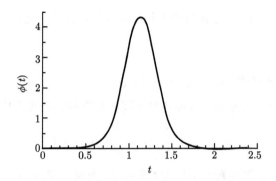

图 7.2.2　　由(7.2.9)定义的钟形孤立波

7.2.2　中等振幅格式: $\delta \ll 1,\ \epsilon = \mathcal{O}(\delta)$

下面的方程是中等振幅格式模型族:

$$u_t + u_x + \frac{3}{2}\epsilon u u_x + \delta^2(\alpha u_{xxx} + \beta u_{xxt}) = \epsilon\delta^2(\gamma u u_{xxx} + \zeta u_x u_{xx}). \qquad (7.2.11)$$

属于这族的有两个著名的方程, 即 Camassa-Holm (CH) 方程:

$$U_t + \kappa U_x + 3UU_x - U_{xxt} = 2U_x U_{xx} + UU_{xxx} \qquad (7.2.12)$$

与 Degasperis-Procesi (DP) 方程:

$$U_t + \hat{\kappa} U_x + 4UU_x - U_{xxt} = 3U_x U_{xx} + UU_{xxx}. \qquad (7.2.13)$$

这两个方程在无穷维系统可积意义下完全可积. 我们考虑方程的行波解, 令 $U(x,t) = \phi(x - ct) = \phi(\xi)$, 则(7.2.12)与(7.2.13)分别有以下行波系统:

$$\frac{d\phi}{d\xi} = y, \quad \frac{dy}{d\xi} = \frac{-\frac{1}{2}y^2 + \frac{3}{2}\phi^2 + (\kappa - c)\phi + g}{\phi - c} \qquad (7.2.14)$$

和

$$\frac{d\phi}{d\xi} = y, \quad \frac{dy}{d\xi} = \frac{-y^2 + 2\phi^2 + (\hat{\kappa} - c)\phi + g}{\phi - c}, \qquad (7.2.15)$$

其中 g 是积分常数. 显然, 当 $\phi = c$ 时, 两个系统的第二个方程是不连续的. 我们称这类系统为第一类奇行波系统.

7.2.3　较大振幅格式: $\delta \ll 1$, $\epsilon = \mathcal{O}(\sqrt{\delta})$

2016 年, 在这种格式下奥地利数学家 Quirchmayr 推导出以下方程:

$$u_t + u_x + \frac{3}{2}\epsilon u u_x - \frac{4}{18}\delta^2 u_{xxx} - \frac{7}{18}\delta^2 u_{xxt}$$

$$= \frac{1}{6}\epsilon\delta^2(2u_x u_{xx} + u u_{xxx}) - \frac{1}{96}\epsilon^2\delta^2(398uu_x u_{xx} + 45u^2 u_{xxx} + 154u_x^3). \quad (7.2.16)$$

令 $u(x,t) = \phi(x - ct) = \phi(\xi)$, 代入(7.2.16)并积分一次可得行波方程:

$$\left(\frac{45}{96}\epsilon^2\delta^2\phi^2 - \frac{1}{6}\epsilon\delta^2\phi - \frac{1}{18}\delta^2(4 - 7c) \right)\phi''$$

$$= \left(\frac{1}{12}\epsilon\delta^2 - \frac{77}{48}\epsilon^2\delta^2\phi \right)(\phi')^2 - \frac{3}{4}\epsilon\phi^2 - (1 - c)\phi + g, \quad (7.2.17)$$

其中 "$'$" 表示关于 ξ 的导数. 取积分常数 g 为零, 可得以下的行波系统:

$$\frac{d\phi}{d\xi} = y, \qquad \frac{dy}{d\xi} = \frac{(8 - 154\epsilon\phi)y^2 - \dfrac{1}{\delta^2}\left(72\phi^2 + \dfrac{96(1 - c)}{\epsilon}\phi \right)}{45\epsilon\phi^2 - 16\phi - \dfrac{16}{3\epsilon}(4 - 7c)}. \quad (7.2.18)$$

(7.2.18)也属于第一类奇行波系统.

7.2.4　不假设振幅小的模型: $\epsilon = \mathcal{O}(1)$

1953 年, 在不假设振幅小的条件下, Serre 推导出浅水波方程:

$$h_t + (hu)_x = 0,$$

$$(hu)_t + \left(hu^2 + \frac{1}{2}h^2 - \frac{1}{3}\mu^2 h^3(u_x^2 - u_{tx} - u u_{xx}) \right)_x = 0. \quad (7.2.19)$$

这是一对强非线性, 弱色散, Boussinesq-型偏微分方程. 它模拟了无黏性, 无旋, 不可压缩的浅水波的表面高度与深度的平均水平速度的发展变化. 2010 年, Dias 与 Milewski 推导出更一般的强非线性, 弱色散与双向的方程:

$$h_t + (hu)_x = \mu^2 Y_m,$$

$$(hu)_t + \left(hu^2 + \frac{1}{2}h^2 \right)_x = \mu^2(Y_p + D + S), \quad (7.2.20)$$

其中

$$Y_m = -\frac{1}{6}(\alpha^2 - 1)[h^3 u_{xx}]_x, \quad Y_p = -(\alpha^2 - 1)\left(\frac{1}{6}[h^3 u_{xx}]_t + \frac{1}{3}[h^3 u u_{xx}]\right),$$

$$D = \left[\frac{1}{3}[u_{xt} + u u_{xx} - u_x^2]h^3\right]_x, \quad S = -B\left[\frac{1}{2}h_x^2 - h h_{xx}\right]_x.$$

当 $\alpha^2 = 1$, $B = 0$, (7.2.20)就是修正的 Serre 方程:

$$h_t + (hu)_x = 0,$$

$$(hu)_t + \left(hu^2 + \frac{1}{2}h^2\right)_x = \mu^2\left(\left[\frac{1}{3}[u_{xt} + u u_{xx} - u_x^2]h^3\right]_x - B\left[\frac{1}{2}h_x^2 - h h_{xx}\right]_x\right).$$

$$\tag{7.2.21}$$

令 $h(x,t) = h(\xi)$, $u(x,t) = \phi(x - ct) = \phi(\xi)$. 由(7.2.19)与 (7.2.21)的第一个方程可知 $h(\xi) = \dfrac{g_1}{\phi - c}$, 这里 $g_1 \neq 0$ 是一个积分常数. 将 $h(\xi)$ 分别代入(7.2.20)与(7.2.21)的第二个方程并将所得结果分别积分一次可得

$$\phi'' = \frac{(\phi')^2}{\phi - c} + \frac{3}{g_1}\left[\frac{1}{2}g_1 + (\phi - c)^2\left(\phi - \frac{g_2}{g_1}\right)\right], \tag{7.2.22}$$

其中 g_2 是第二个积分常数, 和

$$\phi'' = \frac{\dfrac{1}{3}\mu^2 g_1^2\left[(\phi - c) - \dfrac{9B}{2g_1}\right](\phi')^2 + (\phi - c)^2\left[\dfrac{1}{2}g_1 + (\phi - c)^2\left(\phi - \dfrac{g_2}{g_1}\right)\right]}{\dfrac{1}{3}\mu^2 g_1^2(\phi - c)\left[(\phi - c) - \dfrac{3B}{g_1}\right]}. $$

$$\tag{7.2.23}$$

引入新的参数 $a = \dfrac{1}{3}\mu^2 g_1$, $b = \dfrac{3B}{g_1}$, 可得方程(7.2.22)与(7.2.23)分别等价于以下平面动力系统:

$$\frac{d\phi}{d\xi} = y, \quad \frac{dy}{d\xi} = \frac{y^2 + \dfrac{3}{g_1}(\phi - c)\left[\dfrac{1}{2}g_1 + (\phi - c)^2\left(\phi - \dfrac{g_2}{g_1}\right)\right]}{\phi - c} \tag{7.2.24}$$

和

$$\frac{d\phi}{d\xi} = y, \quad \frac{dy}{d\xi} = \frac{a\left(\phi - c - \dfrac{3}{2}b\right)y^2 + (\phi - c)^2\left[\dfrac{1}{2}g_1 + (\phi - c)^2\left(\phi - \dfrac{g_2}{g_1}\right)\right]}{a(\phi - c)(\phi - c - b)}.$$

$$\tag{7.2.25}$$

系统(7.2.24)与(7.2.25)分别有首次积分:

$$H_1(\phi, y) = \frac{y^2}{(\phi - c)^2} - \frac{3\phi(\phi - c)\left(\phi - \dfrac{2g_2}{g_1}\right) - 3g_1}{g_1^2(\phi - c)} = h \tag{7.2.26}$$

和

$$H_2(\phi, y) = \frac{y^2(\phi - c - b)}{(\phi - c)^3} - \frac{\phi\left(\phi - \dfrac{2g_2}{g_1}\right)(\phi - c) - g_1}{a(\phi - c)} = h. \tag{7.2.27}$$

显然, 系统(7.2.24)与(7.2.25)也都属于第一类奇行波系统.

7.3　广义 Camassa-Holm 方程的精确尖孤子、伪尖孤子和周期尖波解

1993 年, Camassa 与 Holm 发现方程(7.2.12)存在与 KdV 方程(7.2.4)的钟形孤立子解不同的尖孤子解 (peakon). 为了严格地理解什么是尖孤子解与周期尖波解 (periodic peakon), 本节通过发现广义 Camassa-Holm 方程的精确解来讨论这些问题. 考虑广义 Camassa-Holm 方程:

$$u_t + \kappa u_x - u_{xxt} + \alpha u u_x = 2u_x u_{xx} + u u_{xxx}. \tag{7.3.1}$$

当 $\alpha = 3$ 时, (7.3.1)就是 Camassa-Holm 方程(7.2.12).

令 $u(x, t) = \phi(x - ct) = \phi(\xi)$, c 是波速. 将其代入(7.3.1)并积分一次得

$$(\phi - c)\phi'' = -\frac{1}{2}(\phi')^2 + \frac{1}{2}\alpha\phi^2 + (\kappa - c)\phi - g,$$

其中 g 是积分常数, "$\prime$" 表示关于 ξ 的导数. 若取 $g = 0$, 则上述方程等价于平面动力系统:

$$\frac{d\phi}{d\xi} = y, \qquad \frac{dy}{d\xi} = \frac{-y^2 + 2(\kappa - c)\phi + \alpha\phi^2}{2(\phi - c)}. \tag{7.3.2}$$

系统(7.3.2)是有奇直线 $\phi = c$ 的第一类奇行波系统. 这个系统有首次积分:

$$H(\phi, y) = (\phi - c)y^2 - \left[(\kappa - c)\phi^2 + \frac{1}{3}\alpha\phi^3\right] = h. \tag{7.3.3}$$

在相平面的 ϕ 轴上, 系统(7.3.2)有两个平衡点 $O(0,0)$ 与 $E_1\left(\dfrac{2(c-\kappa)}{\alpha}, 0\right)$. 如果作变换 $d\xi = (\phi - c)d\zeta, \phi \neq c$, 系统(7.3.3)可化为其伴随的正则系统:

$$\frac{d\phi}{d\zeta} = 2y(\phi - c), \qquad \frac{dy}{d\zeta} = -y^2 + 2(\kappa - c)\phi + \alpha\phi^2. \qquad (7.3.4)$$

对于系统(7.3.4), 当 $\phi < c$ 时奇直线 $\phi = c$ 是它的一条直线解. 并且系统(7.3.4)的轨道定向与(7.3.2)的相反.

若记 $Y_0 = \alpha c^2 + 2(\kappa - c)c > 0$, 在直线 $\phi = c$ 上, 系统(7.3.4)有两个平衡点 $S_{1,2}(c, \pm\sqrt{Y_0})$. 但 $S_{1,2}$ 不是系统(7.3.2)的平衡点.

对于首次积分(7.3.3), 我们记 $h_0 = H(0,0) = 0$, $h_1 = H\left(\dfrac{2(c-\kappa)}{\alpha}, 0\right) = \dfrac{4(c-\kappa)^3}{3\alpha^2}$, $h_s = H(c, \pm\sqrt{Y_0}) = c^2\left[(c-\kappa) - \dfrac{1}{3}\alpha c\right]$. 显然, 当 $\alpha = \dfrac{3}{c}(c - \kappa)$ 时, $h_s = 0$. 此时, 首次积分(7.3.3)对应于两条直线 $y^2 - \left(1 - \dfrac{\kappa}{c}\right)\phi^2 = 0$.

对于参数 $c > 0, \kappa < c$, 系统(7.3.2)的相图分枝如图 7.3.1 (a) 和 (b) 所示.

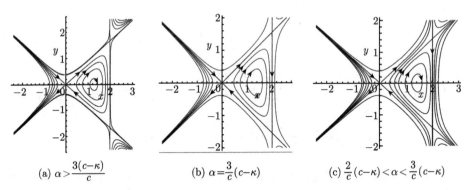

(a) $\alpha > \dfrac{3(c-\kappa)}{c}$ (b) $\alpha = \dfrac{3}{c}(c-\kappa)$ (c) $\dfrac{2}{c}(c-\kappa) < \alpha < \dfrac{3}{c}(c-\kappa)$

图 7.3.1   当 $c > 0, \kappa < c$ 时, 系统(7.3.2)的相图分枝

我们通过求系统(7.3.2)的精确行波解, 来研究广义 Camassa-Holm 方程的行波解的动力学性质.

命题 7.3.1 记 $X(\phi) = A + B\phi + C\phi^2$. 设 $A > 0, \Delta = B^2 - 4AC > 0$. 考虑积分 $\xi = \displaystyle\int_{\phi_M}^{\phi} \frac{d\phi}{\phi\sqrt{X(\phi)}}$, 即求解微分方程 $\dfrac{d\phi}{d\xi} = \phi\sqrt{X(\phi)}$, 则

(1) 当 $X(\phi_M) = 0$,

$$
\begin{aligned}
&\text{若}\,\phi(0) = -\frac{B + \sqrt{\Delta}}{2C}, &&\text{则}\,\phi(\xi) = \frac{2A}{\sqrt{\Delta}\cosh(\sqrt{A}\xi) - B}, \\
&\text{若}\,\phi(0) = \frac{-B + \sqrt{\Delta}}{2C}, &&\text{则}\,\phi(\xi) = -\frac{2A}{\sqrt{\Delta}\cosh(\sqrt{A}\xi) + B}.
\end{aligned}
\tag{7.3.5}
$$

(2) 当 $X(\phi_M) \neq 0$,

$$
\phi(\xi) = \frac{2A}{P\cosh_q(\sqrt{A}\xi) - B},
\tag{7.3.6}
$$

其中 $P = \dfrac{1}{\phi_M}\left(2\sqrt{AX(\phi_M)} + B\phi_M + 2A\right), q = \dfrac{\Delta}{P^2}$, (7.3.6)右端的函数是广义双曲函数.

7.3.1 由图 7.3.1(a) 的相轨道确定的广义 Camassa-Holm 方程的孤立波解, 伪尖孤子, 周期波解与周期尖波解

当 $\alpha > \dfrac{3}{c}(c - \kappa)$ 时, $h_s < 0 < h_1$.

(i) 首先考虑图 7.3.1 (a) 中由 $H(\phi, y) = h$, $h \in (0, h_1)$ 所确定的周期轨道族. 由(7.3.3)得

$$
y^2 = \frac{\alpha\left(-\dfrac{3h}{\alpha} + \dfrac{3}{\alpha}(c - \kappa)\phi^2 - \phi^3\right)}{3(c - \phi)} = \frac{\alpha(r_1 - \phi)(\phi - r_2)(\phi - r_3)}{3(c - \phi)}.
$$

于是, 系统(7.3.2)的第一个方程得到

$$
\xi = \sqrt{\frac{3}{\alpha}} \int_\phi^{r_1} \frac{(c - \phi)d\phi}{\sqrt{(c - \phi)(r_1 - \phi)(\phi - r_2)(\phi - r_3)}},
\tag{7.3.7}
$$

积分(7.3.7)可得以下周期波解的参数表示:

$$
\begin{aligned}
\phi(\chi) &= r_1 - \frac{\alpha_0^2(c - r_1)\operatorname{sn}^2(\chi, k)}{1 - \alpha_0^2\operatorname{sn}^2(\chi, k)}, \\
\xi(\chi) &= \frac{2(c - r_1)\sqrt{\alpha}}{\sqrt{3(c - r_2)(r_1 - r_3)}}\Pi(\arcsin(\operatorname{sn}(\chi, k)), \alpha_0^2, k),
\end{aligned}
\tag{7.3.8}
$$

其中 $k^2 = \dfrac{(r_1 - r_2)(c - r_3)}{(c - r_2)(r_1 - r_3)}$, $\alpha_0^2 = \dfrac{r_1 - r_2}{c - r_2}$, $\Pi(\cdot, \alpha^2, k)$ 是第三类椭圆积分. 注意, 这里的 $\phi(\chi)$ 是以 $2K(k)$ 为周期的偶函数.

(ii) 对于图 7.3.1(a) 中由 $H(\phi, y) = 0$ 定义的同宿到原点并包围平衡点 E_1 的同宿轨道, 记 $P_M(\phi_M, 0)$ 为同宿轨与 ϕ 轴的交点, $\phi_M = \dfrac{3(c - \kappa)}{\alpha}$. 当 $h = 0$, (7.3.3)可化为 $y = \pm\sqrt{\dfrac{\alpha\phi^2(\phi_M - \phi)}{3(c - \phi)}}$. 根据命题 7.3.1, 由系统(7.3.2)的第一个方程可得下面的孤立波解的参数表示:

$$
\begin{aligned}
\phi(\chi) &= \frac{2c\phi_M}{(c - \phi_M)\cosh\left(\sqrt{c\phi_M}\,\chi\right) + (c + \phi_M)}, \\
\xi(\chi) &= \sqrt{\frac{3}{\alpha}}\left[c\chi \mp \left(\ln\frac{\left|2\sqrt{(\phi_M - \phi)(c - \phi)} + 2\phi - (c + \phi_M)\right|}{(c - \phi_M)}\right)\right], \\
\chi &\in (-\infty, 0], \quad \chi \in [0, \infty).
\end{aligned}
\tag{7.3.9}
$$

由图 7.3.1 (a) 可见, 当参数 α 非常逼近于 $\dfrac{3(c - \kappa)}{c}$ 时, $0 < |h_s| \ll 0$. 这意味着由 $H(\phi, y) = 0$ 定义的同宿轨道有一竖直线段位于直线 $\phi = c$ 的左邻域内并非常接近奇直线 $\phi = c$. 由(7.3.8)可得

$$
\frac{d\phi}{d\xi} = \frac{\sqrt{3}\alpha_0^2 \operatorname{sn}(\chi, k)\operatorname{cn}(\chi, k)\operatorname{dn}(\chi, k)}{\sqrt{\alpha}(1 - \alpha_0^2 \operatorname{sn}^2(\chi, k))}.
\tag{7.3.10}
$$

当 $|h - h_s| \ll 1$, 即 $|1 - k| \ll 1$, $\dfrac{d\phi}{d\xi}$ 的图如图 7.3.2 (a). 显然, 当 $\chi = 2nK(k), n = 0, \pm 1, \pm 2, \cdots$, $\dfrac{d\phi}{d\xi} = 0$, 这里 $K(k)$ 是有模为 k 的第一类完全椭圆积分. 当 χ 穿过点 $2nK(k)$ 的先后, $\dfrac{d\phi}{d\xi}$ 的符号从 $+$ 到 $-$ 快速改变, 其值从正极大值迅速跳到负的极小值. 换言之, 奇函数 $\dfrac{d\phi}{d\xi}$ 作张弛振动, 即有快与慢两种时间尺度的运动. 这个事实告诉我们

(1) 当 $k \to 1$ 时, 对所有接近同宿轨道的周期轨道而言, 其 $\phi(\xi)$ 的波形是周期尖波 (图 7.3.2 (b)). 周期尖波是有两种时间尺度的光滑经典解, 尖峰部分的波形放大来看仍然是光滑的.

(2) 当参数 α 非常逼近于 $\dfrac{3(c - \kappa)}{c}$ 时, 同宿轨道所定义的孤立波的波峰是尖的, 作为 $k \to 1$ 时一族周期尖波的极限解, 这种孤立尖波是有两种时间尺度的光滑经典解 (图 7.3.2 (c)), 我们称它为伪尖孤子 (pseudo-peakon).

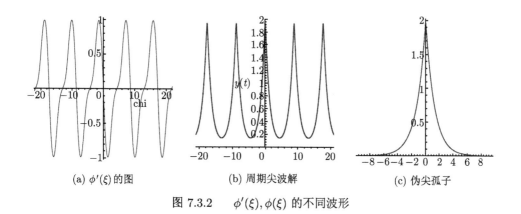

(a) $\phi'(\xi)$ 的图   (b) 周期尖波解   (c) 伪尖孤子

图 7.3.2 $\phi'(\xi), \phi(\xi)$ 的不同波形

7.3.2 由图 7.3.1(b) 的相轨道确定的广义 Camassa-Holm 方程的周期尖波解与尖孤子解

当 $\alpha = \dfrac{3}{c}(c - \kappa)$ 时, $h_s = 0 < h_1$.

(i) 对于由 $H(\phi, y) = h$, $h \in (0, h_1)$ 定义的周期闭轨道族, 我们有像(7.3.8)一样参数表示的周期波解. 因此, 当 $h \to 0$, 即 $k \to 1$, 这些闭轨道确定一族周期尖波解.

(ii) 对于由 $H(\phi, y) = 0$ 定义的两直线 $y^2 - \left(1 - \dfrac{\kappa}{c}\right)\phi^2 = 0$, 由鞍点 $O(0,0)$ 的右不稳定流形 $y = \sqrt{1 - \dfrac{\kappa}{c}}\,\phi$ 可得无界解 $\phi(\xi) = ce^{\sqrt{1 - \frac{\kappa}{c}}\xi}$. 而由鞍点 $O(0,0)$ 的右稳定流形 $y = -\sqrt{1 - \dfrac{\kappa}{c}}\,\phi$ 可得无界解 $\phi(\xi) = ce^{-\sqrt{1 - \frac{\kappa}{c}}\xi}$(图 7.3.3 (a)). 这里积分取了初值 $\xi = 0, \phi = c$, 因为 $S_{1,2}$ 不是方程(7.3.2)的平衡点.

注意到当 $h \to 0$ 时, 由 $H(\phi, y) = h$, $h \in (0, h_1)$ 定义的周期闭轨道族趋向于伴随正则系统(7.3.4)的异宿圈三角形. 因此, 作为一族周期尖波的极限解, 对应于图 7.3.3 (b) 中的三角架, 方程(7.3.2)有解

$$u(x - ct) = \phi(\xi) = ce^{-\sqrt{1 - \frac{\kappa}{c}}|\xi|}. \tag{7.3.11}$$

由于 $1 - \dfrac{\kappa}{c} = \dfrac{1}{3}\alpha$, 当 $\alpha = 3$ 时, (7.3.11)就是著名 Camassa-Holm 方程的尖孤子解(图 7.3.3 (b)). 显然, 这是截断了上述右不稳定流形与稳定流形的无穷部分而得到的有界解.

关于 Camassa-Holm 方程的尖孤子解的理解, 从动力系统理论角度出发, 我们有下述结论.

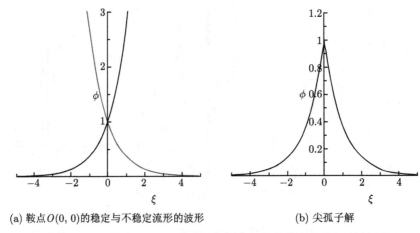

(a) 鞍点 $O(0,0)$ 的稳定与不稳定流形的波形　　　(b) 尖孤子解

图 7.3.3　　鞍点 $O(0,0)$ 的稳定与不稳定流形的波形及尖孤子解

(1) 在给定的参数条件下, 尖孤子解是一族周期尖波 (当 $k \to 1$) 的极限解, 这个解在 $\xi = 0$ 是连续的, 但导数不连续. 因此尖孤子解不是分布意义下的广义解.

(2) 当参数改变时, $\alpha \to \dfrac{3}{c}(c - \kappa)$, 尖孤子解是一族光滑的伪尖孤子解的极限解.

7.3.3　由图 7.3.1(c) 的相轨道确定的广义 Camassa-Holm 方程的周期尖波解与有界破缺波解

当 $\dfrac{2}{c}(c - \kappa) < \alpha < \dfrac{3}{c}(c - \kappa)$ 时, 有 $0 < h_s < h_1$.

(i) 对于 $H(\phi, y) = h$, $h \in (h_s, h_1)$ 定义的周期闭轨道族, 有

$$
y^2 = \frac{\alpha\left(-\dfrac{3h}{\alpha} + \dfrac{3}{\alpha}(c - \kappa)\phi^2 - \phi^3\right)}{3(c - \phi)} = \frac{\alpha(r_1 - \phi)(\phi - r_2)(\phi - r_3)}{3(c - \phi)}.
$$

可得 $\xi = \sqrt{\dfrac{3}{\alpha}} \displaystyle\int_{r_2}^{\phi} \frac{(c - \phi)d\phi}{\sqrt{(c - \phi)(r_1 - \phi)(\phi - r_2)(\phi - r_3)}}$, 由此可得一族周期波解的参数表示:

$$
\phi(\chi) = r_2 + \frac{(r_2 - r_3)\operatorname{sn}^2(\chi, k)}{1 - \alpha_1^2 \operatorname{sn}^2(\chi, k)},
$$

$$
\xi(\chi) = \sqrt{\frac{4\alpha}{3(c - r_2)(r_1 - r_3)}}\left[(c - r_3)\chi - (r_2 - r_3)\Pi(\arcsin(\operatorname{sn}(\chi, k)), \alpha_1^2, k)\right],
$$

$$
\tag{7.3.12}
$$

其中 $k^2 = \dfrac{(r_1 - r_2)(c - r_3)}{(c - r_2)(r_1 - r_3)}$, $\alpha_1 = \dfrac{r_1 - r_2}{r_1 - r_3}$. 当 $|h - h_s| \ll 1$ 时, 由 $H(\phi, y) = h$, $h \in (h_s, h_1)$ 定义的周期闭轨道族确定了一族周期尖波解 (图 7.3.4 (a)).

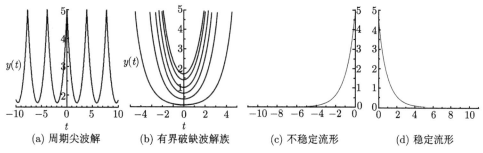

(a) 周期尖波解　　　(b) 有界破缺波解族　　　(c) 不稳定流形　　　(d) 稳定流形

图 7.3.4　　鞍点 $O(0,0)$ 的稳定与不稳定流形的波形及周期尖波等

(ii) 对于 $H(\phi, y) = h_s$ 定义的弓形曲线, 有 $y^2 = \dfrac{\alpha}{3}(\phi - \phi_m)(\phi - \phi_l)$, 其中 $\phi_m = \dfrac{1}{2}(-\beta + \sqrt{\Delta})$, $\phi_l = -\dfrac{1}{2}(\beta + \sqrt{\Delta})$, $\beta = c - \dfrac{3}{\alpha}(c - k)$, $\Delta = \beta(\beta - 4c)$. 由此, 我们得到以下周期尖波解 (图 7.3.4 (a)):

$$\phi(\xi) = \frac{1}{2}\left[\sqrt{\Delta}\cosh\left(\sqrt{\frac{\alpha}{3}}\xi\right) - \beta\right],$$

$$0 \leqslant |\xi| \leqslant \sqrt{\frac{3}{\alpha}}\,\mathrm{arcosh}\left(\frac{2c + \beta}{\sqrt{\Delta}}\right). \tag{7.3.13}$$

(iii) 由 $H(\phi, y) = h$, $h \in (0, h_s)$ 定义的水平曲线包含三条开曲线分枝, 当 $|y| \to \infty$ 时穿过点 $(r_2, 0)$, $0 < r_2 < \phi_m$ 的开曲线族, 逼近于奇直线 $\phi = c$. 由于方程存在奇直线, 可以证明, 从 $(r_2, 0)$ 出发的解在非常短的时间内就达到值 $\phi = c$, $\phi(\xi)$ 仅在非常短的时间内存在, 被称为破缺波解. 现在, (7.3.3)可化为 $y^2 = \dfrac{\alpha(r_1 - \phi)(\phi - r_2)(\phi - r_3)}{3(c - \phi)}$, $r_3 < 0 < r_2 < \phi_m < \phi_1 < c < r_1$. 根据系统(7.3.2)的第一个方程有 $\xi = \sqrt{\dfrac{3}{\alpha}}\displaystyle\int_{r_2}^{\phi}\dfrac{(c - \phi)d\phi}{\sqrt{(r_1 - \phi)(c - \phi)(\phi - r_2)(\phi - r_3)}}$. 由此可得以下有界破缺波解族 (compactons) 的参数表示 (波形见图 7.3.4 (b)):

$$\phi(\chi) = r_3 + \frac{r_2 - r_3}{1 - \alpha_2^2 \mathrm{sn}^2(\chi, k)}, \quad \chi \in (-K(k), 0), (0, K(k)),$$

$$\xi(\chi) = \sqrt{\frac{12}{\alpha(c - r_3)(r_1 - r_2)}}\left[(c - r_3)\chi \mp (r_2 - r_3)\Pi(\arcsin(\mathrm{sn}(\chi, k)), \alpha_2^2, k)\right],$$

$$\tag{7.3.14}$$

其中 $k^2 = \dfrac{(c-r_2)(r_1-r_3)}{(r_1-r_2)(c-r_3)}$, $\alpha_2^2 = \dfrac{c-r_2}{c-r_3}$, $K(k)$ 是第一类完全椭圆积分.

(iv) 对于 $H(\phi, y) = 0$ 定义的关于鞍点 $O(0,0)$ 的右稳定与不稳定流形, 有

$$y^2 = \frac{\alpha\left(\dfrac{3}{\alpha}(c-k) - \phi\right)\phi^2}{3(c-\phi)} \equiv \frac{\alpha(e_1 - \phi)\phi^2}{3(c-\phi)}.$$ 取 $\xi = 0, \phi = c$ 作积分上限, 由(7.3.2)

的第一个方程可得两流形的精确解 (波形见图 7.3.4 (c) 和 (d)):

$$\phi(\xi) = \frac{2e_1 c}{(e_1 - c)\cosh(\chi) + (e_1 + c)}, \quad \chi \in (-\infty, 0] \text{ 且 } \chi \in [0, \infty),$$

$$\xi(\chi) = \sqrt{\frac{3}{\alpha}}\left[\sqrt{\frac{c}{e_1}}\chi \mp \ln\frac{\left|2\sqrt{(e_1 - \phi)(c - \phi)} + 2\phi - (e_1 + c)\right|}{(e_1 - c)}\right]. \tag{7.3.15}$$

注意, 如果我们把稳定与不稳定流形的波形绘在同一个图上, 会得到许多文章中说所谓的 "cuspon" 解, 这是两个解的组合, 不是一个真解.

7.4　广义 Harry Dym-型方程的精确行波解及其在参数平面的分枝

本节研究广义的 Harry Dym-型方程的行波解. 方程为

$$u_t = 2(u^{-\frac{1}{2}})_{xxx} + 2\tau(u^{\frac{3}{2}})_x, \tag{7.4.1}$$

其中 $\tau \in \mathbb{R}$ 是参数. 当 $\tau = 0$ 时, (7.4.1)就是 Harry Dym 方程.

为研究(7.4.1)的行波解, 设 $u(x,t) = u(x - ct) \equiv (\phi(\xi))^{-2}$, 其中 $\xi = x - ct$, c 表示波速. 将上式代入(7.4.1)并将所得结果积分一次可得

$$\phi'' = \frac{\mu\phi^3 - c\phi - 2\tau}{2\phi^3}, \tag{7.4.2}$$

其中 μ 是积分常数, ϕ' 表示关于 ξ 的导数. 方程 (7.4.2)等价于平面动力系统:

$$\frac{d\phi}{d\xi} = y, \quad \frac{dy}{d\xi} = \frac{\mu\phi^3 - c\phi - 2\tau}{2\phi^3}. \tag{7.4.3}$$

该方程有首次积分

$$H(\phi, y) = y^2 - \frac{\mu\phi^3 + c\phi + \tau}{\phi^2} = h. \tag{7.4.4}$$

显然, (7.4.3)属于第一类奇行波系统.

7.4.1　系统 (7.4.3) 的相图的分枝

系统(7.4.3)与下述方程有相同的解曲线:

$$\frac{d\phi}{d\zeta} = 2y\phi^3, \quad \frac{dy}{d\zeta} = \mu\phi^3 - c\phi - 2\tau, \tag{7.4.5}$$

其中 $d\xi = 2\phi^3 d\zeta, \phi \neq 0$. 但在左半相平面, 系统(7.4.5)与系统(7.4.3)轨道的定向相反. 兹设 $\mu \neq 0$.

为研究系统(7.4.5)的平衡点, 记 $f(\phi) = \phi^3 - \dfrac{c}{\mu}\phi - \dfrac{2\tau}{\mu}, f'(\phi) = 3\phi^2 - \dfrac{c}{\mu}$. 显然, 若 $c\mu > 0$, 则当 $\phi = \mp\tilde{\phi}_0 = \left(\dfrac{c}{3\mu}\right)^{\frac{1}{2}}, f'(\mp\tilde{\phi}_0) = 0$. 从 $f(\mp\tilde{\phi}_0) = 0$ 可得 $\tau = \mp\dfrac{\sqrt{3}}{9}\sqrt{\dfrac{c^3}{\mu}}$. 于是, 当 $\tau < \left|\dfrac{\sqrt{3}}{9}\sqrt{\dfrac{c^3}{\mu}}\right|$, 函数 $f(\phi)$ 有三个简单实零点 $\phi_j, j = 1, 2, 3$. 即系统(7.4.5)在 ϕ 轴上有三个平衡点 $E_1(\phi_j, 0), j = 1, 2, 3$. 当 $\tau = \left|\dfrac{\sqrt{3}}{9}\sqrt{\dfrac{c^3}{\mu}}\right|$, 函数 $f(\phi)$ 有一个简单实零点与一个二重实零点. 当 $\tau > \left|\dfrac{\sqrt{3}}{9}\sqrt{\dfrac{c^3}{\mu}}\right|$, 函数 $f(\phi)$ 只有一个简单实零点.

对于一个固定的 $c \neq 0$, 在 (μ, τ) 参数平面, 存在三条参数曲线

$$(L_1): \tau = -\frac{\sqrt{3}}{9}\sqrt{\frac{c^3}{\mu}}, \quad (L_2): \tau = 0, \quad (L_3): \tau = \frac{\sqrt{3}}{9}\sqrt{\frac{c^3}{\mu}}.$$

它们将 (μ, τ) 参数半平面分割为 4 个区域 (I)—(IV) (图 7.4.1 (a) 和图 7.4.2 (a)).

记系统(7.4.5)在平衡点 $E_j(\phi_j, 0)$ 的线性化系统的系数矩阵为 $M(\phi_j, 0)$. 于是,

$$J(\phi_j, 0) = \det M(\phi_j, 0) = -2\phi_j^3(3\mu\phi_j^2 - c).$$

根据平面动力系统理论, 对于平面可积系统, 若 $J < 0$, 则平衡点是鞍点; 若 $J > 0$ 且 $(\mathrm{Trice}M)^2 - 4J < 0 \ (> 0)$, 则平衡点是中心 (结点); 若 $J = 0$ 并且平衡点的 Poincaré 指标是 0, 则该点是一个尖点.

记 $h_j = H(\phi_j, 0)$, 其中 H 由(7.4.4)定义.

综上所述, 对于给定的参数 c, 我们得到系统(7.4.3)的相图的分枝如图 7.4.1与图 7.4.2.

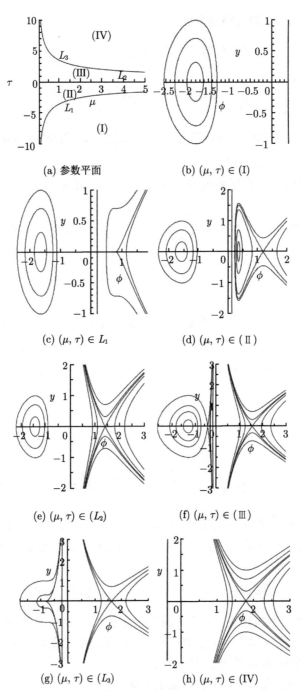

(a) 参数平面

(b) $(\mu, \tau) \in (\mathrm{I})$

(c) $(\mu, \tau) \in L_1$

(d) $(\mu, \tau) \in (\mathrm{II})$

(e) $(\mu, \tau) \in (L_2)$

(f) $(\mu, \tau) \in (\mathrm{III})$

(g) $(\mu, \tau) \in (L_3)$

(h) $(\mu, \tau) \in (\mathrm{IV})$

图 7.4.1　当 $c > 0, \mu > 0$ 时, 系统(7.4.3)的相图的分枝

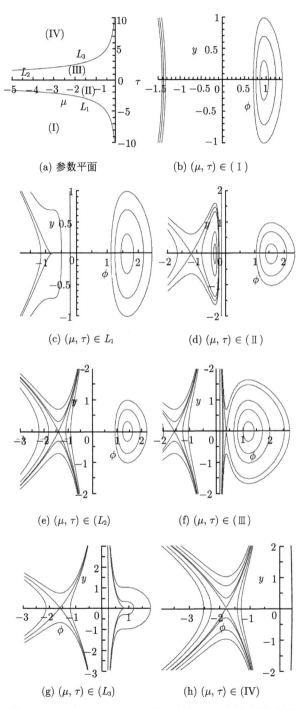

(a) 参数平面

(b) $(\mu, \tau) \in (\mathrm{I})$

(c) $(\mu, \tau) \in L_1$

(d) $(\mu, \tau) \in (\mathrm{II})$

(e) $(\mu, \tau) \in (L_2)$

(f) $(\mu, \tau) \in (\mathrm{III})$

(g) $(\mu, \tau) \in (L_3)$

(h) $(\mu, \tau) \in (\mathrm{IV})$

图 7.4.2　当 $c < 0, \mu < 0$ 时, 系统(7.4.3)的相图的分枝

由图 7.4.1 与图 7.4.2 可见, $c < 0, \mu < 0$ 情形的相图与 $c > 0, \mu > 0$ 情形的相图关于 y 轴是对称的. 因此, 我们只需讨论一种情形即可.

7.4.2　当 $c < 0, \mu < 0$ 时, (7.4.3) 的轨道确定的伪尖孤子, 周期尖波解与有界的破缺波解

当 $c < 0, \mu < 0$ 时, 由(7.4.4)可得 $y^2 = \dfrac{\tau + c\phi + h\phi^2 + \mu\phi^3}{\phi^2}$. 根据(7.4.3)的第一个方程可以得到

$$\sqrt{|\mu|}\xi = \int_{\phi_0}^{\phi} \frac{|\phi|d\phi}{\sqrt{\dfrac{\tau}{|\mu|} + \dfrac{c}{|\mu|}\phi + \dfrac{h}{|\mu|}\phi^2 - \phi^3}}. \tag{7.4.6}$$

利用此公式可计算系统(7.4.3)所定义的轨道的参数表示.

1. $(\mu, \tau) \in (I), (L_1)$: 由 $H(\phi, y) = h, h \in (h_3, \infty)$ 定义的水平曲线族确定的周期波解族 (图 7.4.2(b) 和 (c))

此时, 积分(7.4.6)可表示为 $\sqrt{|\mu|}\xi = \int_{\phi_b}^{\phi} \dfrac{\phi d\phi}{\sqrt{(\phi_a - \phi)(\phi - \phi_b)(\phi - \phi_c)}}$, 其中 $\phi_c < 0 < \phi_b < \phi_1 < \phi_a$. 于是我们得到以下周期波解族的参数表示:

$$\begin{aligned}
\phi(\chi) &= \phi_c + \frac{\phi_b - \phi_c}{\mathrm{dn}^2(\chi, k)}, \\
\xi(\chi) &= \sqrt{\frac{2}{|\mu|(\phi_a - \phi_c)}}\left[\phi_c \chi + (\phi_b - \phi_c)\Pi\left(\arcsin(\mathrm{sn}(\chi, k)), \frac{\phi_c}{\phi_b}, k\right)\right],
\end{aligned} \tag{7.4.7}$$

其中 $k^2 = \dfrac{\phi_a - \phi_b}{\phi_a - \phi_c}$.

注意, 由于系统(7.4.3)有奇直线 $\phi = 0$, 当 $\phi_b \ll 1$, (7.4.7)确定了一族周期尖波解 (图 7.4.3 (d)).

2. $(\mu, \tau) \in (\mathrm{II})$: 由 $H(\phi, y) = h_2$ 定义的水平曲线确定的孤立波解等 (图 7.4.2(d))

(i) 对于 $H(\phi, y) = h, h \in (h_2, h_1)$ 定义的周期闭轨道族, 有关系 $\phi_c < \phi_1 < \phi_b < \phi_2 < \phi_a < 0$. 对于 $H(\phi, y) = h, h \in (h_3, \infty)$ 定义的周期闭轨道族, 有关系 $\phi_c < 0 < \phi_b < \phi_3 < \phi_a$. 因此, 两族周期闭轨道的参数表示与 (7.4.7)相同.

(ii) 对于 $H(\phi, y) = h_2$ 定义的同宿到平衡点 $E_1(\phi_1, 0)$ 并包围平衡点 $E_2(\phi_2, 0)$ 的同宿轨道, (7.4.6)化为 $\sqrt{|\mu|}\xi = \int_{\phi}^{\phi_M} \dfrac{\phi d\phi}{(\phi - \phi_1)\sqrt{(\phi_M - \phi)}}$. 故我们得到以下孤

立波解:

$$\phi(\chi) = \phi_M - (\phi_M - \phi_1)\tanh^2\left(\frac{1}{2}\sqrt{\phi_M - \phi_1}\chi, k\right),$$

$$\xi(\chi) = \frac{1}{\sqrt{|\mu|}}\left[\phi_1\chi \pm 2\sqrt{\phi_M - \phi(\chi)}\right], \quad \chi \in (-\infty, 0), (0, \infty). \tag{7.4.8}$$

当 $|\phi_M| \ll 1$, (7.4.7) 定义了一族周期尖波解 (图 7.4.3 (a)). (7.4.8)定义了一族伪尖孤子 (图 7.4.3(b)).

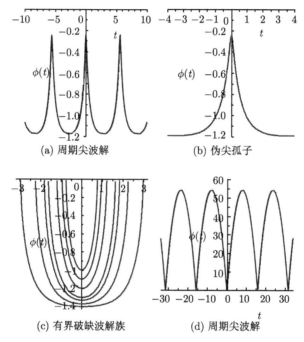

图 7.4.3　　周期尖波、伪尖孤子与有界破缺波解族的波形

3. $(\mu, \tau) \in (L_2), \tau = 0$: 由 $H(\phi, y) = h, h \in (-\infty, h_1]$ 定义的水平曲线所确定的有界破缺波解族与由 $H(\phi, y) = h, h \in (h_3, \infty)$ 定义的水平曲线族所确定的周期波解族 (图 7.4.2 (e))

(i) 对于由 $H(\phi, y) = h, h \in (-\infty, h_1)$ 定义的穿过点 $(\phi_b, 0), \phi_1 < \phi_b < 0$ 的开曲线族, (7.4.6)可表示为 $\sqrt{|\mu|}\xi = \int_{\phi_b}^{\phi}\dfrac{-\phi d\phi}{\sqrt{-\phi(\phi - \phi_b)(\phi - \phi_c)}}$. 由此可得以下有界破缺波解族的参数表示 (图 7.4.3 (c)):

$$\phi(\chi) = \phi_c + \frac{\phi_b - \phi_c}{\mathrm{dn}^2(\chi, k))}, \quad \chi \in (-\chi_{01}, \chi_{01}),$$

$$\xi(\chi) = \sqrt{\frac{2}{|\mu|(-\phi_c)}} \left[\phi_c \chi + (\phi_b - \phi_c) \Pi \left(\arcsin(\mathrm{sn}(\chi, k)), \frac{\phi_c}{\phi_b}, k \right) \right],$$

(7.4.9)

其中 $k^2 = \dfrac{\phi_b}{\phi_c}, \chi_{01} = \mathrm{dn}^{-1}\left(\sqrt{\dfrac{-\phi_c}{\phi_b - \phi_c}}, k \right)$.

(ii) 对于由 $H(\phi, y) = h_1$ 定义的水平曲线族所确定的鞍点 $E_1(\phi_1, 0)$ 的右稳定流形与不稳定流形, (7.4.6)可表示为 $\sqrt{|\mu|}\xi = \pm \displaystyle\int_{\phi}^{0} \frac{-\phi d\phi}{(\phi - \phi_1)\sqrt{-\phi}}$. 于是, 我们得到两个有界解 (图 7.4.4 (a),(b)):

$$\phi(\chi) = \phi_1 \tanh^2 \left(\frac{1}{2} \sqrt{-\phi_1} \chi \right), \quad \chi \in (-\infty, 0), (0, \infty),$$

$$\xi(\chi) = \frac{1}{\sqrt{|\mu|}} \left[-\phi_1 \chi \pm 2\sqrt{-\phi(\chi)} \right].$$

(7.4.10)

注意, 我们将稳定流形与不稳定流形的波形画在同一个图上, 得到所谓的 "cuspon 解"(图 7.4.4 (c)). 这个解不是一个真实的解, 它由两个解合成.

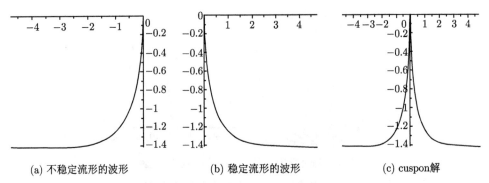

(a) 不稳定流形的波形　　　　(b) 稳定流形的波形　　　　(c) cuspon解

图 7.4.4　　稳定流形与不稳定流形的波形

(iii) 对于由 $H(\phi, y) = h, h \in (h_3, \infty)$ 定义的水平曲线族所确定的包围平衡点 $E_3(\phi_3, 0)$ 的闭曲线族, (7.4.6)可表示为 $\sqrt{|\mu|}\xi = \displaystyle\int_{\phi_b}^{\phi} \frac{\phi d\phi}{\sqrt{(\phi_a - \phi)(\phi - \phi_b)\phi}}$. 故我们得到以下周期波解族的参数表示:

$$\phi(\chi) = \frac{\phi_b}{\mathrm{dn}^2(\chi, k)},$$

$$\xi(\chi) = \sqrt{\frac{2}{|\mu|\phi_a}} \left[\phi_b F(\arcsin(\mathrm{sn}(\chi, k)), k) \right],$$

(7.4.11)

其中 $k^2 = 1 - \dfrac{\phi_b}{\phi_a}$, $F(\cdot, k)$ 是第一类椭圆积分.

4. $(\mu, \tau) \in$ (III): 精确的有界破缺波解族、周期波解族与孤立波解等
   (图 7.4.2 (f))

对于 $(\mu, \tau) \in$ (III), 由 $H(\phi, y) = h$ 定义的水平曲线随 h 的增加而变化的过程如图 7.4.5 (a)—(f) 所示.

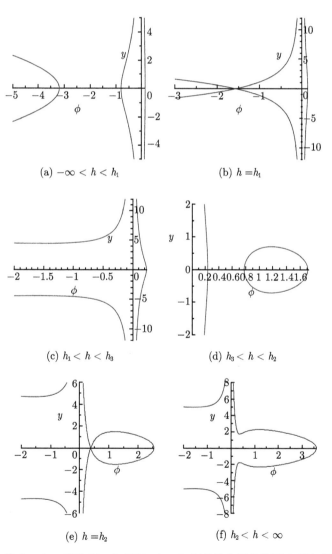

图 7.4.5   当 $(\mu, \tau) \in$ (III) 时, 由 $H(\phi, y) = h$ 定义的水平曲线随 h 增加的变化过程

(i) 对于 $H(\phi, y) = h, h \in (-\infty, h_1)$ 定义的穿过点 $(\phi_a, 0), (\phi_b, 0), \phi_c < \phi_1 < \phi_b < 0 < \phi_a < \phi_2$ 的两族开曲线 (图 7.4.5(a)), (7.4.6)可表示为 $\sqrt{|\mu|}\xi = \int_{\phi_b}^{\phi} \dfrac{-\phi d\phi}{\sqrt{(\phi_a - \phi)(\phi - \phi_b)(\phi - \phi_c)}}$ 与 $\sqrt{|\mu|}\xi = \int_{\phi}^{\phi_a} \dfrac{\phi d\phi}{\sqrt{(\phi_a - \phi)(\phi - \phi_b)(\phi - \phi_c)}}$. 由此我们得到两族有界破缺波解的参数表示:

$$\phi(\chi) = \phi_c + \frac{\phi_b - \phi_c}{\mathrm{dn}^2(\chi, k)}, \quad \chi \in (-\chi_{01}, \chi_{01}),$$

$$\xi(\chi) = \sqrt{\frac{2}{|\mu|(\phi_a - \phi_c)}} \left[\phi_c \chi + (\phi_b - \phi_c)\Pi\left(\arcsin(\mathrm{sn}(\chi, k)), \frac{\phi_c}{\phi_b}, k\right) \right], \tag{7.4.12}$$

其中 $k^2 = \dfrac{\phi_a - \phi_b}{\phi_a - \phi_c}, \chi_{01} = \mathrm{dn}^{-1}\left(\sqrt{\dfrac{-\phi_c}{\phi_b - \phi_c}}, k\right).$

$$\phi(\chi) = \phi_a - (\phi_a - \phi_b)\,\mathrm{sn}^2(\chi, k), \quad \chi \in (-\chi_{02}, \chi_{02}),$$

$$\xi(\chi) = \sqrt{\frac{2}{|\mu|(\phi_a - \phi_c)}} \left[\phi_c \chi + (\phi_a - \phi_c)E(\arcsin(\mathrm{sn}(\chi, k)), k) \right], \tag{7.4.13}$$

其中 $k^2 = \dfrac{\phi_a - \phi_b}{\phi_a - \phi_c}, \chi_{02} = \mathrm{sn}^{-1}\left(\sqrt{\dfrac{\phi_a}{\phi_a - \phi_b}}, k\right).$

(ii) 对于 $H(\phi, y) = h_1$ 所确定的鞍点 $E_1(\phi_1, 0)$ 的右稳定流形与不稳定流形以及穿过点 $(\phi_a, 0), 0 < \phi_a < \phi_2$ 的开曲线 (图 7.4.5(b)), (7.4.6)可表示为 $\sqrt{|\mu|}\xi = \pm \int_{\phi}^{0} \dfrac{-\phi d\phi}{(\phi - \phi_1)\sqrt{\phi_a - \phi}}$ 与 $\sqrt{|\mu|}\xi = \pm \int_{\phi}^{\phi_a} \dfrac{\phi d\phi}{(\phi - \phi_1)\sqrt{\phi_a - \phi}}$. 由此, 我们得到两个有界解的参数表示 (波形类似于图 7.4.4 (a) 和 (b)):

$$\phi(\chi) = \phi_a - (\phi_a - \phi_1)\tanh^2\left(\frac{1}{2}\sqrt{\phi_a - \phi_1}\chi\right), \quad \chi \in (-\infty, -\chi_{03}), (\chi_{03}, \infty),$$

$$\xi(\chi) = \frac{1}{\sqrt{|\mu|}} \left[-\phi_1 \chi \pm 2\sqrt{\phi_a - \phi(\chi)} \pm \xi_{01} \right]. \tag{7.4.14}$$

其中 $\chi_{03} = \dfrac{2}{\sqrt{\phi_a - \phi_1}}\mathrm{artanh}\sqrt{\dfrac{\phi_a}{\phi_a - \phi_1}}, \xi_{01} = 2\sqrt{\phi_a} - \dfrac{2\phi_1}{\sqrt{\phi_a - \phi_1}}\mathrm{artanh}\sqrt{\dfrac{\phi_a}{\phi_a - \phi_1}}.$
以及一族有界破缺波解的参数表示:

$$\phi(\chi) = \phi_a - (\phi_a - \phi_1)\tanh^2\left(\frac{1}{2}\sqrt{\phi_a - \phi_1}\chi\right), \quad \chi \in (-\chi_{03}, 0), (0, \chi_{03}),$$

$$\xi(\chi) = \frac{1}{\sqrt{|\mu|}} \left[\phi_1 \chi \mp 2\sqrt{\phi_a - \phi(\chi)} \right]. \tag{7.4.15}$$

(iii) 对于 $H(\phi, y) = h, h \in (h_3, h_2)$ 或 $h \in (h_2, \infty)$ 定义的穿过点 $(\phi_a, 0), 0 < \phi_a < \phi_2$ 或 $\phi_2 < \phi_M < \phi_a$ 的两族开曲线 (图 7.4.5(c) 或 (f)), (7.4.6)可表示为

$$\sqrt{|\mu|}\xi = \int_\phi^{\phi_a} \frac{\phi d\phi}{\sqrt{(\phi_a - \phi)[(\phi - b_1)^2 + a_1^2]}}.$$ 由此可得一族有界破缺波解的参数表示 (波形见图 7.4.6 (a),(d)):

$$\phi(\chi) = A_1 + \phi_a - \frac{2A_1}{1 + \mathrm{cn}(\chi, k)}, \quad \chi \in (-\chi_{04}, 0), (0, \chi_{04}),$$

$$\xi(\chi) = \frac{1}{\sqrt{A_1 |\mu|}} \left[(\phi_a + A_1) F(\arcsin(\mathrm{sn}(\chi, k), k)) \mp 2 - 2A_1 \int_0^\chi \frac{d\chi}{1 + \mathrm{cn}(\chi, k)} \right].$$

$$(7.4.16)$$

其中 $A_1^2 = (b_1 - \phi_a)^2 + a_1^2, k^2 = \dfrac{A_1 - b_1 + \phi_a}{2A_1}, \chi_{04} = \mathrm{cn}^{-1} \sqrt{\dfrac{A_1 - \phi_a}{A_1 + \phi_a}}.$

(iv) 对于 $H(\phi, y) = h, h \in (h_3, h_2)$ 所确定的穿过点 $(\phi_c, 0), 0 < \phi_c < \phi_2 < \phi_b < \phi_3 < \phi_a$ 的开曲线族, 以及由 $H(\phi, y) = h, h \in (h_3, h_2)$ 所确定的包围平衡点 $E_3(\phi_3, 0)$ 的周期闭轨道族 (图 7.4.5(d)), (7.4.6)可表示为 $\sqrt{|\mu|}\xi = \int_\phi^{\phi_c} \dfrac{\phi d\phi}{\sqrt{(\phi_a - \phi)(\phi_b - \phi)(\phi_c - \phi)}}$ 与 $\sqrt{|\mu|}\xi = \int_{\phi_b}^\phi \dfrac{\phi d\phi}{\sqrt{(\phi_a - \phi)(\phi - \phi_b)(\phi - \phi_c)}}$. 我们可得到以下有界破缺波解族的参数表示 (波形见图 7.4.6(a)):

$$\phi(\chi) = \phi_b - \frac{\phi_b - \phi_c}{\mathrm{cn}^2(\chi, k)}, \quad \chi \in (-\chi_{05}, \chi_{05}),$$

$$\xi(\chi) = \sqrt{\frac{2}{|\mu|(\phi_a - \phi_c)}} \left[\phi_c \chi - \frac{(\phi_b + \phi_c)}{1 - k^2} \mathrm{dn}(\chi, k) \mathrm{tn}(\chi, k) \right. \qquad (7.4.17)$$

$$\left. + \frac{(\phi_b - \phi_c)}{1 - k^2} E(\arcsin(\mathrm{sn}(\chi, k)), k) \right],$$

其中 $k^2 = \dfrac{\phi_a - \phi_b}{\phi_a - \phi_c}, \chi_{05} = \mathrm{cn}^{-1} \left(\sqrt{1 - \dfrac{\phi_c}{\phi_b}}, k \right), E(\cdot, k)$ 是第一类椭圆积分.

对于周期解族, 其参数表示与(7.4.7)相同 (波型见图 7.4.6(b)).

(v) 对应于由 $H(\phi, y) = h_2$ 定义的同宿到平衡点 $E_2(\phi_2, 0)$ 并穿过点 $(\phi_M, 0)$ 的同宿轨道, (7.4.6)可表示为 $\sqrt{|\mu|}\xi = \int_\phi^{\phi_M} \dfrac{\phi d\phi}{(\phi - \phi_2)\sqrt{\phi_M - \phi}}$. 于是, 我们得到以

下孤立波解 (波形见图 7.4.6 (c)):

$$\phi(\chi) = \phi_M - (\phi_M - \phi_2) \tanh^2 \left(\frac{1}{2} \sqrt{\phi_M - \phi_2} \chi, k \right),$$

$$\xi(\chi) = \frac{1}{\sqrt{|\mu|}} \left[\phi_2 \chi \mp 2 \sqrt{\phi_M - \phi(\chi)} \right], \quad \chi \in (-\infty, 0), (0, \infty).$$

(7.4.18)

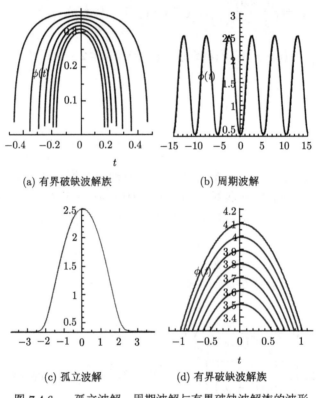

(a) 有界破缺波解族   (b) 周期波解

(c) 孤立波解   (d) 有界破缺波解族

图 7.4.6   孤立波解、周期波解与有界破缺波解族的波形

5. $(\mu, \tau) \in (L_3)$: 由 $H(\phi, y) = h, h \in (-\infty, h_1), (h_1, h_2), (h_2, \infty)$ 定义的水平曲线所确定的有界破缺波解族, 以及由 $H(\phi, y) = h_2$ 定义的水平曲线所确定的两有界解 (图 7.4.2 (g))

(i) 在此时的参数条件下, 所有的有界破缺波解族的参数表示都与上面的类似. 在此不做赘述.

(ii) 对于 $H(\phi, y) = h_2$ 定义的关于二重平衡点 $E_2(\phi_2, 0)$ 的稳定与不稳定流形, (7.4.6)可化为 $\pm \sqrt{|\mu|} \xi = \int_0^\phi \frac{\phi d\phi}{(\phi_2 - \phi)^{\frac{3}{2}}}$. 我们由此得到了其有界解的参数表示

(波形见图 7.4.7(a)):

$$\phi(\xi) = \frac{1}{8}\left[2\phi_2 - \left(4\sqrt{\phi_2} - \sqrt{|\mu|\xi}\right)^2\right.$$

$$\left. + \left(4\sqrt{\phi_2} - \sqrt{|\mu|\xi}\right)\sqrt{\left(4\sqrt{\phi_2} - \sqrt{|\mu|\xi}\right)^2 - 16\phi_2}\right]. \tag{7.4.19}$$

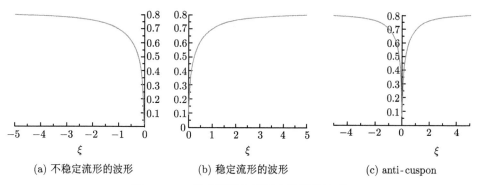

(a) 不稳定流形的波形   (b) 稳定流形的波形   (c) anti-cuspon

图 7.4.7   稳定流形与不稳定流形的波形

以及稳定流形对应的有界解的参数表示 (波形见图 7.4.7(b)):

$$\phi(\xi) = \frac{1}{8}\left[2\phi_2 - \left(4\sqrt{\phi_2} + \sqrt{|\mu|\xi}\right)^2\right.$$

$$\left. + \left(4\sqrt{\phi_2} + \sqrt{|\mu|\xi}\right)\sqrt{\left(4\sqrt{\phi_2} + \sqrt{|\mu|\xi}\right)^2 - 16\phi_2}\right]. \tag{7.4.20}$$

同样地, 如果我们将稳定流形与不稳定流形的波型画在同一个图上, 便可得到所谓的 "anti-cuspon 解"(图 7.4.7(c)). 与 cuspon 解类似, 这个解不是一个真实的解, 它由两个解合成.

综合以上讨论, 我们得到以下结论.

定理 7.4.1   (1) 对于某个固定的参数 $c \neq 0$, 在 (μ, τ)-参数平面, 系统 (7.4.3) 有如图 7.4.1 与图 7.4.2所示的相图的分枝.

设 $c < 0, \mu < 0$. 则下述结论成立.

(2) 系统(7.4.3)存在由(7.4.7)与(7.4.11)确定的周期波解. 当 $0 < \phi_b \ll 1$, (7.4.7)定义了一族周期尖波解.

(3) 系统(7.4.3)存在由(7.4.8)与(7.4.18)确定的孤立波解. 当 $|\phi_M| \ll 1$, (7.4.8) 定义了一族伪孤立尖波解.

(4) 系统(7.4.3)存在由(7.4.9), (7.4.12), (7.4.13), (7.4.16)与(7.4.17)确定的有界破缺波解族.

(5) 系统(7.4.3)存在由(7.4.10), (7.4.14), (7.4.19)与(7.4.20)确定的有界解.

7.4.3 当 $c < 0, \mu < 0$ 时方程(7.4.1)的精确孤立波解

现在, 我们回到方程(7.4.1). 由于我们用变换 $u(x, t) = \dfrac{1}{\phi^2(x - ct)}$ 使得方程(7.4.1)化为方程(7.4.2), 注意到当解 $\phi(\xi)$ 逼近于零时, 方程(7.4.1)的解 $u(x - ct)$ 将趋于无穷大. 我们不讨论方程(7.4.1)的无界解. 由上一节的结果, 可得下述结论.

定理 7.4.2 对于固定的 $c < 0$ 与 $\mu < 0$,

(1) 当在图 7.4.2 (a) 中 $(\mu, \tau) \in (\mathrm{II})$, 方程(7.4.1)有精确的孤立波解

$$
\begin{aligned}
u(\chi) &= \left(\phi_M - (\phi_M - \phi_1) \tanh^2 \left(\frac{1}{2} \sqrt{\phi_M - \phi_1} \chi, k \right) \right)^{-2}, \\
\xi(\chi) &= \frac{1}{\sqrt{|\mu|}} \left[\phi_1 \chi \pm 2 \sqrt{\phi_M - \phi(\chi)} \right], \quad \chi \in (-\infty, 0), (0, \infty).
\end{aligned}
\tag{7.4.21}
$$

(2) 当在图 7.4.2 (a) 中 $(\mu, \tau) \in (\mathrm{III})$, 方程(7.4.1)有精确的孤立波解

$$
\begin{aligned}
u(\chi) &= \left(\phi_M - (\phi_M - \phi_2) \tanh^2 \left(\frac{1}{2} \sqrt{\phi_M - \phi_2} \chi, k \right) \right)^{-2}, \\
\xi(\chi) &= \frac{1}{\sqrt{|\mu|}} \left[\phi_2 \chi \mp 2 \sqrt{\phi_M - \phi(\chi)} \right], \quad \chi \in (-\infty, 0), (0, \infty).
\end{aligned}
\tag{7.4.22}
$$

对于方程(7.4.1)的周期波解, 也有对应的结论. 不再叙述.

习 题 7

1. 用椭圆函数确定以下方程的轨道的参数表示:

(1) 二阶方程: $x'' + \alpha x + \beta x^3 = 0$.

(2) 摆方程: $\theta'' + \sin(\theta) = 0$.

2. 将方程(7.1.1)在辛叶上约化为二维系统并研究其动力学性质.

3. 推导方程(7.2.19)与(7.2.21)的行波系统.

4. 研究 DP-方程(7.2.13)的行波系统(7.2.15)的动力学性质并计算对应于相轨道的精确行波解.

5. 证明命题 3.1.

6. 研究伴随正则系统(7.3.4)与(7.4.5)的精确解, 比较它们与奇系统解的不同性质.

7. 研究 Green-Naghd 方程

$$h_t + (hu)_x = 0,$$

$$u_t + uu_x + h_x = \frac{1}{3h}\left[h^3\left(uu_{xx} + u_{xt} - \frac{1}{2}u_x^2\right)\right]_x$$

的行波解分枝和精确解.

参考文献

李继彬, 李存富, 1987. 非线性微分方程. 成都: 成都科技大学出版社.

李继彬, 陈凤娟, 2021. 混沌、Melnikov 方法及新发展. 2 版. 北京: 科学出版社.

李继彬, 赵晓华, 刘正荣, 2007. 广义哈密顿系统理论及其应用. 2 版. 北京: 科学出版社.

刘一戎, 李继彬, 2010. 平面向量场的若干经典问题. 北京: 科学出版社.

叶彦谦, 等, 1984. 极限环论. 2 版. 上海: 上海科学技术出版社.

张芷芬, 丁同仁, 黄文灶, 等. 1985. 微分方程定性理论. 北京: 科学出版社.

HALE J K, 1980. 常微分方程. 侯定丕, 译. 北京: 人民教育出版社.

LI J B, 2003. Hilbert's 16th problem and bifurcations of planar polynomial vector fields. Int. J. of Bifurcation and Chaos, 1: 47-106.

LI J B, 2013. Singular nonlinear travelling wave equations: bifurcations and exact solutions. Beijing: Science Press.

LI J B, 2019. Bifurcations and exact solutions in invariant manifolds for nonlinear wave equations. Beijing: Science Press.

LIU Y R, Li J B, Huang W T, 2014. Planar dynamical systems: selected classical problems. Berlin, Germany: De Gruyter.

MEYER K R, 2001. Jacobi elliptic functions from a dynamical systems point of view. Am. Math. Mon., 108(8): 729-737.